注册消防工程师资格考试配套用书

消防安全案例分析

李永康　马国祝　编著

机械工业出版社

本书依据《注册消防工程师资格考试大纲》规定的考试要求，按照2018年版《注册消防工程师资格考试辅导教材——消防安全案例分析》内容编写而成。全书紧扣考试大纲，结合考试教材内容和规范条文，按照助考知识要点、分析思维导图、范例情景描述、内容归纳解剖、规范考点延伸、案例每日一练、考试热点分析共七大模块精心编排。通过对不同类型案例进行深入分析研究，以提高考生运用所掌握的消防法律法规知识、防火和灭火基本原理、消防技术标准规范等来分析、解决消防工程实际问题的能力。同时也通过全面系统地对案例考试内容进行归纳总结和阐释，帮助考生在尽可能短的时间内掌握消防专业知识及考试要点，顺利通过注册考试。全书共分5章：第1章为建筑防火案例分析；第2章为消防设施应用案例分析；第3章为消防安全评估案例分析；第4章为消防安全管理案例分析；第5章为历年真题研究。

本书可供参加一、二级注册消防工程师考试的考生考前复习使用，同时应与《注册消防工程师资格考试辅导教材》和《注册消防工程师考试真题分析与全真模拟》配套使用。

图书在版编目（CIP）数据

消防安全案例分析/李永康，马国祝编著. —4版.
—北京：机械工业出版社，2019.6
注册消防工程师资格考试配套用书
ISBN 978-7-111-62611-4

Ⅰ.①消… Ⅱ.①李… ②马… Ⅲ.①消防-安全技术-案例-资格考试-自学参考资料 Ⅳ.①TU998.1

中国版本图书馆CIP数据核字（2019）第080510号

机械工业出版社（北京市百万庄大街22号 邮政编码100037）
策划编辑：薛俊高 责任编辑：薛俊高
责任印制：李 昂 责任校对：李锦莉 刘丽华
北京京丰印刷厂印刷
2019年5月第4版·第1次印刷
184mm×260mm·16印张·393千字
标准书号：ISBN 978-7-111-62611-4
定价：49.00元

凡购本书，如有缺页、倒页、脱页，由本社发行部调换
电话服务 网络服务
服务咨询热线：010-88361066 机 工 官 网：www.cmpbook.com
读者购书热线：010-68326294 机 工 官 博：weibo.com/cmp1952
金 书 网：www.golden-book.com
封面无防伪标均为盗版 教育服务网：www.cmpedu.com

前　言

2015 年 12 月 19 日进行的注册消防工程师资格考试，是我国消防发展史上具有重要意义的一件大事，也是首次消防工程师注册考试，参加考生人数达到了 44 万人。通过对近四年的注册考试全过程的参与，编者的深刻体会是：若要顺利通过注册考试，教材是基础，规范和文件是关键，外加合理的复习方法和答题技巧。命题专家以规范和文件为依据出题，因此大部分题目在规范和文件中都可以找到答案。这表明考前必须以规范和文件为中心来展开复习才能更加有效果。为适应这种需要，机械工业出版社决定配合 2018 年版《注册消防工程师资格考试大纲》和中国消防协会组织专家编写的辅导教材，出版一套“注册消防工程师资格考试配套用书”（以下简称“配套用书”）。本套书是教材配套用书，能够紧扣规范和教材，对教材每章的知识点进行提炼，对内容进行归纳和解剖，并对历年考试真题，结合规范和教材进行分析和解答。本“配套用书”与《考试辅导教材》和《真题分析与全真模拟》相辅相成，考生通过《考试辅导教材》学习，有了一定的基础，再通过本“配套用书”加深对规范的理解，掌握应用规范解题的能力，最后通过《真题分析与全真模拟》进行深度强化训练，从而在整体架构上完成对本注册资格考试的全面复习。综上所述，本书的编排特点如下：

（1）总结考试要点，构建思维导图

注册考试的考题量大面广，相关规范条文较多，本书对每一章需重点掌握的内容进行提炼，然后通过构建思维导图，使考生加深对考点的形象记忆。虽然本书对重点内容进行了高度概括，但最终目的是为了熟悉理解教材和规范内容，复习过程中切勿脱离教材和规范。对本书点到为止的内容，要自行参阅相关规范进行理解。本书对一些重要知识点提供了思维导图，考生可结合自己理解触类旁通。

（2）内容归纳解剖，图示理解记忆

参加消防考试的考生来自于不同行业，受工作经历的限制，对整套消防有关的规范未能完整地掌握，加之消防规范的大部分内容多是经验性的，学习起来十分枯燥，成为考生在复习中普遍感到头痛的一个难题。本书力求通过对每章内容的归纳解剖，形成一套完整的知识体系，并辅以大量的图示和表格帮助考生对规范条文进行理解记忆，达到事半功倍的效果。

（3）规范条文链接，联想记忆口诀

注册考试大部分试题都是直接从规范条文中摘录出来的。考生必须熟练掌握常用的规范条文，本书每一章中对引用的条文大部分都给出了链接，便于考生复习，同时对一些比较难记和容易混淆的内容采用联想记忆口诀法，加深对重点内容的记忆。

（4）历年真题研究，把握出题思路

真题是考试大纲最直接的反映，是考生复习的宝典，通过对历年真题的研究，深入解剖真题，了解命题专家出题思路和考核目的，同时结合真题的练习，加强对规范条文的理解，做到有的放矢，才是通向消防考试过关的必经之路。

（5）踏实认真复习，提高专业技能

本书并不适合于所有考生，也无能力帮助每个人都通过注册考试，因为本书的编写可以说走的是一条最笨的路，就是花苦功夫从根本上真正提高考生专业技术水平。消防行业是高风险的行业，都是人命关天的大事。这个行业特点决定了从业人士必须有真才实学，来不得半点虚假。

本书以《消防安全案例分析》考试辅导教材为主线进行编写，主要目的是通过运用消防法律法规知识、防火和灭火基本原理、消防技术标准规范等，提高考生分析、解决消防工程实际问题的能力，全书共分5章：第1章为建筑防火案例分析；第2章为消防设施应用案例分析；第3章为消防安全评估案例分析；第4章为消防安全管理案例分析；第5章为历年真题研究。

由于编者水平所限，时间仓促，难免存在不足之处，希望读者批评指正。

目　录

第1章 建筑防火案例分析

第1节 某木器厂房防火案例分析

助考知识要点

◆厂房仓库分类：甲、乙、丙、丁、戊

◆厂房耐火等级：一级、二级、三级、四级

◆厂房消防车道：净宽（高）≥4m，靠外墙≥5m，转弯半径（9m，12m），车道坡度≤8%

◆中间仓库布置：甲、乙类中间仓库（靠外墙，1昼夜）；甲、乙、丙类中间仓库（防火墙，1.50h不燃性楼板）；丁、戊类中间仓库（2.0h防火隔墙，1.0h楼板）

◆厂房防火分区：丙二单（$8000m^2$）；丙二多（$4000m^2$）；丙三单（$3000m^2$）；丙三多（$2000m^2$）

◆厂房疏散距离：丙一、二单多（80m，60m）；丙三单多（60m，40m）

分析思维导图（图1.1-1）

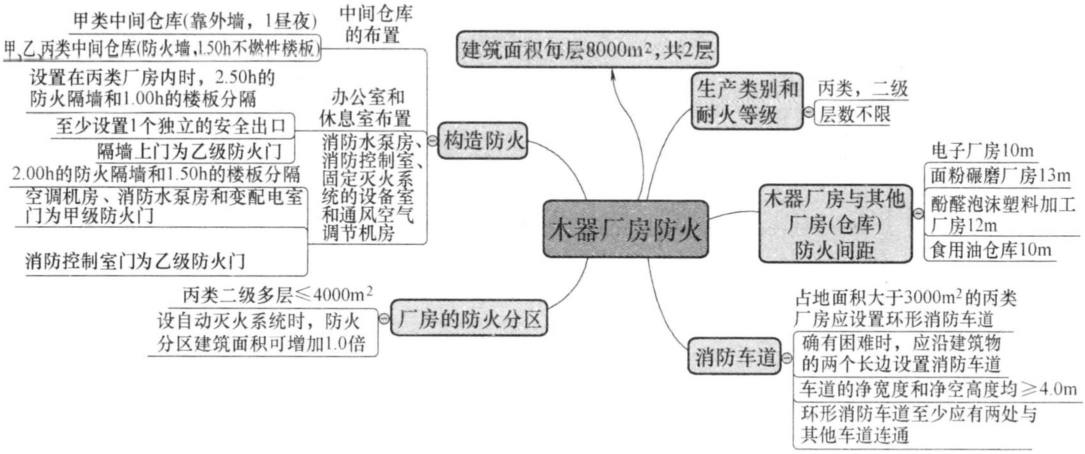

图1.1-1 木器厂房防火分析思维导图

范例情景描述

某木器厂房，总平面布置如图1.1-2所示，地上2层，采用钢筋混凝土结构，耐火等级二级，每层划分为1个防火分区，每层建筑面积均为$8000m^2$，共设置4部不靠外墙且疏散楼梯净宽度均为 1. 10m 的防烟楼梯间。该厂房总平面布局及周边厂房、仓库等的相关信息如图 1. 1-2 所示。该厂房内首层东侧设有建筑面积为 500m²的独立办公、休息区，采用耐火极限 2. 50h 的防火隔墙、耐火极限 1. 00h 的楼板和乙级防火门与其他部位分隔，且设有 1 个独立的安全出口；地上二层南侧设有一间靠外墙布置、建筑面积为 60m²的中间仓库，采用防火墙和耐火极限 1. 50h 的不燃性楼板与其他部位分隔，储存主要成分均为甲苯和二甲苯的油漆和稀释剂；地上二层南侧设有一间靠外墙布置、建筑面积为 300m²的喷漆间，采用耐火极限 2. 00h 的防火隔墙与其他部位分隔；中间仓库、喷漆间与其他部位之间均分别设置门斗，门斗的隔墙为耐火极限 2. 00h 的防火隔墙，门斗两侧的门均采用甲级防火门；地上二层设有四个车间，车间之间通过净宽度均为 1. 40m 的疏散走道分隔，疏散走道两侧均采用耐火极限 1. 00h 的不燃烧体隔墙；除首层外门净宽度均为 1. 20m 外，其他门的净宽度均为 0. 90m；厂房内任一点至最近安全出口的直线距离均不大于 60m。该厂房按现行有关国家工程建设消防技术标准配置了室内外消火栓给水系统、自动喷水灭火系统等消防设施及器材。

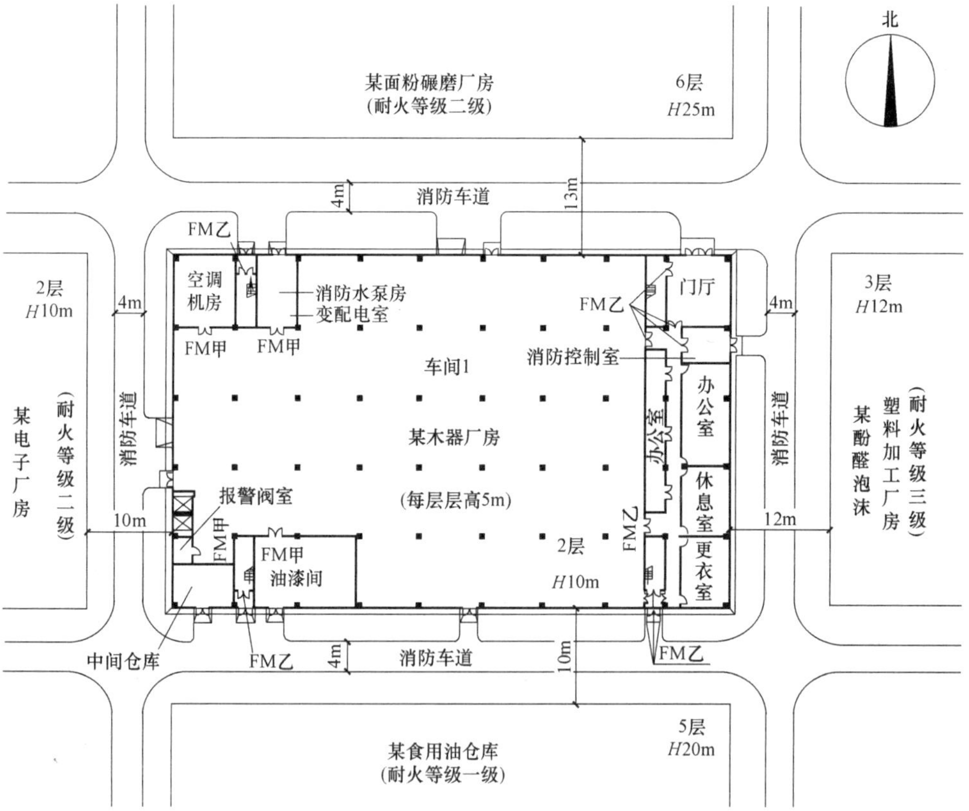

图 1. 1-2　木器厂房总平面图

内容归纳解剖

1. 1　厂房（仓库）防火设计基本参数

1. 根据范例情景描述，各厂房和仓库的基本参数见表 1. 1-1。

表1.1-1　厂房（仓库）基本参数

名称	高度/m	层数	耐火等级	类别	防火间距/m 木器厂房		
木器厂房(8000m²)	10	2	三级	丙类	现值	规范值	判定
电子厂房	10	2	二级	丙类	12	≥12	✓
面粉碾磨厂房	25	6	二级	乙类	15	≥15	✓
酚醛泡沫塑料加工厂房	12	3	三级	丁类	14	≥14	✓
食用油仓库	20	5	一级	丙1	12	≥12	✓

（2）根据范例情景描述，木器厂房各部位防火措施见表1.1-2。

表1.1-2　木器厂房各部位防火措施

名　称	防火措施
办公室、休息室	独立办公、休息区建筑面积500m²，采用耐火极限2.50h的防火隔墙、1.00h的楼板和乙级防火门与车间分隔，并设有1个独立的安全出口
中间仓库	中间仓库建筑面积60m²，采用防火墙和耐火极限1.50h的楼板与车间分隔，储存主要成分均为甲苯和二甲苯的油漆和稀释剂
喷漆间	喷漆间建筑面积300m²，且采用封闭喷漆工艺，隔墙门为甲级防火门
楼梯间	共设置四部不靠外墙的净宽度均为1.10m的防烟楼梯间，前室门为乙级防火门
疏散走道	疏散内走道净宽度1.40m，两侧隔墙的耐火极限均为0.50h
疏散出口	首层外门净宽度1.20m，其他门的净宽度0.90m
疏散距离	厂房内任一点到最近安全出口的距离均不大于60m
防火分区	每层划分1个防火分区，建筑面积均为8000m²
设备用房	空调机房、报警阀室、消防水泵房门为甲级防火门，消防控制室门为乙级防火门

1.2　范例问题分析

【1-1】木器厂房与其他厂房（仓库）防火间距是否满足要求？

【解析】首先确定厂房和仓库类别，见表1.1-1。

（1）依据《建规》第3.2.3条的规定，单、多层丙类厂房和多层丁、戊类厂房的耐火等级不应低于三级。该木器厂房其耐火等级应为三级。

（2）依据《建规》第3.4.1条的规定，木器厂房与面粉碾磨厂房、食用油仓库、电子厂房及酚醛泡沫塑料加工厂房之间的防火间距分别不应小于15m、12m、12m及14m。

（3）综上两条，木器厂房与周围厂房（仓库）防火间距满足规范要求。

【1-2】木器厂房四周消防车道设置是否合适？

【解析】（1）依据《建规》第7.1.3条的规定，工厂、仓库区内应设置消防车道。高层厂房，占地面积大于3000m²的甲、乙、丙类厂房和占地面积大于1500m²的乙、丙类仓库，应设置环形消防车道，确有困难时，应沿建筑物的两个长边设置消防车道。

（2）依据《建规》第7.1.8条的规定，消防车道应符合下列要求：

1）车道的净宽度和净空高度均不应小于4.0m。

2）转弯半径应满足消防车转弯的要求。

3）消防车道与建筑之间不应设置妨碍消防车操作的树木、架空管线等障碍物。

4）消防车道靠建筑外墙一侧的边缘距离建筑外墙不宜小于5m。

5）消防车道的坡度不宜大于8%。

（3）依据《建规》第7.1.8条的规定，环形消防车道至少应有两处与其他车道连通。尽头式消防车道应设置回车道或回车场，回车场的面积不应小于12m×12m；对于高层建筑，不宜小于15m×15m；供重型消防车使用时，不宜小于18m×18m。

（4）该木器厂房的占地面积大于3000m^2，综上三条规定，木器厂房周边消防车道设置符合规范要求。

【1-3】木器厂房内设置办公室和休息室，是否符合要求？

【解析】（1）依据《建规》第3.3.5条的规定，办公室、休息室等不应设置在甲、乙类厂房内，确需贴邻本厂房时，其耐火等级不应低于二级，并应采用耐火极限不低于3.00h的防爆墙与厂房分隔。且应设置独立的安全出口。办公室、休息室设置在丙类厂房内时，应采用耐火极限不低于2.50h的防火隔墙和1.00h的楼板与其他部位分隔，并应至少设置1个独立的安全出口。如隔墙上需开设相互连通的门时，应采用乙级防火门。

（2）因此，木器厂房内设置的办公室和休息室符合规范要求。

【1-4】木器厂房内设置中间仓库，是否符合要求？

【解析】中间仓库储存主要成分为甲苯（闪点为4℃）和二甲苯（闪点为29℃）的油漆和稀释剂，应为甲类中间仓库。

（1）依据《建规》第3.3.6条的规定，厂房内设置中间仓库时，应符合下列规定：

1）甲、乙类中间仓库应靠外墙布置，其储量不宜超过1昼夜的需要量。

2）甲、乙、丙类中间仓库应采用防火墙和耐火极限不低于1.50h的不燃性楼板与其他部位分隔。

（2）综上，中间仓库防火分隔措施符合规范要求，但必须明确说明其储量不宜超过1昼夜的需要量。

【1-5】木器厂房层数、防火分区划分及疏散距离是否合理？

【解析】（1）依据《建规》第3.3.1和3.3.3条的规定，该木器厂房为丙类三级多层，最多允许层数为2层，地上每个防火分区的最大允许建筑面积均不应大于2000m^2；厂房内设置自动灭火系统时，每个防火分区的最大允许建筑面积可按上述规定增加1.0倍，即为4000m^2。

（2）依据《建规》第3.7.4条的规定，该木器厂房为丙类三级多层，厂房内任一点到最近安全出口的直线距离不应大于40m。

（3）综上，该厂房层数、防火分区和疏散距离符合规范要求。

【1-6】木器厂房内楼梯间、疏散走道及外门设置是否合理？

【解析】（1）依据《建规》第3.7.6和6.4.2条的规定，高层厂房和甲、乙、丙类多层厂房的疏散楼梯应采用封闭楼梯间或室外楼梯。封闭楼梯间不能自然通风或自然通风不能满足要求时，应设置机械加压送风系统或采用防烟楼梯间。疏散走道通向前室以及前室通向楼梯间的门应采用乙级防火门。

（2）《建规》第 3. 7. 5 条规定，厂房内疏散楼梯、走道、门的各自总净宽度，应根据疏散人数按每 100 人的最小疏散净宽度不小于表 1. 1-3 的规定计算确定。但疏散楼梯的最小净宽度不宜小于 1. 10m，疏散走道的最小净宽度不宜小于 1. 40m，门的最小净宽度不宜小于 0. 90m。当每层疏散人数不相等时，疏散楼梯的总净宽度应分层计算，下层楼梯总净宽度应按该层及以上疏散人数最多一层的疏散人数计算。

表 1. 1-3　厂房内疏散楼梯、走道和门的每 100 人最小疏散净宽度

厂房层数/层	1 ~2	3	≥4
最小疏散净宽度/（m/百人）	0. 60	0. 80	1. 00

首层外门的总净宽度应按该层及以上疏散人数最多一层的疏散人数计算，且该门的最小净宽度不应小于 1. 20m。

（3）综上，木器厂房内楼梯间、疏散走道及外门设置符合规范要求。

【1-7】附设在木器厂房内的消防控制室及其他设备房防火构造措施是否合理？

【解析】（1）依据《建规》第 6. 2. 7 条的规定，附设在建筑内的消防控制室、灭火设备室、消防水泵房和通风空气调节机房、变配电室等，应采用耐火极限不低于 2. 00h 的防火隔墙和 1. 50h 的楼板与其他部位分隔。设置在丁、戊类厂房内的通风机房，应采用耐火极限不低于 1. 00h 的防火隔墙和 0. 50h 的楼板与其他部位分隔。通风、空气调节机房和变配电室开向建筑内的门应采用甲级防火门，消防控制室和其他设备房开向建筑内的门应采用乙级防火门。

（2）综上，本案例木器厂房内空调机房门为乙级防火门，不符合规范要求，应采用甲级防火门，其他设备房防火门符合要求。另外附设在建筑内的消防控制室、灭火设备室、消防水泵房和通风空气调节机房、变配电室等，应采用耐火极限不低于 2. 00h 的防火隔墙和 1. 50h 的楼板与其他部位分隔。案例中未明确说明。

【1-8】木器厂房内疏散走道两侧隔墙耐火极限是否满足要求？

【解析】（1）依据《建规》第 3. 2. 1 条的规定，耐火等级三级的木器厂房，疏散走道两侧隔墙应采用耐火极限不低于 0. 50h 不燃性墙体。因此符合规范要求。

【1-9】如果该木器厂房受选址条件所限，与该厂的一栋已建耐火等级三级的多层办公楼之间的防火间距为 13m，木器厂房与办公楼之间的防火间距是否满足要求？如防火间距不足，可采取哪些措施？

【解析】依据《建规》第 3. 4. 1 条的规定，丙类多层三级木器厂房与三级多层办公楼之间的防火间距不应小于 14m，防火间距不满足规范要求。可采取以下措施：

（1）提高木器厂房的耐火等级。由原先三级提高为二级，该木器厂房与多层办公楼之间的最小防火间距为 14m，满足规范要求。

（2）提高已建办公楼耐火等级（通过结构改造）。由原先三级提高为二级，该木器厂房与多层办公楼之间的最小防火间距为 12m，满足规范要求。

规范考点延伸

1. 生产的火灾危险性分类（表 1. 1-4）

表 1.1-4　生产的火灾危险性分类

生产类别	特　征	举　例
甲类	1. 闪点 <28℃的液体 2. 爆炸下限 <10% 的气体 3. 常温下能自行分解或在空气中氧化即能导致迅速自燃或爆炸的物质 4. 常温下受到水或空气中水蒸气的作用，能产生可燃气体并引起燃烧或爆炸的物质 5. 遇酸、受热、撞击、摩擦、催化以及遇有机物或硫黄等易燃的无机物，极易引起燃烧或爆炸的强氧化剂 6. 受撞击、摩擦或与氧化剂、有机物接触时能引起燃烧或爆炸的物质 7. 在密闭设备内操作温度不小于物质本身自燃点的生产	1. 甲醇、乙醇、苯等的合成或精制厂房，植物油加工厂的浸出车间，酒精度为38 度及以上的勾兑车间 2. 乙炔站，氢气站，氯乙烯厂房，乙烯聚合厂房，液化石油气灌瓶间，醋酸乙烯厂房，电解水或电解食盐厂房，化肥厂的氢氮气压缩厂房 3. 硝化棉厂房，赛璐珞厂房，黄磷制备厂房 4. 金属钠、钾加工厂房 5. 氯酸钠、氯酸钾厂房，过氧化氢厂房，过氧化钠、过氧化钾厂房 6. 赤磷制备厂房 7. 洗涤剂厂房石蜡裂解部位，冰醋酸裂解厂房
乙类	1. 28℃≤闪点 <60℃的液体 2. 爆炸下限≥10% 的气体 3. 不属于甲类的氧化剂 4. 不属于甲类的易燃固体 5. 助燃气体 6. 能与空气形成爆炸性混合物的浮游状态的粉尘、纤维、闪点≥60℃的液体雾滴	1. 松节油或松香蒸馏厂房，己内酰胺厂房，甲酚厂房，环氧氯丙烷厂房，煤油灌桶间 2. 一氧化碳压缩机室，氨压缩机房 3. 发烟硫酸或发烟硝酸浓缩部位，高锰酸钾厂房，重铬酸钠厂房 4. 樟脑或松香提炼厂房，硫黄回收厂房，焦化厂精萘厂房 5. 氧气站，空分厂房 6. 铝粉或镁粉厂房，金属制品抛光部位，煤粉厂房、面粉厂的碾磨部位、活性炭制造及再生厂房
丙类	1. 闪点≥60℃的液体 2. 可燃固体	1. 焦化厂焦油厂房，油浸变压器室，配电室（每台装油量大于 60kg 的设备），沥青加工厂房，植物油加工厂的精炼部位 2. 木工厂房，竹、藤加工厂房，针织品厂房，服装加工厂房，棉花加工和打包厂房，麻纺厂粗加工车间，谷物加工房，卷烟厂的包装车间，印刷车间，电视机装配厂房，饲料加工厂房，屠宰加工车间、鱼加工车间
丁类	1. 对不燃烧物质进行加工，并在高温或熔化状态下经常产生强辐射热、火花或火焰的生产 2. 利用气体、液体、固体作为燃料或将气体、液体进行燃烧作其他用的各种生产 3. 常温下使用或加工难燃烧物质的生产	1. 金属冶炼、锻造、铆焊、热扎、铸造、热处理厂房 2. 锅炉房，陶瓷制品的烘干、烧成厂房，石灰焙烧厂房，转炉厂房 3. 铝塑料材料的加工厂房，酚醛泡沫塑料的加工厂房
戊类	常温下使用或加工不燃烧物质的生产	制砖车间，石棉加工车间，金属（镁合金除外）冷加工车间，电动车库，车辆装配车间，加气混凝土厂的构件制作厂房

2. 储存物品的火灾危险性分类（见表 1.1-5）

表 1.1-5　储存物品的火灾危险性分类

类别	火灾危险性特征	举　例
甲类	1. 闪点＜28℃的液体 2. 爆炸下限＜10%的气体，受到水或空气中水蒸气的作用能产生爆炸下限＜10%气体的固体物质 3. 常温下能自行分解或在空气中氧化能导致迅速自燃或爆炸的物质 4. 常温下受到水或空气中水蒸气的作用能产生可燃气体并引起燃烧或爆炸的物质 5. 遇酸、受热、撞击、摩擦以及遇有机物或硫黄等易燃的无机物，极易引起燃烧或爆炸的强氧化剂 6. 受撞击、摩擦或与氧化剂、有机物接触时能引起燃烧或爆炸的物质	1. 己烷、戊烷、环戊烷、石脑油、二硫化碳、苯、甲苯、甲醇、乙醇、乙醚、蚁酸甲脂、醋酸甲酯、硝酸乙酯、汽油、丙酮、丙烯、酒精度为 38 度及以上的白酒 2. 乙炔、氢、甲烷、环氧乙烷、水煤气、液化石油气、乙烯、丙烯、丁二烯、硫化氢、氯乙烯、电石、碳化铝 3. 硝化棉、硝化纤维胶片、喷漆棉、火胶棉、赛璐珞棉、黄磷 4. 金属钾、钠、锂、钙、锶，氢化锂，氢化钠，四氢化锂铝 5. 氯酸钾、氯酸钠、过氧化钾、过氧化钠、硝酸铵 6. 赤磷、五硫化二磷、三硫化二磷
乙类	1. 28℃≤闪点＜60℃的液体 2. 爆炸下限≥10%的气体 3. 不属于甲类的氧化剂 4. 不属于甲类的易燃固体 5. 助燃气体 6. 常温下与空气接触能缓慢氧化，积热不散引起自燃的物品	1. 煤油、松节油、丁烯醇、异戊醇、丁醚、醋酸丁酯、硝酸戊酯、乙酰丙酮、环己胺、溶剂油、冰醋酸、樟脑油、蚁酸 2. 氨气、一氧化碳 3. 硝酸铜、铬酸、亚硝酸钾、重铬酸钠、铬酸钾、硝酸、硝酸汞、硝酸钴、发烟硫酸、漂白粉 4. 硫黄、镁粉、铝粉、赛璐珞板（片）、樟脑、萘、生松香、硝化纤维漆布、硝化纤维色片 5. 氧气、氟气、液氯 6. 漆布及其制品、油布及其制品、油纸及其制品、油绸及其制品
丙类	1. 闪点≥60℃的液体 2. 可燃固体	1. 动物油、植物油、沥青、蜡、润滑油、机油、重油、闪点≥60℃的柴油、糖醛、白兰地成品库 2. 化学、人造纤维及其织物，纸张，棉、毛、丝、麻及其织物，谷物，面粉，粒径大于等于 2mm 的工业成型硫黄，天然橡胶及其制品，竹、木及其制品，中药材，电视机、收录机等电子产品，计算机房已录数据的磁盘储存间，冷库中的鱼、肉间
丁类	难燃烧物品	自熄性塑料及其制品，酚醛泡沫塑料及其制品，水泥刨花板
戊类	不燃烧物品	钢材，铝材，玻璃及其制品，搪瓷制品，陶瓷制品，不燃气体，玻璃棉，岩棉，陶瓷棉，硅酸铝纤维，矿棉，石膏及其无纸制品，水泥，石，膨胀珍珠岩

3. 厂房耐火等级（图 1. 1-3）

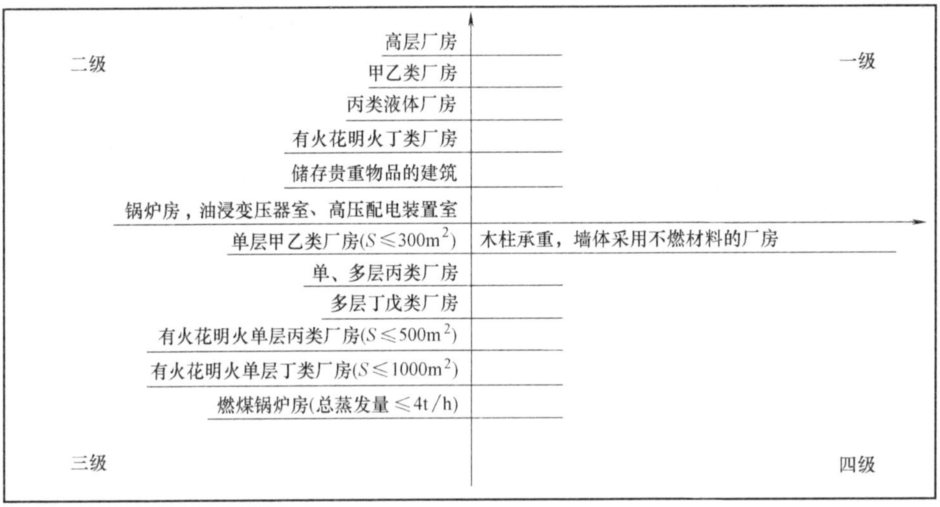

图 1. 1-3　厂房的最低耐火等级

4. 仓库耐火等级（图 1. 1-4）

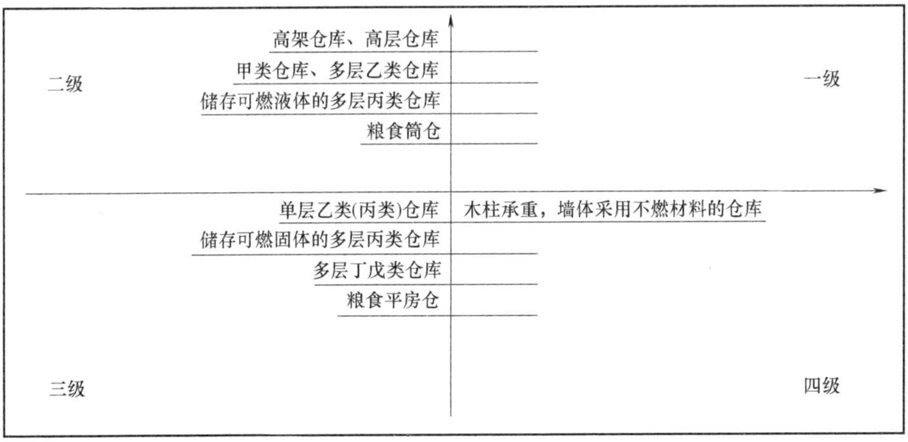

图 1. 1-4　仓库的最低耐火等级

5. 厂房（仓库）和民用建筑的耐火极限

厂房（仓库）和民用建筑的耐火等级可分为一、二、三、四级。不同耐火等级建筑相应构件的燃烧性能和耐火极限不应低于表 1. 1-6 的规定。

6. 厂房的防火分区

厂房的层数和每个防火分区的最大允许建筑面积应符合表 1. 1-7 的规定。

表 1.1-6　建筑构件的燃烧性能和耐火极限　（单位：h）

构件名称		耐火等级 一级	二级	三级	四级	备　注
墙	防火墙	3.00	3.00	3.00	3.00	（1）以木柱承重且墙体采用不燃材料的建筑，其耐火等级应按四级确定 （2）(---)内文字用于住宅建筑，[---]内文字用于厂房（仓库） （3）未标记的为不燃性
	承重墙	3.00 (2.00)	2.50 (2.00)	2.00 (1.50)	难燃性 0.50 (1.00)	
	非承重外墙	1.00 [0.75]	1.00 [0.50]	0.50 (0.75)	可燃性[(难燃性)] (0.75)[0.25]	
	楼梯间和前室的墙 电梯井的墙 住宅建筑单元之间的墙和分户墙	2.00	2.00	1.50	难燃性 0.50 (1.00)	
	疏散走道两侧的隔墙	1.00	1.00	0.50 (0.75)	难燃性 0.25 (0.75)	
	房间隔墙	0.75	0.50	难燃性 0.50	难燃性 0.25	
柱		3.00	2.50	2.00	难燃性 0.50 (1.00)	
梁		2.00	1.50	1.00	难燃性 0.50 (1.00)	
楼板		1.50	1.00	0.50 [(0.75)]	可燃性[(难燃性)] 0.50	
屋顶承重构件		1.50	1.00	0.50	可燃性(难燃性) (0.25)	
疏散楼梯		1.50	1.00	0.50 [0.75]	可燃性(难燃性) (0.50)	
顶棚(包括顶棚搁栅)		0.25	难燃性 0.25	难燃性 0.15	可燃性	

表 1.1-7　厂房的层数和防火分区面积

生产的火灾危险性类别	耐火等级	最多允许层	每个防火分区最大允许建筑面积/m^2 单层	多层	高层	地下或半地下厂房（地下或半地下室）
甲	一级	宜采用单层	4000	3000		
	二级		3000	2000		
乙	一级	不限	5000	4000	2000	
	二级	6	4000	3000	1500	
丙	一级	不限	不限	6000	3000	500
	二级		8000	4000	2000	
	三级	2	3000	2000		
丁	一、二级	不限	不限	不限	4000	1000
	三级	3	4000	2000		
	四级	1	1000			
戊	一、二级	不限	不限	不限	6000	1000
	三级	3	5000	3000		
	四级	1	1500			

执行表 1. 1-7 的规定时应注意：

（1）防火分区之间应采用防火墙分隔。除甲类厂房外的一、二级耐火等级厂房，当其防火分区的建筑面积大于本表规定，且设置防火墙确有困难时，可采用防火卷帘或防火分隔水幕分隔。

（2）除麻纺厂房外，一级耐火等级的多层纺织厂房和二级耐火等级的单、多层纺织厂房，其每个防火分区的最大允许建筑面积可按本表的规定增加 0. 5 倍，但厂房内的原棉开包、清花车间与厂房内其他部位之间均应采用耐火极限不低于2. 50h 的防火隔墙分隔，需要开设门、窗、洞口时，应设置甲级防火门、窗。

（3）一、二级耐火等级单、多层造纸生产联合厂房，其每个防火分区的最大允许建筑面积可按本表的规定增加 1. 5 倍。

（4）一、二级耐火等级的谷物筒仓工作塔，当每层工作人数不超过 2 人时，其层数不限。

（5）一、二级耐火等级卷烟生产联合厂房内制丝、储丝及卷接包车间之间应采用耐火极限不低于 2. 00h 的防火隔墙和 1. 00h 的楼板进行分隔。

（6）厂房内的操作平台、检修平台，当使用人数少于 10 人时，平台的面积可不计入所在防火分区的建筑面积内。

7. 厂房的防火间距

厂房之间及其与乙、丙、丁、戊类仓库、民用建筑等之间的防火间距不应小于表 1. 1-8 的规定。

表 1. 1-8 厂房（仓库）与民用建筑的防火间距 （单位：m）

<table>
<tr><th colspan="3" rowspan="3">名 称</th><th>甲类厂房</th><th colspan="3">乙类厂房（仓库）</th><th colspan="4">丙、丁、戊类厂房（仓库）</th><th colspan="5">民用建筑</th></tr>
<tr><th>单、多层</th><th colspan="2">单、多层</th><th>高层</th><th colspan="3">单、多层</th><th>高层</th><th colspan="3">裙房，单、多层</th><th colspan="2">高层</th></tr>
<tr><th>一、二级</th><th>一、二级</th><th>三级</th><th>一、二级</th><th>一、二级</th><th>三级</th><th>四级</th><th>一、二级</th><th>一、二级</th><th>三级</th><th>四级</th><th>一类</th><th>二类</th></tr>
<tr><td>甲类厂房</td><td>单、多层</td><td>一、二级</td><td>12</td><td>12</td><td>14</td><td>13</td><td>12</td><td>14</td><td>16</td><td>13</td><td colspan="3" rowspan="4">25</td><td colspan="2" rowspan="4">50</td></tr>
<tr><td rowspan="3">乙类厂房</td><td rowspan="2">单、多层</td><td>一、二级</td><td>12</td><td>10</td><td>12</td><td>13</td><td>10</td><td>12</td><td>14</td><td>13</td></tr>
<tr><td>三级</td><td>14</td><td>12</td><td>14</td><td>15</td><td>12</td><td>14</td><td>16</td><td>15</td></tr>
<tr><td>高层</td><td>一、二级</td><td>13</td><td>13</td><td>15</td><td>13</td><td>13</td><td>15</td><td>17</td><td>13</td></tr>
<tr><td rowspan="4">丙类厂房</td><td rowspan="3">单、多层</td><td>一、二级</td><td>12</td><td>10</td><td>12</td><td>13</td><td>10</td><td>12</td><td>14</td><td>13</td><td>10</td><td>12</td><td>14</td><td>20</td><td>15</td></tr>
<tr><td>三级</td><td>14</td><td>12</td><td>14</td><td>15</td><td>12</td><td>14</td><td>16</td><td>15</td><td>12</td><td>14</td><td>16</td><td rowspan="2">25</td><td rowspan="2">20</td></tr>
<tr><td>四级</td><td>16</td><td>14</td><td>16</td><td>17</td><td>14</td><td>16</td><td>18</td><td>17</td><td>14</td><td>16</td><td>18</td></tr>
<tr><td>高层</td><td>一、二级</td><td>13</td><td>13</td><td>15</td><td>13</td><td>13</td><td>15</td><td>17</td><td>13</td><td>13</td><td>15</td><td>17</td><td>20</td><td>15</td></tr>
<tr><td rowspan="4">丁、戊类厂房</td><td rowspan="3">单、多层</td><td>一、二级</td><td>12</td><td>10</td><td>12</td><td>13</td><td>10</td><td>12</td><td>14</td><td>13</td><td>10</td><td>12</td><td>14</td><td>15</td><td>13</td></tr>
<tr><td>三级</td><td>14</td><td>12</td><td>14</td><td>15</td><td>12</td><td>14</td><td>16</td><td>15</td><td>12</td><td>14</td><td>16</td><td rowspan="2">18</td><td rowspan="2">15</td></tr>
<tr><td>四级</td><td>16</td><td>14</td><td>16</td><td>17</td><td>14</td><td>16</td><td>18</td><td>17</td><td>14</td><td>16</td><td>18</td></tr>
<tr><td>高层</td><td>一、二级</td><td>13</td><td>13</td><td>15</td><td>13</td><td>13</td><td>15</td><td>17</td><td>13</td><td>13</td><td>15</td><td>17</td><td>15</td><td>13</td></tr>
</table>

（续）

名称			甲类厂房	乙类厂房（仓库）			丙、丁、戊类厂房（仓库）				民用建筑				
			单、多层	单、多层		高层	单、多层			高层	裙房，单、多层			高层	
			一、二级	一、二级	三级	一、二级	一、二级	三级	四级	一、二级	一、二级	三级	四级	一类	二类
室外变、配电站	变压器总油量/t	≥5，≤10	25				12	15	20	12	15	20	25	20	
		>10，≤50					15	20	25	15	20	25	30	25	
		>50					20	25	30	20	25	30	35	30	

执行表1.1-8时应注意以下几点：

（1）乙类厂房与重要公共建筑的防火间距不宜小于50m；与明火或散发火花地点，不宜小于30m。单、多层戊类厂房之间及与戊类仓库的防火间距可按本表的规定减少2m。为丙、丁、戊类厂房服务而单独设置的生活用房应按民用建筑确定，与所属厂房的防火间距不应小于6m。

（2）两座厂房相邻较高一面外墙为防火墙，或相邻两座高度相同的一、二级耐火等级建筑中相邻任一侧外墙为防火墙且屋顶的耐火极限不低于1.00h时，其防火间距不限，但甲类厂房之间不应小于4m。两座丙、丁、戊类厂房相邻两面外墙均为不燃性墙体，当无外露的可燃性屋檐，每面外墙上的门、窗、洞口面积之和各不大于外墙面积的5%，且门、窗、洞口不正对开设时，其防火间距可按本表的规定减少25%。

（3）两座一、二级耐火等级的厂房，当相邻较低一面外墙为防火墙且较低一座厂房的屋顶无天窗，屋顶的耐火极限不低于1.00h，或相邻较高一面外墙的门、窗等开口部位设置甲级防火门、窗或防火分隔水幕或按《建规》第6.5.3条的规定设置防火卷帘时，甲、乙类厂房之间的防火间距不应小于6m；丙、丁、戊类厂房之间的防火间距不应小于4m。

（4）耐火等级低于四级的既有厂房，其耐火等级可按四级确定。

8. 厂房火灾危险性类别特殊规定

（1）《建规》第3.1.2条：同一座厂房或厂房的任一防火分区内有不同火灾危险性生产时，厂房或防火分区内的生产火灾危险性类别应按火灾危险性较大的部分确定。当生产过程中使用或产生易燃、可燃物的量较少，不足以构成爆炸或火灾危险时，可按实际情况确定；当符合下述条件之一时，可按火灾危险性较小的部分确定：

1）火灾危险性较大的生产部分占本层或本防火分区面积的比例<5%或丁、戊类厂房内的油漆工段<10%，且发生火灾事故时不足以蔓延到其他部位或火灾危险性较大的生产部分采取了有效的防火措施。

2）丁、戊类厂房内的油漆工段，当采用封闭喷漆工艺，封闭喷漆空间内保持负压、油漆工段设置可燃气体探测报警系统或自动抑爆系统，且油漆工段占其所在防火分区面积的比例≤20%。

9. 厂房防爆相关规定

（1）《建规》第3.6.2条：有爆炸危险的厂房或厂房内有爆炸危险的部位应设置泄压

设施。

（2）《建规》第 3.6.3 条：泄压设施宜采用轻质屋面板、轻质墙体和易于泄压的门、窗等，应采用安全玻璃等在爆炸时不产生尖锐碎片的材料。泄压设施的设置应避开人员密集场所和主要交通道路，并宜靠近有爆炸危险的部位。作为泄压设施的轻质屋面板和墙体的质量不宜大于 $60kg/m^2$。屋顶上的泄压设施应采取防冰雪积聚措施。

（3）《建规》第 3.6.4 条：厂房的泄压面积宜按下式计算，但当厂房的长径比大于 3 时，宜将建筑划分为长径比不大于 3 的多个计算段，各计算段中的公共截面不得作为泄压面积：

$$A = 10CV^{2/3}$$

式中　A——泄压面积（m^2）。

V——厂房的容积（m^3）。

C——泄压比（m^2/m^3）。

（4）《建规》第 3.6.5 条：散发较空气轻的可燃气体、可燃蒸气的甲类厂房，宜采用轻质屋面板作为泄压面积。顶棚应尽量平整、无死角，厂房上部空间应通风良好。

（5）《建规》第 3.6.6 条：散发较空气重的可燃气体、可燃蒸气的甲类厂房和有粉尘、纤维爆炸危险的乙类厂房。应符合下列规定：

1）应采用不发火花的地面。采用绝缘材料做整体面层时，应采取防静电措施。

2）散发可燃粉尘、纤维的厂房，其内表面应平整、光滑，并易于清扫。

3）厂房内不宜设置地沟，确需设置时，其盖板应严密，地沟应采取防止可燃气体、可燃蒸气和粉尘、纤维在地沟积聚的有效措施，且应在与相邻厂房连通处采用防火材料密封。

（6）《建规》第 3.6.7 条：有爆炸危险的甲、乙类生产部位，宜布置在单层厂房靠外墙的泄压设施或多层厂房顶层靠外墙的泄压设施附近。有爆炸危险的设备宜避开厂房的梁、柱等主要承重构件布置。

（7）《建规》第 3.6.10 条：有爆炸危险区域内的楼梯间、室外楼梯或有爆炸危险的区域与相邻区域连通处，应设置门斗等防护措施。门斗的隔墙应为耐火极限不低于 2.00h 的防火隔墙，门应采用甲级防火门并应与楼梯间的门错位设置。

案例每日一练

【1-10】范例中木器厂房受选址条件所限，与该厂的一栋已建耐火等级二级的多层办公楼之间的防火间距为 9m，请分析上述案例，回答下面问题：

（1）木器厂房与办公楼之间的防火间距是否满足要求？

（2）如防火间距不足，可采取哪些措施？

【解析】（1）依据《建规》第 3.4.1 条的规定，丙类多层三级木器厂房与二级多层办公楼之间的防火间距不应小于 12m，防火间距不满足规范要求。

（2）依据《建规》第 3.4.5 条的规定可采取以下措施：

1）对木器厂房进行结构改造，使其耐火等级不低于二级的同时，将这两栋建筑中的相邻较高一面外墙改造为不开设门窗洞口的防火墙，或将比相邻较低一座建筑屋面高 15m 及以下范围内的外墙改造为不开设门窗洞口的防火墙后，其防火间距可不限。

2）对厂房进行结构改造，使其耐火等级不低于二级的同时，将这两栋建筑中的相邻较低一面外墙改造为防火墙，且较低建筑屋顶不设天窗、屋顶耐火极限不低于1.00h，或将相邻较高一面外墙改造为防火墙，且墙上开口部位采取防火保护措施后，该木器厂房与多层办公楼之间的最小防火间距可为4m，满足规范要求。

考试热点分析

丙类厂房考点（★★★★）

1. 火灾危险性确定

（1）闪点≥60℃的液体。焦化厂焦油厂房，油浸变压器室，配电室（每台装油量大于60kg的设备），沥青加工厂房，植物油加工厂的精炼部位。

（2）可燃固体。木工厂房，竹、藤加工厂房，针织品厂房，服装加工厂房，棉花加工和打包厂房，麻纺厂粗加工车间，谷物加工房，卷烟厂的包装车间，印刷车间，电视机装配厂房，饲料加工厂房，屠宰加工车间、鱼加工车间。

2. 丙类厂房耐火等级（一、二、三级）

（1）三级。①单、多层丙类厂房；②使用或产生丙类液体，建筑面积≤500m²的单层丙类厂房。

（2）二级。①高层丙类厂房；②使用或产生丙类液体，建筑面积>500m²的单、多层丙类厂房；③油浸变压器室。

3. 构件耐火极限（h）

特殊规定。①一（二）级单层厂房柱2.5（2.0）；②一级单（多）层厂房屋顶承重构件1.0（自喷全保护）；③二级厂房内房间隔墙0.75（难燃）；④二级多层厂房内预制楼板0.75；⑤一（二）级厂房上人平屋顶1.5（1.0）；⑥一、二级厂房的屋面板应采用不燃材料。

4. 丙类厂房防火分区、层数和疏散距离

（1）防火分区（m²）。①丙63-842-32，单一不限地500；②一、二级单、多层造纸生产联合厂房，防火分区建筑面积增加1.5倍；③厂房内的平台使用人数<10人，平台面积不计；④厂房内设自动灭火系统，防火分区面积增加1.0倍。

（2）最多允许层数：丙三2，一二不限。

（3）疏散距离（m）：丙864-64，地30。

5. 丙类厂房内布置办公、休息室

（1）员工宿舍严禁设置在厂房内。

（2）办公室、休息室设置在丙类厂房内时，应采用耐火极限不低于2.50h的防火隔墙和1.00h的楼板与其他部位分隔，并应至少设置1个独立的安全出口。如隔墙上需开设相互连通的门时，应采用乙级防火门。

厂房解题思路

对于厂房等工业建筑防火案例，在理解题目中情景描述之后，主要以厂房生产或储存物品的种类数量、厂房的火灾危险性分类（甲、乙、丙、丁、戊类）、耐火等级（一、二、三级为主）为依据，从建筑物层数（三级2层）、防火分区的最大允许面积，厂房内设置办公室（休息室）的要求、中间仓库布置的要求、防火间距、消防车道的布置、构造防火（防火门、防火隔墙、楼板等的耐火极限）、安全疏散设施（安全出口、楼梯间、疏散走道的形式、位置、宽度、距离）等知识点考虑问题的答案。

第 2 节　毛皮制品仓库防火案例分析

助考知识要点

◆丙类仓库层数：丙 1（5-1）；丙 2（3）

◆丙类仓库耐火等级：二级（储存可燃液体多层丙类仓库）、三级（单层丙类仓库和储存可燃固体多层丙类仓库）

◆丙类仓库占地面积：丙 1 项一二级单多层（4800，2800）、丙 2 项一二级单多层（6000，4800）

分析思维导图（图 1. 2-1）

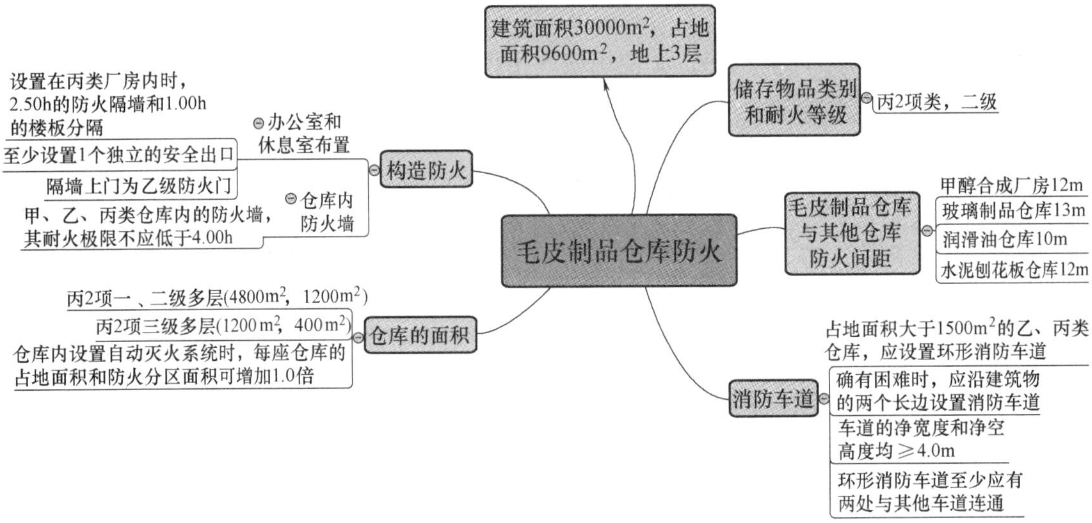

图 1. 2-1　毛皮制品仓库防火分析思维导图

范例情景描述

某储存毛皮制品仓库，框架结构，地上 3 层，地下 1 层，占地面积 9600m²，总建筑面积 30000m²。该仓库总平面布局及周边厂房、仓库等相关信息如图 1. 2-2 所示。地上建筑每层均采用耐火极限不低于 3. 00h 的防火墙划分四个防火分区，防火分区之间每个防火分区的建筑面积均为 2400m²。其地下一层划分为两个防火分区，每个防火分区建筑面积均为 600m²；首层西北侧设有独立的办公、休息区，建筑面积 300m²，采用耐火极限 2. 50h 的不燃烧体防火隔墙、1. 00h 的楼板和乙级防火门与库房隔开，并设有 1 个独立的安全出口。该仓库按有关国家工程建设消防技术标准配置了室内外消火栓给水系统、自动喷水灭火系统等消防设施及器材。

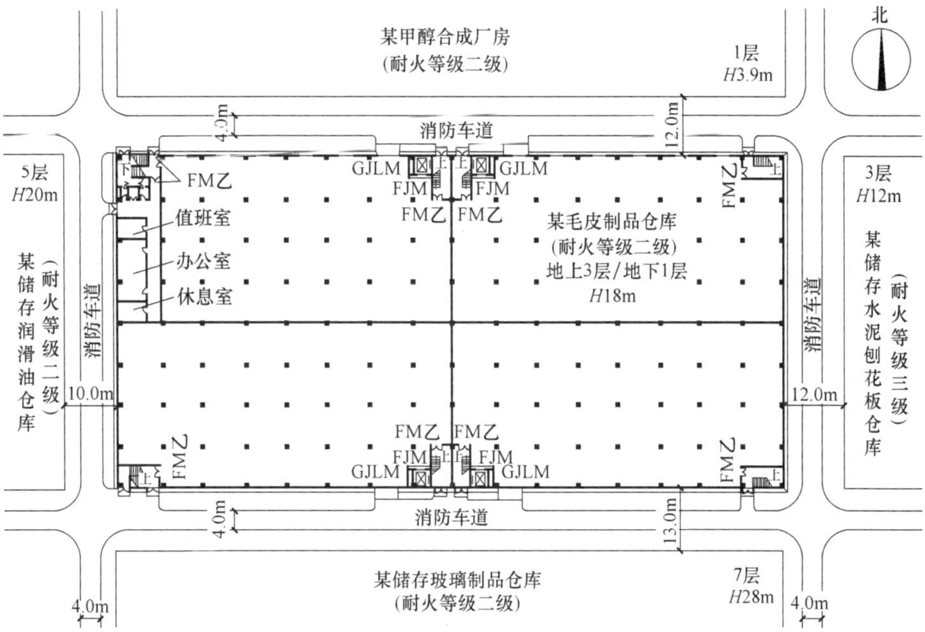

图 1.2-2　毛皮制品仓库总平面图

内容归纳解剖

2.1　仓库防火设计基本参数

（1）根据范例情景描述，各仓库的基本参数见表 1.2-1。

表 1.2-1　仓库基本参数

名称	高度/m	层数	耐火等级	类别	防火间距/m		
					毛皮制品仓库		
毛皮制品仓库	18	3/-1	二级	丙类 2 项	现值	规范值	判定
甲醇合成厂房	3.9	1	二级	甲类	12	≥12	✓
玻璃制品仓库	28	7	二级	戊类	13	≥13	✓
润滑油仓库	20	5	二级	丙类 1 项	10	≥10	✓
水泥刨花板仓库	12	3	三级	丁类	12	≥12	✓

（2）根据范例情景描述，各毛皮制品仓库各平面区域及防火措施见表 1.2-2。

表 1.2-2　毛皮制品仓库各平面区域及防火措施

名　称	防 火 措 施
办公室、休息室	独立的办公、休息区，建筑面积 300m^2，采用耐火极限 2.50h 的不燃烧体防火隔墙、1.00h 的楼板和乙级防火门与库房隔开，并设有 1 个独立的安全出口
占地面积	总建筑面积 30000m^2，占地面积 9600m^2

（续）

名　称	防火措施
防火分区	地上每层划分四个防火分区，每个防火分区的面积 2400m^2；地下一层划分为两个防火分区，每个防火分区建筑面积为 600m^2
仓库内的防火墙	地上每层采用耐火极限不低于 3.00h 的防火墙划分四个防火分区

2.2　范例问题解答

【2-1】毛皮制品仓库与周围建筑防火间距是否满足要求？

【解析】(1) 依据《建规》第 3.1.1 和 3.1.3 条的规定，首先确定厂房和仓库类别。

(2) 依据《建规》第 3.4.1 条的规定，毛皮制品仓库与甲醇合成厂房、玻璃制品仓库、润滑油仓库和水泥刨花板仓库之间的防火间距分别不应小于 12m、13m、10m 及 12m。

(3) 综上，毛皮制品仓库与周围仓库（厂房）防火间距满足规范要求。

【2-2】木器厂房四周消防车道设置是否合适？

【解析】(1) 依据《建规》第 7.1.3 条的规定：工厂、仓库区内应设置消防车道。高层厂房，占地面积大于 3000m^2 的甲、乙、丙类厂房和占地面积大于 1500m^2 的乙、丙类仓库，应设置环形消防车道，确有困难时，应沿建筑物的两个长边设置消防车道。

(2) 依据《建规》第 7.1.8 条的规定，消防车道应符合下列要求：

1) 车道的净宽度和净空高度均不应小于 4.0m。

2) 转弯半径应满足消防车转弯的要求。

3) 消防车道与建筑之间不应设置妨碍消防车操作的树木、架空管线等障碍物。

4) 消防车道靠建筑外墙一侧的边缘距离建筑外墙不宜小于 5m。

5) 消防车道的坡度不宜大于 8%。

(3) 依据《建规》第 7.1.8 条的规定，环形消防车道至少应有两处与其他车道连通。尽头式消防车道应设置回车道或回车场，回车场的面积不应小于 12m × 12m；对于高层建筑，不宜小于 15m × 15m；供重型消防车使用时，不宜小于 18m × 18m。

(4) 该毛皮制品仓库的占地面积 9600m^2，大于 1500m^2，综上三条规定，木器厂房周边消防车道宽度设置符合规范要求。

【2-3】毛皮制品仓库内设置办公室和休息室，是否符合要求？

【解析】(1) 依据《建规》第 3.3.9 条的规定，办公室、休息室等严禁设置在甲、乙类仓库内，也不应贴邻。办公室、休息室设置在丙、丁类仓库内时，应采用耐火极限不低于 2.50h 的防火隔墙和 1.00h 的楼板与其他部位分隔，并应设置独立的安全出口。隔墙上需开设相互连通的门时，应采用乙级防火门。

(2) 综上，毛皮制品仓库内设置的办公室和休息室符合规范要求。

【2-4】毛皮制品仓库层数、防火分区划分是否合理？

【解析】依据《建规》第 3.3.2 和 3.3.3 条的规定，该毛皮制品仓库为丙类 2 项二级 3 层，最多允许层数不限，最大允许占地面积不应大于 4800m^2，地上部分每个防火分区的最大允许建筑面积不应大于 1200m^2，地下室每个防火分区的最大允许建筑面积不应大于 300m^2；仓库内设置自动灭火系统时，每座仓库最大允许占地面积和每个防火分区最大允许建筑面积可按上述规定增加 1.0 倍。综上，该厂房层数、防火分区符合规范要求。

【2-5】毛皮制品仓库耐火等级及防火分区之间防火墙耐火极限是否满足要求？

【解析】(1) 依据《建规》第 3.2.7 条的规定，高架仓库、高层仓库、甲类仓库、多层乙类仓库和储存可燃液体的多层丙类仓库，其耐火等级不应低于二级。单层乙类仓库，单层丙类仓库，储存可燃固体的多层丙类仓库和多层丁、戊类仓库，其耐火等级不应低于三级。综上，毛皮制品仓库耐火等级二级，满足规范要求。

(2) 依据《建规》第 3.2.9 条的规定，甲、乙类厂房和甲、乙、丙类仓库内的防火墙，其耐火极限不应低于 4.00h。本范例毛皮制品仓库防火分区之间防火墙采用耐火极限不低于 3.00h 不燃性墙体，不符合规范要求。应提高防火墙的耐火极限，不低于 4.00h。

规范考点延伸

1. 规范对厂房（仓库）构件耐火极限的补充规定

(1)《建规》第 3.2.9 条　甲、乙类厂房和甲、乙、丙类仓库内的防火墙，其耐火极限 ≥4.00h。

(2)《建规》第 3.2.10 条　一、二级耐火等级单层厂房（仓库）的柱，其耐火极限分别 ≥2.50h 和 2.00h。

(3)《建规》第 3.2.11 条　采用自动喷水灭火系统全保护的一级耐火等级单、多层厂房（仓库）的屋顶承重构件，其耐火极限 ≥1.00h。

(4)《建规》第 3.2.12 条　除甲、乙类仓库和高层仓库外，一、二级耐火等级建筑的非承重外墙，当采用不燃性墙体时，其耐火极限不应低于 0.25h；当采用难燃性墙体时，不应低于 0.50h。4 层及 4 层以下的一、二级耐火等级丁、戊类地上厂房（仓库）的非承重外墙，当采用不燃性墙体时，其耐火极限不限。

(5)《建规》第 3.2.13 条　二级耐火等级厂房（仓库）内的房间隔墙，当采用难燃性墙体时，其耐火极限 ≥0.75h（采用不燃性墙体时，其耐火极限 ≥0.50h）。

(6)《建规》第 3.2.14 条　二级耐火等级多层厂房（仓库）内采用预应力钢筋混凝土的楼板，其耐火极限 ≥0.75h。

(7)《建规》第 3.2.15 条　一、二级耐火等级厂房（仓库）的上人平屋顶，其屋面板的耐火极限分别 ≥1.50h 和 1.00h。

(8)《建规》第 3.2.16 条　一、二级耐火等级厂房（仓库）的屋面板应采用不燃材料。

(9)《建规》第 3.2.17 条　建筑中的非承重外墙、房间隔墙和屋面板，当确需采用金属夹芯板材时，其芯材应为不燃材料，且耐火极限应符合本规范有关规定。

2. 防火分区面积增加的规定

《建规》第 3.3.3 条　厂房内设置自动灭火系统时，每个防火分区的最大允许建筑面积可按规范的规定增加 1.0 倍。当丁、戊类的地上厂房内设置自动灭火系统时，每个防火分区的最大允许建筑面积不限。厂房内局部设置自动灭火系统时，其防火分区的增加面积可按该局部面积的 1.0 倍计算。

仓库内设置自动灭火系统时，除冷库的防火分区外，每座仓库的最大允许占地面积和每个防火分区的最大允许建筑面积可按规范的规定增加 1.0 倍。

3. 仓库储存物品类别确定

（1）《建规》第 3.1.4 条　同一座仓库或仓库的任一防火分区内储存不同火灾危险性物品时，仓库或防火分区的火灾危险性应按火灾危险性最大的物品确定。

（2）《建规》第 3.1.5 条　丁、戊类储存物品仓库的火灾危险性，当可燃包装重量大于物品本身重量 1/4 或可燃包装体积大于物品本身体积的 1/2 时，应按丙类确定。

4. 仓库的防火分区

仓库的层数和每个防火分区的最大允许建筑面积应符合表 1.2-3 的规定。

表 1.2-3　仓库的层数和防火分区面积

储存物火险性类别		耐火等级	允许层数	每座仓库的最大允许占地面积和每个防火分区的最大允许建筑面积/m^2						
				单层		多层		高层		地下或半地下仓库(地下或半地下室)
				每座仓库	防火分区	每座仓库	防火分区	每座仓库	防火分区	
甲	3、4 项	一级	1	180	60					
甲	1、2、5、6 项	一、二级	1	750	250					
乙	1、3、4 项	一、二级	3	2000	500	900	300			
乙	1、3、4 项	三级	1	500	250					
乙	2、5、6 项	一、二级	5	2800	700	1500	500			
乙	2、5、6 项	三级	1	900	300					
丙	1 项	一、二级	5	4000	1000	2800	700			150
丙	1 项	三级	1	1200	400					
丙	2 项	一、二级	不限	6000	1500	4800	1200	4000	1000	300
丙	2 项	三级	3	2100	700	1200	400			
丁		一、二级	不限	不限	3000	不限	1500	4800	1200	500
丁		三级	3	3000	1000	1500	500			
丁		四级	1	2100	700					
戊		一、二级	不限	不限	不限	不限	2000	6000	1500	1000
戊		三级	3	3000	1000	2100	700			
戊		四级	1	2100	700					

执行表 1.2-3 规定时应注意：

（1）仓库内的防火分区之间必须采用防火墙分隔，甲、乙类仓库内防火分区之间的防火墙（4.0h）不应开设门、窗、洞口；地下或半地下仓库（包括地下或半地下室）的最大允许占地面积，不应大于相应类别地上仓库的最大允许占地面积。

（2）一、二级耐火等级的煤均化库，每个防火分区面积≤12000m^2。

（3）独立建造的硝酸铵仓库、电石仓库、聚乙烯等高分子制品仓库、尿素仓库、配煤仓库、造纸厂的独立成品仓库，当建筑的耐火等级不低于二级时，每座仓库的最大允许占地面积和每个防火分区的最大允许建筑面积可按本表的规定增加 1.0 倍。

（4）一、二级耐火等级粮食平房仓的最大允许占地面积≤12000m^2，每个防火分区的最大允许建筑面积≤3000m^2；三级耐火等级粮食平房仓的最大允许占地面积≤3000m^2，每个防火分区的最大允许建筑面积≤1000m^2。

（5）一、二级耐火等级且占地面积≤2000m^2的单层棉花库房，其防火分区的最大允许建筑面积≤2000m^2。

案例每日一练

【2-6】某单层堆垛储物仓库，二级耐火等级，占地面积2500m^2，储存物质为成品罐装饮料，储物高度为3m，其可燃包装重量超过物品本身重量1/4。仓库内设有自动喷水灭火系统，划分成一个防火分区。请分析上述案例，回答下面问题：

（1）该仓库储存物品的火灾危险性类别为哪一类？

（2）该仓库防火分区划分是否符合要求？

【解析】（1）依据《建规》第3.1.5条，丁、戊类储存物品仓库的火灾危险性，当可燃包装重量大于物品本身重量1/4或可燃包装体积大于物品本身体积的1/2时，应按丙类确定。该仓库储存物品的火灾危险性类别为丙2类。

（2）符合规范要求。该仓库为丙2类二级单层仓库，其防火分区最大允许建筑面积为1500m^2；设有自动喷水灭火系统后，其防火分区最大允许建筑面积为3000m^2。因此，符合规范要求。

考试热点分析

丙类仓库考点（★★★★）

1. 火灾危险性确定

（1）闪点≥60℃的液体（丙1）。动物油，植物油，沥青，蜡，润滑油，机油，重油，闪点≥60℃的柴油，糠醛，白兰地成品库。

（2）可燃固体（丙2）。化学、人造纤维及其织物，纸张，棉、毛、丝、麻及其织物，谷物，面粉，粒径大于等于2mm的工业成型硫黄，天然橡胶及其制品，竹、木及其制品，中药材，电视机、收录机等电子产品，计算机房已录数据的磁盘储存间，冷库中的鱼、肉间。

2. 丙类仓库耐火等级（一、二、三级）

（1）三级。单层丙类仓库，储存可燃固体的多层丙类仓库。

（2）二级。高架仓库、高层仓库、储存可燃液体的多层丙类仓库。

3. 构件耐火极限最低要求（h）

特殊规定：①一（二）级单层仓库柱2.5（2.0）；②一级单（多）层仓库屋顶承重构件1.0（自喷全保护）；③一、二级单、多层仓库的非承重外墙0.25（不燃性）和0.50h（难燃性墙体）；④二级仓库内房间隔墙0.75（难燃）；⑤二级多层仓库内预制楼板0.75；⑥一（二）级仓库上人平屋顶1.5（1.0）；⑦一、二级仓库的屋面板应采用不燃材料；⑧丙类仓库内的防火墙≥4.0。

4. 丙类仓库占地面积和防火分区面积（m^2）

（1）占地面积：丙1 428-12，丙2 6484-2112。

（2）防火分区面积：占地面积/4（一、二级），占地面积/3（三级）。

（3）仓库内设自动灭火系统，占地面积和防火分区面积增加 1.0 倍。

5. 丙类仓库层数

丙 1（5-1），丙 2（3）。

6. 丙类中间仓库

（1）丙类中间仓库应采用防火墙和耐火极限不低于 1.50h 的不燃性楼板与其他部位分隔。

（2）员工宿舍严禁设置在仓库内。

（3）办公室、休息室设置在丙类仓库内时，应采用耐火极限不低于 2.50h 的防火隔墙和 1.00h 的楼板与其他部位分隔，并设置独立的安全出口。隔墙上需开设相互连通的门时，应采用乙级防火门。

第 3 节　歌舞厅防火案例分析

助考知识要点

◆歌舞厅平面布置：1 ~3 层靠外墙（一二级耐火等级内）

◆厅室间防火措施：防火隔墙（2.0h），不燃性楼板（1.0h），乙级防火门

◆厅室疏散门数量：2 个，1 个（条件 $50m^2$，15 人）

◆安全疏散的距离：25m，9m（一、二级）

分析思维导图（图 1.3-1）

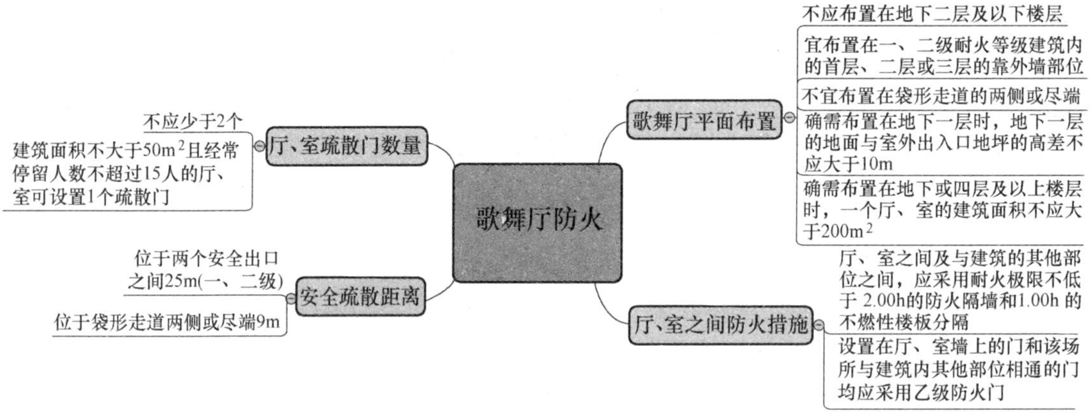

图 1.3-1　歌舞厅防火案例分析思维导图

范例情景描述

某商业中心地上 4 层、地下 1 层，耐火等级一级，建筑室外设计地面至其檐口的高度为

20m，建筑室外设计地面至其屋脊的高度为 24m，局部凸出屋面的水箱间等辅助用房建筑面积为 600m^2。每层建筑面积均为 10000m^2，按有关国家工程建设消防技术标准配置了自动喷水灭火系统、火灾自动报警系统等消防设施及器材。某歌舞厅位于该商业中心的地下一层至地上四层，每层歌舞厅的建筑面积均为 3000m^2，位于地下一层和地上四层的每个厅、室的建筑面积均不大于 200m^2。

内容归纳解剖

3.1　歌舞厅防火设计基本参数

根据范例情景描述，歌舞厅的基本参数见表 1.3-1。

表 1.3-1　歌舞厅的基本参数

名称	高度/m	层数	层高/m	耐火等级	每层建筑面积/m^2	歌舞厅每个厅、室建筑面积/m^2
商业中心	20～24	4/－1	5	一级	10000	200
歌舞厅		－1～4	5	一级	3000	

3.2　范例问题解答

【3-1】确定该商业中心的建筑高度和建筑分类

【解析】依据《建规》附录 A，该商业中心建筑高度为 22m，为多层公共建筑。

【3-2】歌舞厅平面布置是否满足要求？

【解析】(1) 依据《建规》第 5.4.9 条的规定，歌舞厅、录像厅、夜总会、卡拉 OK 厅（含具有卡拉 OK 功能的餐厅）、游艺厅（含电子游艺厅）、桑拿浴室（不包括洗浴部分）、网吧等歌舞娱乐放映游艺场所（不含剧场、电影院）的布置应符合下列规定：

1）不应布置在地下二层及以下楼层。

2）宜布置在一、二级耐火等级建筑内的首层、二层或三层的靠外墙部位。

3）不宜布置在袋形走道的两侧或尽端。

4）确需布置在地下一层时，地下一层的地面与室外出入口地坪的高差不应大于 10m。

5）确需布置在地下或四层及以上楼层时，一个厅、室的建筑面积不应大于 200m^2。

6）厅、室之间及与建筑的其他部位之间，应采用耐火极限不低于 2.00h 的防火隔墙和 1.00h 的不燃性楼板分隔，设置在厅、室墙上的门和该场所与建筑内其他部位相通的门均应采用乙级防火门。

(2) 综上，本范例歌舞厅平面布置时应注意：

1）靠外墙部位，不宜布置在袋形走道的两侧或尽端。

2）地下一层的地面与室外出入口地坪的高差不应大于 10m。

3）歌舞厅、室之间及与建筑的其他部位之间，应采用耐火极限不低于 2.00h 的防火隔墙和 1.00h 的不燃性楼板分隔，设置在厅、室墙上的门和该场所与建筑内其他部位相通的门均应采用乙级防火门。

【3-3】该商业中心设置封闭楼梯间，是否符合要求？

【解析】(1) 依据《建规》第 5.5.13 条的规定，下列多层公共建筑的疏散楼梯，除与敞开式外廊直接相连的楼梯间外，均应采用封闭楼梯间：

1) 医疗建筑、旅馆、老年人建筑及类似使用功能的建筑。

2) 设置歌舞娱乐放映游艺场所的建筑。

3) 商店、图书馆、展览建筑、会议中心及类似使用功能的建筑。

4) 6 层及以上的其他建筑。

(2) 依据《建规》第 6.4.4 条的规定，地下或半地下建筑（室）的疏散楼梯间，应符合下列规定：

1) 室内地面与室外出入口地坪高差大于 10m 或 3 层及以上的地下、半地下建筑（室），其疏散楼梯应采用防烟楼梯间；其他地下或半地下建筑（室），其疏散楼梯应采用封闭楼梯间。

2) 应在首层采用耐火极限不低于 2.00h 的防火隔墙与其他部位分隔并应直通室外，确需在隔墙上开门时，应采用乙级防火门。

3) 建筑的地下或半地下部分与地上部分不应共用楼梯间，确需共用楼梯间时，应在首层采用耐火极限不低于 2.00h 的防火隔墙和乙级防火门将地下或半地下部分与地上部分的连通部位完全分隔，并应设置明显的标志。

(3) 综上，该多层商业中心内因设置歌舞厅，地上部分采用封闭楼梯间符合规范要求。但需注意：

1) 若地下一层室内地面与室外出入口地坪高差大于 10m 时，其疏散楼梯应采用防烟楼梯间。

2) 商业中心首层应采用耐火极限不低于 2.00h 的防火隔墙与其他部位分隔并应直通室外，确需在隔墙上开门时，应采用乙级防火门。

3) 商业中心的地下部分与地上部分不应共用楼梯间，确需共用楼梯间时，应在首层采用耐火极限不低于 2.00h 的防火隔墙和乙级防火门将地下或半地下部分与地上部分的连通部位完全分隔，并应设置明显的标志。

【3-4】地下一层歌舞厅内顶棚和墙面采用 B1 级装修材料，是否满足要求？

【解析】依据《装修规》(GB 50222) 第 5.3.1 条的规定，歌舞娱乐放映游艺场所设置在地下时，顶棚和墙面装修材料应采用 A 级，其他部位应采用不低于 B1 级的装修材料。不满足要求。

规范考点延伸

规范对歌舞娱乐放映游艺场所的补充规定：

(1)《建规》第 5.5.15 条　歌舞厅、室的疏散门数量应经计算确定且不应少于 2 个。对于歌舞娱乐放映游艺场所内建筑面积不大于 $50m^2$ 且经常停留人数不超过 15 人的厅、室可设置 1 个疏散门。

(2)《建规》第 5.5.21 条　除剧场、电影院、礼堂、体育馆外的其他公共建筑，其房间疏散门、安全出口、疏散走道和疏散楼梯的各自总净宽度，应符合下列规定：

1) 每层的房间疏散门、安全出口、疏散走道和疏散楼梯的各自总净宽度，应根据疏散人数按每 100 人的最小疏散净宽度不小于表 1.3-2 的规定计算确定。当每层疏散人数不等时，疏散楼梯的总净宽度可分层计算，地上建筑内下层楼梯的总净宽度应按该层及以上疏散人数最多一层的人数计算；地下建筑内上层楼梯的总净宽度应按该层及以下疏散人数最多一层的人数计算。

表 1.3-2　每层的房间疏散门、安全出口、疏散走道和疏散楼梯的每 100 人最小疏散净宽度

（单位：m/百人）

建筑层数		建筑的耐火等级		
		一、二级	三级	四级
地上楼层	1～2 层	0.65	0.75	1.00
	3 层	0.75	1.00	
	≥4 层	1.00	1.25	
地下楼层	与地面出入口地面的高差 $\Delta H \leqslant 10$m	0.75		
	与地面出入口地面的高差 $\Delta H > 10$m	1.00		

2）地下或半地下人员密集的厅、室和歌舞娱乐放映游艺场所，其房间疏散门、安全出口、疏散走道和疏散楼梯的各自总净宽度，应根据疏散人数按每 100 人不小于 1.00m 计算确定。

3）歌舞娱乐放映游艺场所中录像厅的疏散人数，应根据厅、室的建筑面积按不小于 1.0 人/m^2计算；其他歌舞娱乐放映游艺场所的疏散人数，应根据厅、室的建筑面积按不小于 0.5 人/m^2计算。

（3）《建规》第 5.5.17 条　歌舞厅内位于两个安全出口之间的直接通向疏散走道的房间疏散门至最近安全出口的最大距离为 25m（一、二级）；位于袋形走道两侧或尽端的直接通向疏散走道的房间疏散门至最近安全出口的距离，及房间内任一点到该房间直接通向疏散走道的疏散门的距离，均不应大于 9m（一、二级）；建筑内全部设置自动喷水灭火系统时，其安全疏散距离可按上述规定增加 25%。

案例每日一练

【3-4】该歌舞厅位于地下一层至地上四层的疏散走道、安全出口、疏散楼梯的各自所需总宽度，及首层外门的所需总宽度不应小于（　　）。

【解析】该歌舞厅建筑面积 3000m^2，依据《建规》第 5.5.21.4 条的规定，歌舞厅疏散人数应按不小于 0.5 人/m^2计算，即 $3000 \times 0.5 = 1500$（人），对于布置在地上四层的歌舞厅，疏散宽度指标为 1.0m/百人，安全出口、疏散走道、疏散楼梯及首层外门最小宽度要求为 $1500/100 = 15$（m）；对于布置在地下一层的歌舞厅，其房间疏散门、安全出口、疏散走道和疏散楼梯的各自总净宽度，应根据疏散人数按每 100 人不小于 1.00m 计算确定，最小宽度要求为 $1500/100 = 15$（m）。综上，该歌舞厅疏散所需总宽度不应小于 15m。

考试热点分析

歌舞娱乐放映游艺场所考点（★★★★）

1. 疏散楼梯间要求

（1）下列多层公共建筑的疏散楼梯，除与敞开式外廊直接相连的楼梯间外，均应采用封闭楼梯间：

1）医疗建筑、旅馆及类似使用功能的建筑。

2）设置歌舞娱乐放映游艺场所的建筑。

3）商店、图书馆、展览建筑、会议中心及类似使用功能的建筑。

4）6层及以上的其他建筑。

（2）多层公共建筑封闭楼梯间口诀：

商图会展老医旅，歌舞娱乐6公建
甲乙丙类高厂库，地下10米2层限。

2. 歌舞娱乐场所疏散距离（m）

歌舞娱乐25-9（一、二级）

3. 可设置1个疏散门条件

歌舞娱乐厅室50-15（$50m^2$，15人）

4. 歌舞娱乐布置要求

（1）歌舞娱乐放映游艺场所（不含剧场、电影院）的布置应符合下列规定：

1）不应布置在地下二层及以下楼层。

2）宜布置在一、二级耐火等级建筑内的首层、二层或三层的靠外墙部位。

3）不宜布置在袋形走道的两侧或尽端。

4）确需布置在地下一层时，地下一层的地面与室外出入口地坪的高差不应大于10m。

5）确需布置在地下或四层及以上楼层时，一个厅、室的建筑面积不应大于$200m^2$。

（2）记忆口诀：歌舞娱乐一二三，地下一层10米限；其他楼层和地下，厅室面积200平。

第4节　购物中心防火案例分析

助考知识要点

◆商店营业厅面积：$4000m^2$（高层内），$10000m^2$（单层或多层的首层），2000 m^2（地下）

◆下沉式广场要求：水平距离13m、疏散净面积$169m^2$、1部直通地面疏散楼梯

◆防火隔间的设置：建筑面积$6.0m^2$、甲级防火门、门的最小间距4m

◆避难走道的设置：隔墙（3.00h），楼板（1.50h）；安全出口2个；疏散距离60m；A级装修材料；前室使用面积$6.0m^2$；甲级（防火分区开向前室门），乙级（前室开向避难走道门）

分析思维导图（图 1.4-1）

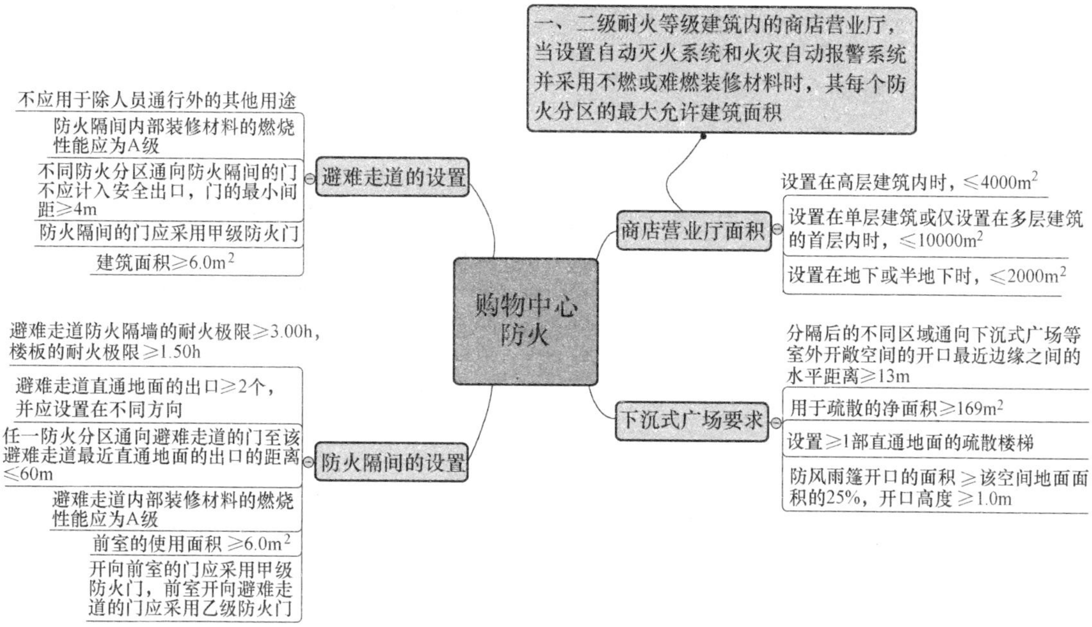

图 1.4-1　购物中心防火分析思维导图

范例情景描述

某多层大型购物中心，地上 6 层，地下 1 层，建筑高度 24m，其总平面布局及周边建筑的相关信息如图 1.4-2 所示。该购物中心地下一层的主要使用功能为设备用房及物业管理用房（建筑面积 2000m²，按建筑面积不大于 1000m² 划分为两个防火分区），和商店营业厅（建筑面积 22000m²，采用不开设门窗洞口的防火墙分隔成 10000m² 和 12000m² 两部分，并采用下沉式广场将其局部连通；按建筑面积不大于 2000m² 划分为十一个防火分区）；地上

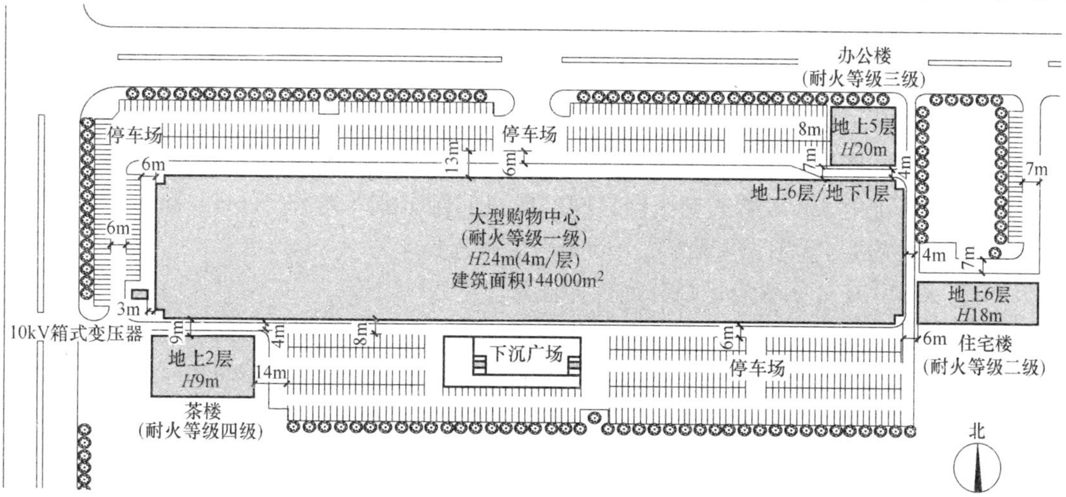

图 1.4-2　购物中心总平面图

一层至地上六层每层的使用功能均为商店营业厅（每层建筑面积均为 20000m^2，均按建筑面积不大于 5000m^2 划分为四个防火分区）。该建筑按有关国家工程建设消防技术标准配置了自动喷水灭火系统、排烟设施和火灾自动报警系统等消防设施及器材。

内容归纳解剖

4.1 购物中心防火设计基本参数

根据范例情景描述，购物中心的基本参数见表 1.4-1，平面布置及防火措施见表 1.4-2.

表 1.4-1 购物中心及周边建筑的基本参数

名 称	高度/m	层数	耐火等级	防火间距/m		
				购物中心		
购物中心(144000m^2)	24(4m/层)	6/ −1	一级	现值	规范值	判定
住宅楼	18	6	二级	6	≥6	✓
办公楼	20	5	三级	7	≥7	✓
茶楼	9	2	四级	9	≥9	✓
室外停车场				6、8、13	≥6	✓
10kV 箱式变压器				3	≥3	✓

表 1.4-2 购物中心平面布置及防火措施

名 称	位置	建筑面积/m^2	防 火 措 施
设备用房及物业管理用房	−1	2000	按建筑面积不大于 1000m^2 划分为 2 个防火分区
商店营业厅	−1	22000	采用不开设门窗洞口的防火墙分隔成 10000m^2 和 12000m^2 两部分，并采用下沉式广场将其局部连通；按建筑面积不大于 2000m^2 划分为 11 个防火分区
商店营业厅	1 ~ 6	20000/每层	均按建筑面积不大于 5000m^2 划分为 4 个防火分区

4.2 范例问题解答

【4-1】购物中心与周围建筑防火间距是否满足要求？

【解析】(1) 依据《建规》第 5.2.2 和 5.2.3 条的规定，购物中心与住宅楼、办公楼、茶楼、室外停车场和 10kV 箱式变压器之间的防火间距分别不应小于 6m、7m、9m、6m 及 3m。综上，购物中心与周围建筑的防火间距满足规范要求。

【4-2】该购物中心防火分区划分是否符合要求？

【解析】(1) 依据《建规》第 5.3.1 条的规定，该大型购物中心的防火分区划分应符合下列规定：该建筑地上各层防火分区的最大允许建筑面积均不应大于 2500m^2，地下一层设备用房防火分区的最大允许建筑面积不应大于 1000m^2，其他地下建筑防火分区的最大允许建筑面积不应大于 500m^2；建筑内设置自动灭火系统时，该防火分区的最大允许建筑面积可按上述规定增加 1.0 倍；局部设置时，增加面积可按该局部面积的 1.0 倍计算。综上，该购物中心地下设备用房和物业管理用房防火分区划分满足规范要求。该购物中心地上一 ~ 六层商店营业厅均按建筑面积不大于5000m² 划分防火分区，符合规范要求。

（2）依据《建规》第5.3.5和5.3.4条的规定，总建筑面积大于20000m²的地下或半地下商店，应采用无门、窗、洞口的防火墙、耐火极限不低于2.00h的楼板分隔为多个建筑面积不大于20000m²的区域。相邻区域确需局部连通时，应采用下沉式广场等室外开敞空间、防火隔间、避难走道、防烟楼梯间等方式进行连通；一、二级耐火等级建筑内的商店营业厅，当设置了自动灭火系统和火灾自动报警系统并采用不燃或难燃装修材料时，其每个防火分区的最大允许建筑面积：设置在地下或半地下时，不应大于2000m²。综上，该购物中心地下一层商店营业厅防火分区划分满足规范要求。

【4-3】该购物中心疏散楼梯采用封闭楼梯间，是否符合要求？

【解析】（1）依据《建规》第5.5.13和6.4.2条的规定，多层商店建筑应采用封闭楼梯间，不能自然通风或自然通风不能满足要求时，应设置机械加压送风系统或采用防烟楼梯间。

（2）依据《建规》第6.4.4条的规定，室内地面与室外出入口地坪高差大于10m或3层及以上的地下、半地下建筑（室），其疏散楼梯应采用防烟楼梯间。其他地下或半地下建筑（室），其疏散楼梯应采用封闭楼梯间。

【4-4】该购物中心内商店营业厅任何一点至最近安全出口的直线距离为40m，是否符合要求？

【解析】（1）依据《建规》第5.5.17条的规定，一、二级耐火等级建筑内疏散门或安全出口不少于2个的观众厅、展览厅、多功能厅、餐厅、营业厅等，其室内任一点至最近疏散门或安全出口的直线距离不应大于30m；当疏散门不能直通室外地面或疏散楼梯间时，应采用长度不大于10m的疏散走道通至最近的安全出口。当该场所设置自动喷水灭火系统时，室内任一点至最近安全出口的安全疏散距离可分别增加25%，即不大于37.5m。因此，该商店营业厅的安全疏散距离不满足规范要求。

【4-5】该购物中心内商店营业厅的疏散门净宽为1.50m，是否满足要求？

【解析】依据《商店规》（JGJ 48—2014）第5.2.3条的规定，商店营业厅的疏散门应为平开门，且应向疏散方向开启，其净宽不应小于1.40m，并不宜设置门槛。满足要求。

【4-6】该购物中心设置了4个直通屋顶平台的疏散楼梯间，是否满足要求？

【解析】依据《商店规》（JGJ 48—2014）第5.2.5条的规定，大型商店的营业厅设置在五层及以上时，应设置不少于2个直通屋顶平台的疏散楼梯间。屋顶平台上无障碍物的避难面积不宜小于最大营业层建筑面积的50%。满足要求。

【4-7】该购物中心内商店营业厅内部装修时，顶棚和地面采用A级，墙面采用B1级，是否满足要求？

【解析】依据《装修规》第5.1.1条的规定，每层建筑面积 >1500m² 或总建筑面积 >3000m²的营业厅，其顶棚装修材料应为A级，墙面和地面为B1级。当单层、多层民用建筑需做内部装修的空间内装有自动灭火系统时，除顶棚外，其内部装修材料的燃烧性能等级可在规定的基础上降低一级；当同时装有火灾自动报警装置和自动灭火系统时，其顶棚装修材料的燃烧性能等级可在规定的基础上降低一级。综上，该购物中心地上营业厅内部装修符合要求。

规范考点延伸

1. 民用建筑的防火间距

民用建筑之间的防火间距不应小于表 1. 4-3 的规定。

表 1. 4-3　民用建筑之间的防火间距　　（单位：m）

类别		高层	单、多层（裙房）		
		一、二级	一、二级	三级	四级
高层民用建筑	一、二级	**13**	**9**	**11**	14
裙房和其他民用建筑	一、二级	**9**	**6**	**7**	9
	三级	**11**	**7**	**8**	10
	四级	14	9	**10**	12

在执行表 1. 4-3 的规定时，应注意以下几点：

（1）相邻两座单、多层建筑，当相邻外墙为不燃性墙体且无外露的可燃性屋檐，每面外墙上无防火保护的门、窗、洞口不正对开设且该门、窗、洞口的面积之和不大于外墙面积的 5% 时，其防火间距可按本表的规定减少 25%。

（2）两座建筑相邻较高一面外墙为防火墙，或高出相邻较低一座一、二级耐火等级建筑的屋面 15m 及以下范围内的外墙为防火墙时，其防火间距不限。

（3）相邻两座高度相同的一、二级耐火等级建筑中相邻任一侧外墙为防火墙，屋顶的耐火极限不低于 1. 00h 时，其防火间距不限。

（4）相邻两座建筑中较低一座建筑的耐火等级不低于二级，相邻较低一面外墙为防火墙且屋顶无天窗，屋顶的耐火极限不低于 1. 00h 时，其防火间距不应小于 3. 5m；对于高层建筑，不应小于 4m。

（5）相邻两座建筑中较低一座建筑的耐火等级不低于二级且屋顶无天窗，相邻较高一面外墙高出较低一座建筑的屋面 15m 及以下范围内的开口部位设置甲级防火门、窗，或设置符合规定的防火分隔水幕或防火卷帘时，其防火间距不应小于 3. 5m；对于高层建筑，不应小于 4m。

（6）相邻建筑通过连廊、天桥或底部的建筑物等连接时，其间距不应小于本表的规定。

（7）耐火等级低于四级的既有建筑，其耐火等级可按四级确定。

（8）建筑高度大于 100m 的民用建筑与相邻建筑的防火间距。当符合《建规》允许减小的条件时，仍不应减小。

2. 民用建筑的层数和防火分区

（1）民用建筑层数和防火分区最大允许建筑面积见表 1. 4-4。

表 1. 4-4　民用建筑层数和防火分区最大允许建筑面积

名　称	耐火等级	高度或层数/层	防火分区面积/m^2
高层民用建筑	一、二级	按高度控制	1500
单多层民用建筑 裙房（与高层建筑主体之间设置防火墙）	一、二级	按高度控制	2500
	三级	5	1200
	四级	2	600

（续）

名　　称	耐火等级	高度或层数/层	防火分区面积/m^2
地下或半地下建筑	一级	—	500
地下设备用房	一级	—	1000

注：当建筑内设置自动灭火系统时，防火分区最大允许建筑面积，可按本表的规定增加 1.0 倍；局部设置时，按局部面积的 1.0 倍计算。

（2）营业厅、展览厅防火分区面积。

一、二级耐火等级建筑内的营业厅、展览厅，当设置自动灭火系统和火灾自动报警系统并采用不燃或难燃装修材料时，其每个防火分区的最大允许建筑面积应符合表 1.4-5 的规定。

表 1.4-5　营业厅、展览厅防火分区最大允许建筑面积　（单位：m^2）

设置位置	高层建筑内	多层建筑的首层内	单层建筑内	地下或半地下
防火分区面积	4000	10000	10000	2000

3. 下沉式广场、防火隔间和避难走道

（1）《建规》第 5.3.5 条　总建筑面积大于 20000m^2 的地下或半地下商店，应采用无门、窗、洞口的防火墙、耐火极限不低于 2.00h 的楼板分隔为多个建筑面积不大于 20000m^2 的区域。相邻区域确需局部连通时，应采用下沉式广场等室外开敞空间、防火隔间、避难走道、防烟楼梯间等方式进行连通。

（2）《建规》第 6.4.12 条　用于防火分隔的下沉式广场等室外开敞空间，应符合下列规定：

1）分隔后的不同区域通向下沉式广场等室外开敞空间的开口最近边缘之间的水平距离≥13m。室外开敞空间除用于人员疏散外不得用于其他商业或可能导致火灾蔓延的用途，其中用于疏散的净面积≥169m^2。

2）下沉式广场等室外开敞空间内应设置不少于 1 部直通地面的疏散楼梯。当连接下沉广场的防火分区需利用下沉广场进行疏散时，疏散楼梯的总净宽度不应小于任一防火分区通向室外开敞空间的设计疏散总净宽度。

3）确需设置防风雨篷时，防风雨篷不应完全封闭，四周开口部位应均匀布置，开口的面积不应小于该空间地面面积的 25%，开口高度不应小于 1.0m；开口设置百叶时，百叶的有效排烟面积可按百叶通风口面积的 60% 计算。

（3）《建规》第 6.4.13 条　防火隔间的设置应符合下列规定：

1）防火隔间的建筑面积≥6.0m^2。

2）防火隔间的门应采用甲级防火门。

3）不同防火分区通向防火隔间的门不应计入安全出口，门的最小间距≥4m。

4）防火隔间内部装修材料的燃烧性能应为 A 级。

5）不应用于除人员通行外的其他用途。

（4）《建规》第 6.4.14 条　避难走道的设置应符合下列规定：

1）避难走道防火隔墙的耐火极限≥3.00h，楼板的耐火极限≥1.50h。

2）避难走道直通地面的出口≥2 个，并应设置在不同方向；当避难走道仅与一个防火分区相通且该防火分区至少有 1 个直通室外的安全出口时，可设置 1 个直通地面的出口。任一防火分区通向避难走道的门至该避难走道最近直通地面的出口的距离≤60m。

3）避难走道的净宽度不应小于任一防火分区通向该避难走道的设计疏散总净宽度。

4）避难走道内部装修材料的燃烧性能应为 A 级。

5）防火分区至避难走道入口处应设置防烟前室，前室的使用面积≥6.0m²，开向前室的门应采用甲级防火门，前室开向避难走道的门应采用乙级防火门。

6）避难走道内应设置消火栓、消防应急照明、应急广播和消防专线电话。

4. 商店的人数密度计算

商店的疏散人数应按每层营业厅的建筑面积乘以图 1.4-3 中规定的人员密度计算。对于建材商店、家具和灯饰展示建筑，其人员密度可按营业厅人员密度的 30% 确定。依据图 1.4-3 确定人员密度值时，应考虑商店的建筑规模，当商店营业厅的建筑面积小于 3000m² 时宜取上限值。当一座商店建筑内设置有多种商业用途时，考虑到不同用途区域可能会随经营状况或经营者的变化而变化，尽管部分区域可能用于家具、建材经销等类似用途，但人员密度仍需要按照该建筑的主要商业用途来确定，不能按照上述方法折减。

楼层	商店营业厅人员密度	建材商店、家具灯饰展示建筑人员密度
4层及以上	0.30～0.42	0.09～0.126
3层	0.39～0.54	0.117～0.162
2层	0.43～0.60	0.129～0.18
1层	0.43～0.60	0.129～0.18
0.00		
−1层	0.60	0.18
−2层	0.56	0.168
		(商店营业厅人员密度×0.3)

单位：(人/m²)

注：营业厅建筑面积＜3000m²时取上限

图 1.4-3　商店营业厅内的人员密度

案例每日一练

【4-8】若该购物中心地上一～三层用于经营建材、家具和灯饰展示，地下一层经营电器产品，地上四～六层经营其他百货，商店营业厅人员密度参考表 1.4-6 取值，试计算该购物中心商业营业厅地下及地上二～六层疏散楼梯的最小设计总宽度并确定该购物中心首层外门总净宽度。

表 1.4-6　商店营业厅内人员密度　　（单位：人/m²）

楼层位置	地下一层	地下一、二层	地上三层	地上四层及以上各层
人员密度	0.60	0.43～0.60	0.39～0.54	0.30～0.42

【解析】（1）该营业厅每层建筑面积 20000m²，依据《建规》第 5.5.21.7 条的规定，对于建材商店、家具和灯饰展示建筑，其人员密度可按规范规定值的 30% 确定。人员密度

取下限进行计算，见表 1.4-7。

表 1.4-7　不同楼层疏散楼梯最小设计总宽度

楼层位置	地下一层	地上一、二层	地上三层	地上四层及以上各层
百货商店人员密度/（人/m^2）	0.60	0.43	0.39	0.30
建材商店、家具和灯饰展示建筑人员密度/（人/m^2）	—	0.129	0.117	—
商店营业厅疏散人数/人	12000	2580	2340	6000
疏散楼梯宽度指标/（m/百人）	0.75	1.00	1.00	1.00
疏散楼梯最小设计总宽度/m	90	25.8	23.4	60

（2）供地上疏散首层外门总净宽度应不小于 60m，供地下疏散首层外门总净宽度应不小于 90m。

考试热点分析

大型购物中心考点（★★★★）

1. 防火分区面积

（1）一、二级建筑内的商店营业厅，设自灭和自报并采用不燃或难燃材料装修，防火分区建筑面积：①高层建筑内 4000m^2；②单层或多层建筑首层 10000m^2；③地下 2000m^2。

（2）记忆口诀：一二级内营业厅，自灭自报不难燃；高层 4 千单 1 万，地下 2 千为极限。

2. 防火分隔措施

1）地下商店（>20000m^2）：采用无门、窗、洞口的防火墙和楼板（≥2.0h）分隔。

2）相邻区域采用下沉式广场、防火隔间、避难走道、防烟楼梯间等方式进行连通。

3. 下沉式广场设置规定

（1）不同区域开口边缘距离≥13m，疏散净面积≥169m^2。

（2）1 部直通地面的疏散楼梯。

（3）防风雨篷开口面积≥地面面积的 25%，开口高度≥1.0m。

（4）百叶有效排烟面积 = 百叶通风口面积 60%。

4. 防火隔间设置规定

（1）建筑面积≥6.0m^2。

（2）甲级防火门。

（3）不同分区门间距≥4m。

（4）装修 A 级。

5. 避难走道设置规定

（1）防火隔墙 3.0h，楼板 1.50h。

（2）不同方向直通出口≥2 个。

（3）通向避难走道的门至直通出口≤60m。

（4）装修 A 级。

（5）防烟前室使用面积≥6.0m^2，防火分区开向前室门甲级，前室开向避难走道的门乙级。

第 5 节　体育馆防火案例分析

助考知识要点

◆观众厅疏散距离：30m（一、二级，疏散门或安全出口≥2 个）

◆观众厅疏散门：净宽度≥1.40m、门口内外各 1.40m 不应设置踏步

◆室外疏散通道：净宽度≥3.00m，并应直接通向宽敞地带

分析思维导图（图 1.5-1）

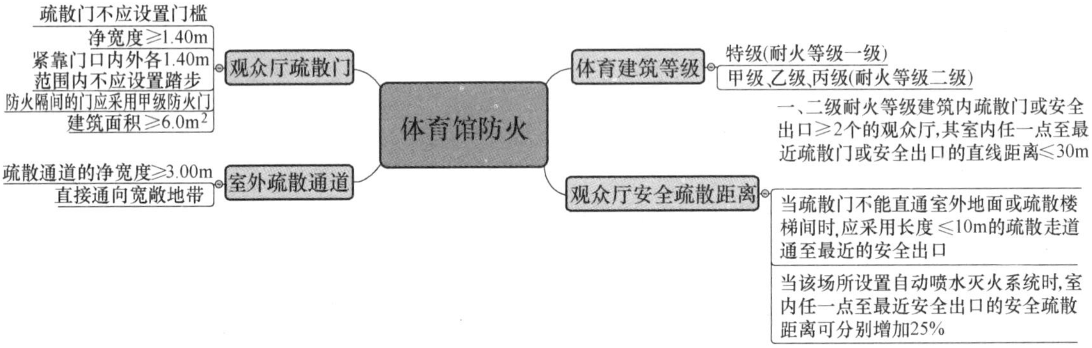

图 1.5-1　体育馆防火分析思维导图

范例情景描述

为承办每年全省高校运动会，某高校新建一栋体育馆，由比赛馆和训练馆两部分组成，建筑高度为 23m，总建筑面积 17000m²，采用框架及大跨度钢屋架结构体系，耐火等级二级。比赛馆为单层大空间建筑，可容纳观众席 4446 个，其中固定席 3514 个，活动席 932 个；其比赛场地共设有 8 个净宽均为 2.20m 的疏散门，其中两个疏散门与比赛馆直通室外的门厅连通，6 个疏散门与附属建筑的疏散走道连通；其观众厅共设有 12 个净宽均为 2.20m 的疏散门，其中 6 个疏散门与比赛馆直通室外的门厅连通，6 个疏散门与附属建筑地上一层屋顶室外平台连通；比赛场地和观众厅内任何一点到达疏散出口的距离均不超过 30m。训练馆地上 2 层，局部 1 层，内设有篮球、游泳、乒乓球、健身等训练用房，设有两部楼梯净宽均为 1.40m 的敞开疏散楼梯间。该体育馆共设有 6 个防火分区，其中最大一个防火分区的使用功能为比赛场地及观众厅，其建筑面积为 5000m²，每个防火分区均至少设有两个安全出口。该体育馆按有关国家工程建设消防技术标准配置了室外消火栓给水系统、自动喷水灭火系统等消防设施及器材。

内容归纳解剖

5.1　体育馆防火基本参数

根据范例情景描述，体育馆的基本参数见表 1.5-1。

表1.5-1 体育馆的基本参数

<table>
<tr><th rowspan="2">名称</th><th rowspan="2">高度/m</th><th rowspan="2">层数</th><th rowspan="2">耐火等级</th><th colspan="2">观众席/个</th><th rowspan="2">总建筑面积/m²</th></tr>
<tr><th>固定席</th><th>活动席</th></tr>
<tr><td>比赛馆</td><td rowspan="2">23</td><td>1</td><td rowspan="2">二级</td><td>3514</td><td>932</td><td rowspan="2">17000</td></tr>
<tr><td>训练馆</td><td>2(局部1层)</td><td colspan="2">设有两部敞开疏散楼梯间(楼梯净宽均为1.40m)</td></tr>
<tr><td>比赛场地</td><td colspan="6">共设有8个疏散门(净宽均为2.20m),其中2个疏散门与比赛馆直通室外的门厅连通,6个疏散门与附属建筑的疏散走道连通</td></tr>
<tr><td>观众厅</td><td colspan="6">共设有12个疏散门(净宽均为2.20m),其中6个疏散门与比赛馆直通室外的门厅连通,6个疏散门与附属建筑地上一层屋顶室外平台连通</td></tr>
<tr><td>安全疏散距离</td><td colspan="6">比赛场地和观众厅内任何一点到达疏散出口的距离均不超过30m</td></tr>
<tr><td>防火分区</td><td colspan="6">体育馆共设有6个防火分区,其中最大一个防火分区(使用功能为比赛场地及观众厅)的建筑面积为5000m²,每个防火分区均至少设有两个安全出口</td></tr>
</table>

5.2 范例问题分析

【5-1】确定该体育馆的建筑等级，体育馆耐火等级二级是否满足规范要求?

【解析】体育建筑等级分为特级、甲级、乙级和丙级。情景描述中体育馆的主要用途为举办地区性比赛，该体育馆的建筑等级应为乙级，其耐火等级不应低于二级，满足规范要求。

【5-2】体育馆消防车道设置要求有哪些内容?

【解析】(1) 依据《建规》第7.1.2条的规定，超过3000个座位的体育馆应设置环形消防车道，确有困难时，可沿建筑的两个长边设置消防车道。

(2) 依据《建规》第7.1.8条的规定，消防车道应符合下列要求:

1) 车道的净宽度和净空高度均不应小于4.0m。

2) 转弯半径应满足消防车转弯的要求。

3) 消防车道与建筑之间不应设置妨碍消防车操作的树木、架空管线等障碍物。

4) 消防车道靠建筑外墙一侧的边缘距离建筑外墙不宜小于5m。

5) 消防车道的坡度不宜大于8%。

(3) 依据《建规》第7.1.9条的规定，环形消防车道至少应有两处与其他车道连通。尽头式消防车道应设置回车道或回车场，回车场的面积不应小于12m×12m；对于高层建筑，不宜小于15m×15m；供重型消防车使用时，不宜小于18m×18m。消防车道的路面、救援操作场地、消防车道和救援操作场地下面的管道和暗沟等，应能承受重型消防车的压力。

(4) 根据《体规》第3.0.5.3条的规定，体育建筑周围消防车道应环通。当因各种原因消防车不能按规定靠近建筑物时，应采取下列措施之一满足对火灾扑救的需要:

1) 消防车在平台下部空间靠近建筑主体。

2) 消防车直接开入建筑内部。

3) 消防车到达平台上部以接近建筑主体。

4) 平台上部设消火栓。

【5-3】该体育馆防火分区划分是否符合要求?

【解析】根据《建规》的规定，该体育馆的防火分区划分应符合以下要求：

（1）体育建筑的防火分区尤其是比赛大厅，训练厅和观众休息厅等大空间处应结合建筑布局、功能分区和使用要求加以划分。

（2）体育馆的比赛场地和观众看台之间无法进行分隔，因此可以作为一个防火分区考虑，而观众休息厅和周边赛事用房可作为另一个防火分区考虑，这样既考虑了体育建筑空间的特殊性，又可以避免观众厅防火分区面积的无限扩大。

（3）一、二级耐火等级体育馆地上建筑防火分区的最大允许建筑面积为2500m^2；建筑内设置自动灭火系统时，该防火分区的最大允许建筑面积可按上述规定增加1倍；局部设置时，增加面积可按该局部面积的1倍计算。体育馆观众厅的防火分区最大允许建筑面积可适当放宽。

（4）综上几条内容，该体育馆防火分区划分符合规范要求。

【5-4】训练馆内疏散楼梯间是否符合规范要求?

【解析】该训练馆为2层（局部1层）的多层建筑，设有两部楼梯净宽均为1.40m敞开疏散楼梯间，依据《建规》第5.5.13条的规定，可设敞开疏散楼梯间。依据《体规》第8.2.5条的规定，疏散楼梯最小宽度不得小于1.2m。综上，疏散楼梯间符合规范要求。

【5-5】体育馆比赛场地和观众厅内任何一点到达疏散出口的距离均不超过30m，是否符合要求?

【解析】依据《建规》第5.5.17条的规定，一、二级耐火等级建筑内疏散门或安全出口不少于2个的观众厅、展览厅、多功能厅、餐厅、营业厅等，其室内任一点至最近疏散门或安全出口的直线距离不应大于30m；当该场所设置自动喷水灭火系统时，室内任一点至最近安全出口的安全疏散距离可分别增加25%。因此，该体育馆比赛场地和观众厅的安全疏散距离满足规范要求。

【5-6】该体育馆比赛场地和观众厅的疏散门净宽为2.20m，是否满足要求?

【解析】依据《建规》第5.5.19条的规定，人员密集的公共场所、观众厅的疏散门不应设置门槛，其净宽度不应小于1.40m，且紧靠门口内外各1.40m范围内不应设置踏步。满足要求。

【5-7】体育馆室内装修要求有哪些?

【解析】依据《装修规》第5.1.1条的规定，座位数大于3000的体育馆，室内墙面和顶棚应采用A级，其他采用B1级。当同时装有火灾自动报警装置和自动灭火系统时，其装修材料的燃烧性能等级可在规定的基础上降低一级。

规范考点延伸

（1）《建规》第5.5.19条　人员密集的公共场所的室外疏散通道的净宽度不应小于3.00m，并应直接通向宽敞地带。

（2）《建规》第5.5.20条　剧场、电影院、礼堂、体育馆等场所的疏散走道、疏散楼梯、疏散门、安全出口的各自总净宽度，应符合下列规定：

1）观众厅内疏散走道的净宽度应按每100人不小于0.60m计算，且不应小于1.00m；边走道的净宽度不宜小于0.80m。

布置疏散走道时，横走道之间的座位排数不宜超过20排；纵走道之间的座位数：剧场、电影院、礼堂等，每排不宜超过22个；体育馆，每排不宜超过26个；前后排座椅的排距不小于0.90m时，可增加1.0倍，但不得超过50个；仅一侧有纵走道时，座位数应减少一半。

2）体育馆供观众疏散的所有内门、外门、楼梯和走道的各自总净宽度，应根据疏散人数按每100人的最小疏散净宽度不小于表1.5-2的规定计算确定。

表1.5-2　体育馆每100人所需最小疏散净宽度　（单位：m/百人）

观众厅座位数范围/座			3000～5000	5001～10000	10001～20000
疏散部位	门和走道	平坡地面	0.43	0.37	0.32
		阶梯地面	0.50	0.43	0.37
	楼梯		0.50	0.43	0.37

注：本表中对应较大座位数范围按规定计算的疏散总净宽度，不应小于对应相邻较小座位数范围按其最多座位数计算的疏散总净宽度。

3）对于观众厅座位数少于3000个的体育馆，计算供观众疏散的所有内门、外门、楼梯和走道的各自总净宽度时，每100人的最小疏散净宽度不应小于表1.5-3的规定。

表1.5-3　体育馆（座位数少于3000个）**每100人所需最小疏散净宽度**

（单位：m/百人）

观众厅座位数/座			≤2500	≤1200
耐火等级			一、二级	三级
疏散部位	门和走道	平坡地面	0.65	0.85
		阶梯地面	0.75	1.00
	楼梯		0.75	1.00

4）有等场需要的入场门不应作为观众厅的疏散门。

（3）《体规》第8.2.5条　疏散楼梯应符合下列要求：

1）踏步深度不应小于0.28m，踏步高度不应大于0.16m，楼梯最小宽度不得小于1.2m，转折楼梯平台深度不应小于楼梯宽度。直跑楼梯的中间平台深度不应小于1.2m。

2）不得采用螺旋楼梯和扇形踏步。踏步上下两级形成的平面角度不超过10°，且每级离扶手0.25m处踏步宽度超过0.22m时，可不受此限。

（4）《体规》第8.1.3条　观众厅、比赛厅或训练厅的安全出口应设置乙级防火门。

（5）《体规》第8.1.7条　比赛训练大厅的顶棚内可根据顶棚结构、检修要求、顶棚高度等因素设置马道，其宽度不应小于0.65m，马道应采用不燃烧体材料，其垂直交通可采用钢质梯。

（6）《体规》第8.1.8条　比赛和训练建筑的灯控室、声控室、配电室、发电机房、空调机房、重要库房、消防控制室等部位，应采取下列措施中的一种作为防火保护：

1）采用耐火极限不低于2.0h的墙体和耐火极限不低于1.5h的楼板同其他部位分隔。门、窗的耐火极限不应低于1.2h。

2）设自动水喷淋灭火系统。当不宜设水系统时，可设气体自动灭火系统，但不得采用卤代烷1211或1301灭火系统。

（7）《体规》第4.3.8条　体育馆每个安全出口的平均疏散人数不宜超过400～700人。设计时，规模较小的设施宜采用接近下限值，规模较大的设施宜采用接近上限值。安全出口宽度不应小于1.1m，同时出口宽度应为人流股数的倍数，4股和4股以下人流时每股宽按0.55m计，大于4股人流时每股宽按0.5m计。

案例每日一练

【5-8】计算体育馆供观众疏散的外门、楼梯和走道的各自总净宽度，回答下列问题：

（1）疏散外门总净宽度是否符合规范要求？

（2）疏散外门数量是否合理？

【解析】该体育馆观众席4446个，依据《建规》第5.5.20.3条的规定进行计算，计算结果见表1.5-4。范例中观众厅共设置净宽均为2.20m的12个疏散门，总计净宽度26.4m，大于计算所需最小净宽度要求，因此，疏散外门总净宽度符合规范要求。

表1.5-4　体育馆所有内门、外门、楼梯和走道的各自总净宽度

观众厅座位数：4446座			宽度指标/（m/百人）	净宽度/m	现状设置
疏散部位	门和走道	平坡地面	0.43	20	12×2.2=26.4
		阶梯地面	0.50	23	
	楼梯		0.50	23	

取体育馆每个安全出口的平均疏散人数不宜超过400人计算，4446÷400≈12，安全出口数量约为12个，安全出口净宽度为23÷12≈2.0，设计时，按照4股人流计算，4×0.55=2.2（m），满足规范要求。

考试热点分析

体育场馆考点（★★）

1. 体育场馆疏散走道、疏散楼梯、疏散门、安全出口的各自总净宽度计算（表1.5-5）

表1.5-5　体育馆最小疏散净宽度　（单位：m/百人）

座位数		≤1200	≤2500	3000~5000	5001~10000	10001~20000
耐火等级		三级	一、二级	一、二级	一、二级	一、二级
门和走道	平坡地面	0.85	0.65	0.43	0.37	0.32
	阶梯地面	1.00	0.75	0.50	0.43	0.37
楼梯		1.00	0.75	0.50	0.43	0.37

2. 体育馆采用指标进行计算和选定疏散宽度时的原则

容量大的观众厅，计算出的需要宽度不应小于根据容量小的观众厅计算出的需要宽度。否则，应采用较大宽度。如：一座容量为5400人的体育馆，按规定指标计算出来的疏散宽度为54×0.43=23.22（m），而一座容量为5000人的体育馆，按规定指标计算出来的疏散宽度则为50×0.50=25（m），在这种情况下就应采用25m作为疏散宽度。

3. 观众厅疏散门数量确定

体育馆建筑观众厅内人员的疏散时间依据不同容量按3~4min控制，每个疏散门的平均疏散人数要求一般不能大于400~700人。如一座一、二级耐火等级、容量为8600人的体育馆，如果观众厅设计14个疏散门，则每个疏散门的平均疏散人数为8600/14≈614（人）。假设每个疏散门的宽度为2.2m（即4股人流所需宽度），则通过每个疏散门需要的疏散时间为614/（4×37）≈4.15（min），大于3.5min，不符合规范要求。因此，应考虑增加疏散门的数量或加大疏散门的宽度。如果采取增加出口的数量的办法，将疏散门增加到18个，则每个疏散门的平均疏散人数为8600/18≈478（人）。通过每个疏散门需要的疏散时间则缩短为478/（4×37）≈3.22（min），不大于3.5min，符合要求。

第 6 节　餐饮建筑防火案例分析

助考知识要点

◆中庭设置要求：防火分隔、甲级防火门窗、设置排烟设施、中庭内不应布置可燃物

◆卡拉 OK 厅室布置：一 ~ 三层（一、二级建筑内）、$\Delta H \leqslant 10$m（地下一层）、一个厅室建筑面积$\leqslant 200$m^2（地下或四层及以上）、分隔（2.00h 防火隔墙，1.00h 不燃性楼板）、乙级防火门

◆燃气厨房防火措施：厨房隔墙（2.00h 防火隔墙和乙级防火门窗）、燃气管井（井壁 1.00h 不燃烧体，丙级防火门）

分析思维导图（图 1.6-1）

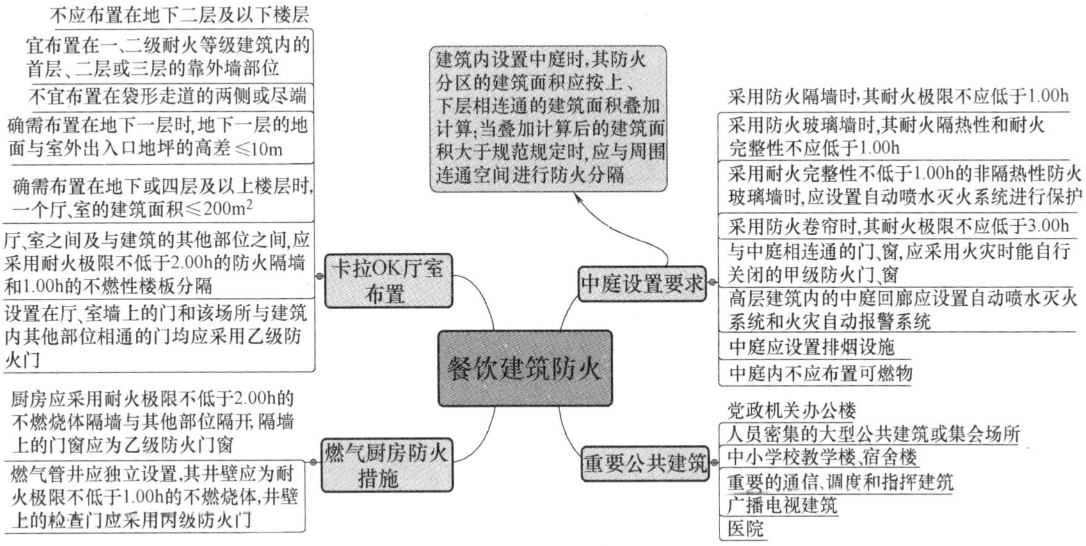

图 1.6-1　餐饮建筑防火分析思维导图

范例情景描述

某大型餐饮建筑地上 6 层、地下 3 层，每层层高均为 4m。建筑高度为 24m，框架结构，耐火等级一级，地下三层室内地面与室外出入口地坪的高差为 12m，每层建筑面积均为 4000m^2。地下二、三层每层主要使用功能均为汽车库、设备用房和附属库房，每层的汽车库区域、设备用房区域和附属库房区域均单独划分防火分区，其每层防火分区的建筑面积分别为 2000m^2、1000m^2、1000m^2；地下一层主要使用功能为厨房、包房和 2 个建筑面积均为 900m^{2}的餐厅，划分为 5 个建筑面积均不超过 1000m^{2}的防火分区；首层至地上六层主要使用功能为厨房、包房（包房均靠外墙布置，均有可开启外窗）和餐厅，每层均为一个独立的防火分区。该建筑在地下一层和地上三、六层各设 1 个厨房，均通过 1 个燃气管井供气，均使用天然气燃气炊具，均未设外窗。该建筑的包房均具有卡拉 OK 功能。该建筑地下三层 至地上六层

每层均设置一部普通货梯，地下一层至地上六层每层均设置两部普通客梯（观光电梯），地下三层至首层每层均设置五部消防电梯。该建筑的地下一层至地上六层设有一个中庭，中庭底部投影建筑面积为200m²，除地下一层以外的其他各层的中庭周边均采取了防火分隔措施。该建筑采用岩棉作为外墙外保温材料，该建筑按现行有关国家工程建设消防技术标准配置了室内外消火栓给水系统、自动喷水灭火系统和火灾自动报警系统等消防设施及器材。

内容归纳解剖

6.1　餐饮建筑防火基本参数

根据范例情景描述，餐饮建筑的基本参数见表 1.6-1。

表 1.6-1　餐饮建筑的基本参数

名称	高度/m	层数	耐火等级	每层建筑面积/m²	地下一层地面与室外出入口地坪的高差 ΔH/m
餐饮建筑	24	6/－1	二级/一级	4000	4
厨房	在地下一层、地上三、六层各设 1 个，通过 1 个燃气管井供气，均使用天然气燃气炊具，均未设外窗				
包房和宴会厅	设置在一层、二层和四层，包房和宴会厅具有卡拉 OK 功能				
中庭	地下一层 ~ 六层设有 1 个中庭，中庭底部投影建筑面积 200m²；除首层外，其他各层中庭的周边均采取防火分隔措施				
防火分区	地下一层划分为 5 个防火分区，一 ~ 六层每层均划分为 1 个防火分区				

6.2　范例问题分析

【6-1】该大型餐饮建筑的耐火等级是否满足规范要求？

【解析】情景描述中的大型餐饮建筑属于人员密集的重要公共建筑，根据《建规》第 5.1.3 条的规定，该建筑地下室的耐火等级应为一级；地上建筑的耐火等级不应低于二级。符合要求。

【6-2】该大型餐饮建筑防火分区划分是否符合要求？

【解析】根据《建规》第 5.3.1 条的规定，该建筑地下一层防火分区的最大允许建筑面积不应大于 500m²，地上各层防火分区的最大允许建筑面积不应大于 2500m²。建筑内设置自动灭火系统时，该防火分区的最大允许建筑面积可按上述规定增加 1 倍；局部设置时，增加面积可按该局部面积的 1 倍计算。该大型餐饮建筑内设置了自动灭火系统，地下一层划分为 5 个防火分区，每个防火分区面积为 800m²，一 ~ 六层每层均划分为 1 个防火分区，每个防火分区面积为 4000m²，符合规范要求。

【6-3】该大型餐饮建筑中庭设置有哪些要求？

【解析】该餐饮建筑内设置中庭，根据《建规》第 5.3.2 条的规定，其防火分区面积应按上下层相连通的面积叠加计算；因其超过一个防火分区最大允许建筑面积，故应符合下列规定：

（1）与中庭相通的房间门、窗应采用火灾时能自行关闭的甲级防火门、窗。

（2）与中庭相通的过厅、通道等处应进行防火分隔：采用防火隔墙时，其耐火极限不应低于 1.00h；采用防火玻璃墙时，其耐火隔热性和耐火完整性不应低于 1.00h。采用耐火完整性不低于 1.00h 的非隔热性防火玻璃墙时，应设置自动喷水灭火系统进行保护；采用防火卷帘时，其耐火极限不应低于 3.00h。

（3）中庭应按《建规》的规定设置排烟设施。

（4）中庭内不应布置可燃物。

【6-4】该餐饮建筑内包房和宴会厅布置是否合理？应采取哪些防火构造措施？

【解析】由于该餐饮建筑内设置的包房和宴会厅具有卡拉 OK 功能，根据《建规》第 5.4.9 条的规定，包房和宴会厅的厅、室布置在地下一层和地上四层及以上楼层时，应符合下列规定：

（1）当布置在地下一层时，地下一层地面与室外出入口地坪的高差不应大于 10m。

（2）一个厅、室的建筑面积不应大于 $200m^2$。

（3）厅、室之间及与建筑的其他部位之间，应采用耐火极限不低于 2.00h 的防火隔墙和 1.00h 的不燃性楼板分隔，设置在厅、室墙上的门和该场所与建筑内其他部位相通的门均应采用乙级防火门。

（4）设置在一、二、三层且房间建筑面积大于 $100m^2$ 的歌舞娱乐放映游艺场所，设置在四层及以上楼层、地下或半地下的歌舞娱乐放映游艺场所，应设置排烟设施。

【6-5】该餐饮建筑中庭装修材料顶棚和墙面为 A 级，其他部位为 B1 级。建筑物内厨房装修材料均应采用 A 级，是否符合要求？

【解析】（1）依据《装修规》第 3.1.7 条的规定，建筑物内设有上下层相连通的中庭、走马廊、开敞楼梯、自动扶梯时，其连通部位的顶棚、墙面应采用 A 级装修材料，其他部位应采用不低于 B1 级的装修材料。

（2）依据《装修规》第 3.1.16 条的规定，建筑物内的厨房，其顶棚、墙面、地面均应采用 A 级装修材料。

（3）综上，该建筑内中庭和厨房的装修材料符合规范要求。

【6-6】该餐饮建筑中厨房，通过 1 个燃气管井供气，使用天然气燃气炊具，未设外窗，应采取哪些防火构造措施？

【解析】根据《建规》和《城镇燃气设计规范》的规定，该建筑的燃气厨房及燃气管井应符合下列规定：

（1）可燃气体管道严禁穿过防火墙。

（2）燃气厨房应符合下列要求：

1）应采用耐火极限不低于 2.00h 的不燃烧体隔墙与其他部位隔开，隔墙上的门窗应为乙级防火门窗。

2）燃气引入管应设手动快速切断阀和紧急自动切断阀；紧急自动切断阀停电时必须处于关闭状态（常开型）。

3）燃气炊具应有熄火保护装置。

4）厨房应设置燃气浓度检测报警器，并由管理室集中监视和控制。

5）宜设烟气一氧化碳浓度检测报警器。

6）燃气管道净高不宜小于 2.20m。

7）应有固定的防爆照明设备。

8）应设置独立的机械送排风系统；其送、排风系统应采用防爆型的通风设备，当送风机设置在单独隔开的通风机房内且送风干管上设置了止回阀门时，可采用普通型的通风设备。

(3) 燃气管井应符合下列要求：

1) 燃气管井应独立设置，其井壁应为耐火极限不低于 1.00h 的不燃烧体，井壁上的检查门应采用丙级防火门。

2) 燃气管井应在每层楼板处采用不低于楼板耐火极限的不燃烧体或防火封堵材料封堵。

3) 燃气管井与房间、走道等相连通的孔洞应采用防火封堵材料封堵。

4) 竖井内的燃气管道尽量不设或少设阀门等附件；竖井内的燃气管道的最高压力不得大于 0.20MPa；燃气管道应涂黄色防腐识别漆。

5) 每隔 4 ~ 5 层设一燃气浓度检测报警器，上、下两个报警器的高度差不应大于 20m。

【6-7】地下二、三层汽车库防火分区面积是否符合要求？

【解析】根据题意，该建筑地下二、三层每层划分为 3 个防火分区，其中汽车库为 $2000m^2$、设备用房为 $1000m^2$、附属库房为 $1000m^2$，根据《汽车库、修车库、停车场设计防火规范》的规定，地下车库防火分区的最大允许建筑面积为 $2000m^2$；当汽车库内设有自动灭火系统时，其防火分区的最大允许建筑面积可按上述规定增加 1.0 倍。车库防火分区面积满足规范要求。

规范考点延伸

(1)《建规》第 2.1.3 条　重要公共建筑是指发生火灾可能造成重大人员伤亡、财产损失和严重社会影响的公共建筑。一般，重要公共建筑包括党政机关办公楼，人员密集的大型公共建筑或集会场所，中小学校教学楼、宿舍楼，重要的通信、调度和指挥建筑，广播电视建筑，医院等以及城市集中供水设施、主要的电力设施等涉及城市或区域生命线的支持性建筑或工程。

(2)《建规》第 5.1.3 条　民用建筑的耐火等级应根据其建筑高度、使用功能、重要性和火灾扑救难度等确定，并应符合下列规定：

1) 地下或半地下建筑（室）和一类高层建筑的耐火等级不应低于一级。

2) 单、多层重要公共建筑和二类高层建筑的耐火等级不应低于二级。

(3)《建规》第 5.3.2 条　建筑内设置中庭时，其防火分区的建筑面积应按上、下层相连通的建筑面积叠加计算；当叠加计算后的建筑面积大于规范的规定时，应符合下列规定：

1) 与周围连通空间应进行防火分隔：采用防火隔墙时，其耐火极限不应低于 1.00h；采用防火玻璃墙时，其耐火隔热性和耐火完整性不应低于 1.00h。采用耐火完整性不低于 1.00h 的非隔热性防火玻璃墙时，应设置自动喷水灭火系统进行保护；采用防火卷帘时，其耐火极限不应低于 3.00h，并应符合《建规》第 6.5.3 条的规定；与中庭相连通的门、窗，应采用火灾时能自行关闭的甲级防火门、窗。

2) 高层建筑内的中庭回廊应设置自动喷水灭火系统和火灾自动报警系统：

3) 中庭应设置排烟设施。

4) 中庭内不应布置可燃物。

(4)《建规》第 6.5.3 条　防火分隔部位设置防火卷帘时，应符合下列规定：

1) 除中庭外，当防火分隔部位的宽度不大于 30m 时，防火卷帘的宽度不应大于 10m；

当防火分隔部位的宽度大于30m时，防火卷帘的宽度不应大于该部位宽度的1/3，且不应大于20m。

2）防火卷帘应具有火灾时靠自重自动关闭功能。

3）除本规范另有规定外，防火卷帘的耐火极限不应低于本规范对所设置部位墙体的耐火极限要求。

当防火卷帘的耐火极限符合现行国家标准《门和卷帘的耐火试验方法》（GB/T 7633）有关耐火完整性和耐火隔热性的判定条件时，可不设置自动喷水灭火系统保护。

当防火卷帘的耐火极限仅符合现行国家标准《门和卷帘的耐火试验方法》（GB/T 7633）有关耐火完整性的判定条件时，应设置自动喷水灭火系统保护。自动喷水灭火系统的设计应符合现行国家标准《自动喷水灭火系统设计规范》（GB 50084）的规定，但火灾延续时间不应小于该防火卷帘的耐火极限。

4）防火卷帘应具有防烟性能，与楼板、梁、墙、柱之间的空隙应采用防火封堵材料封堵。

5）需在火灾时自动降落的防火卷帘，应具有信号反馈的功能。

6）其他要求，应符合现行国家标准《防火卷帘》（GB 14102）的规定。

（5）《建规》第5.4.9条　歌舞厅、录像厅、夜总会、卡拉OK厅（含具有卡拉OK功能的餐厅）、游艺厅（含电子游艺厅）、桑拿浴室（不包括洗浴部分）、网吧等歌舞娱乐放映游艺场所（不含剧场、电影院）的布置应符合下列规定：

1）不应布置在地下二层及以下楼层。

2）宜布置在一、二级耐火等级建筑内的首层、二层或三层的靠外墙部位。

3）不宜布置在袋形走道的两侧或尽端。

4）确需布置在地下一层时，地下一层的地面与室外出入口地坪的高差不应大于10m。

5）确需布置在地下或四层及以上楼层时，一个厅、室的建筑面积不应大于200m^2。

6）厅、室之间及与建筑的其他部位之间，应采用耐火极限不低于2.00h的防火隔墙和1.00h的不燃性楼板分隔，设置在厅、室墙上的门和该场所与建筑内其他部位相通的门均应采用乙级防火门。

（6）《建规》第6.2.9条　建筑内的电梯井等竖井应符合下列规定：

1）电梯井应独立设置，井内严禁敷设可燃气体和甲、乙、丙类液体管道，不应敷设与电梯无关的电缆、电线等。电梯井的井壁除设置电梯门、安全逃生门和通气孔洞外，不应设置其他开口。

2）电缆井、管道井、排烟道、排气道、垃圾道等竖向井道，应分别独立设置。井壁的耐火极限不应低于1.00h，井壁上的检查门应采用丙级防火门。

3）建筑内的电缆井、管道井应在每层楼板处采用不低于楼板耐火极限的不燃材料或防火封堵材料封堵。建筑内的电缆井、管道井与房间、走道等相连通的孔隙应采用防火封堵材料封堵。

（7）《建规》第6.2.3条　建筑内的下列部位应采用耐火极限不低于2.00h的防火隔墙与其他部位分隔，墙上的门、窗应采用乙级防火门、窗，确有困难时，可采用防火卷帘，但应符合规范的规定：

1）甲、乙类生产部位和建筑内使用丙类液体的部位。

2）厂房内有明火和高温的部位。

3）甲、乙、丙类厂房（仓库）内布置有不同火灾危险性类别的房间。

4）民用建筑内的附属库房，剧场后台的辅助用房。

5）除居住建筑中套内的厨房外，宿舍、公寓建筑中的公共厨房和其他建筑内的厨房。

6）附设在住宅建筑内的机动车库。

（8）《建规》第6.4.1条　疏散楼梯间应符合下列规定：

1）楼梯间应能天然采光和自然通风，并宜靠外墙设置。靠外墙设置时，楼梯间、前室及合用前室外墙上的窗口与两侧门、窗、洞口最近边缘的水平距离不应小于1.0m。

2）楼梯间内不应设置烧水间、可燃材料储藏室、垃圾道。

3）楼梯间内不应有影响疏散的凸出物或其他障碍物。

4）封闭楼梯间、防烟楼梯间及其前室，不应设置卷帘。

5）楼梯间内不应设置甲、乙、丙类液体管道。

6）封闭楼梯间、防烟楼梯间及其前室内禁止穿过或设置可燃气体管道。敞开楼梯间内不应设置可燃气体管道，当住宅建筑的敞开楼梯间内确需设置可燃气体管道和可燃气体计量表时，应采用金属管和设置切断气源的阀门。

（9）《建规》第6.4.2条　封闭楼梯间除应符合本规范第6.4.1条的规定外，尚应符合下列规定：

1）不能自然通风或自然通风不能满足要求时，应设置机械加压送风系统或采用防烟楼梯间。

2）除楼梯间的出入口和外窗外，楼梯间的墙上不应开设其他门、窗、洞口。

3）高层建筑、人员密集的公共建筑、人员密集的多层丙类厂房，甲、乙类厂房，其封闭楼梯间的门应采用乙级防火门，并应向疏散方向开启；其他建筑，可采用双向弹簧门。

4）楼梯间的首层可将走道和门厅等包括在楼梯间内形成扩大的封闭楼梯间，但应采用乙级防火门等与其他走道和房间分隔。

案例每日一练

【6-8】该大型餐饮建筑设置了封闭楼梯间，是否满足规范要求？

【解析】该大型餐饮建筑地上6层，且设置了卡拉OK场所，依据《建规》第5.5.13条的规定，应采用封闭楼梯间，且应符合《建规》第6.4.1和6.4.2条的规定。

考试热点分析

1. 中庭设置要求考点（★★★）

（1）防火分隔措施

1）防火隔墙1.0h。

2）防火玻璃墙（耐火隔热性和耐火完整性）1.0h。

3）防火玻璃墙（耐火完整性）1.0h + 自动喷水灭火系统。

4）防火卷帘3.0h

（2）门窗：甲级（自行关闭）

（3）中庭回廊设自喷和自报。

（4）设排烟设施。

（5）中庭内不应布置可燃物。

2. 建筑内厨房分隔措施

建筑内公共厨房应采用耐火极限不低于2.00h的防火隔墙与其他部位分隔，墙上的门、窗应采用乙级防火门、窗，确有困难时，可采用防火卷帘。

第7节　高层宾馆防火案例分析

助考知识要点

◆防烟楼梯间设置：一类公共建筑、二类公共建筑

◆消防电梯的设置：住宅建筑（高度＞33m）、一类公共建筑、二类公共建筑（高度＞32m）

◆高层旅馆的疏散：30m（位于两个安全出口之间），15m（位于袋形走道两侧或尽端）

◆高层旅馆的疏散：走道1.3m（单面布房），1.4m（双面布房）；首层疏散外门（楼梯）1.2m

分析思维导图（图1.7-1）

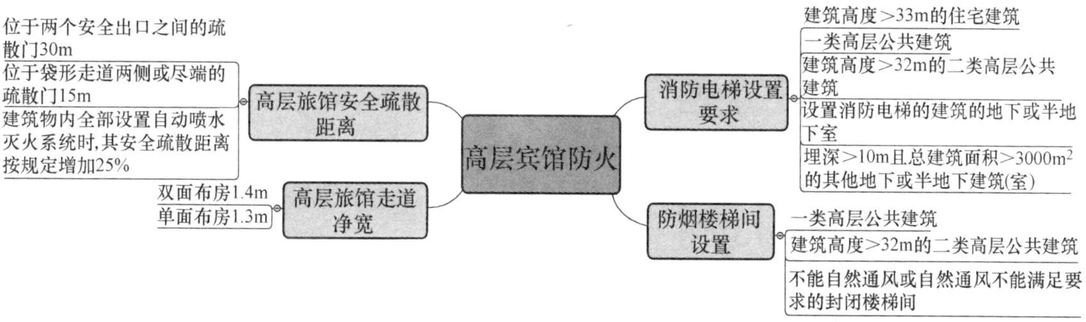

图1.7-1　高层宾馆防火分析思维导图

范例情景描述

某市一栋塔式三星级宾馆，地上13层，地下2层，建筑高度52m，框架剪力墙结构，耐火等级一级，设有集中空气调节系统，每层建筑面积均为4000m^2，总建筑面积6万m^2，该宾馆地下二层主要使用功能为消防泵房、柴油发电机房、配电室和通风、空调机房等设备用房和汽车库；地下一层主要使用功能为汽车库和办公室；地上一层主要使用功能为消防控制室、接待大厅、咖啡厅和餐厅的宴会厅（容纳人数上限均为280人）；地上二层主要使用功能为健身房和餐厅的包房（容纳人数上限均为250人）；地上三层主要使用功能为办公室和会议室（容纳人数上限均为200人）；地上四层至地上十三层主要使用功能均为客房（各层容纳人数上限均为300人）。该宾馆各层均划分为两个防火分区，每个防火分区均设有两部上下直通的防烟楼梯间，如图1.7-2所示。该宾馆按有关国家工程建设消防技术标准配置了室内外消火栓给水系统、自动喷水灭火系统和火灾自动报警系统等消防设施及器材。

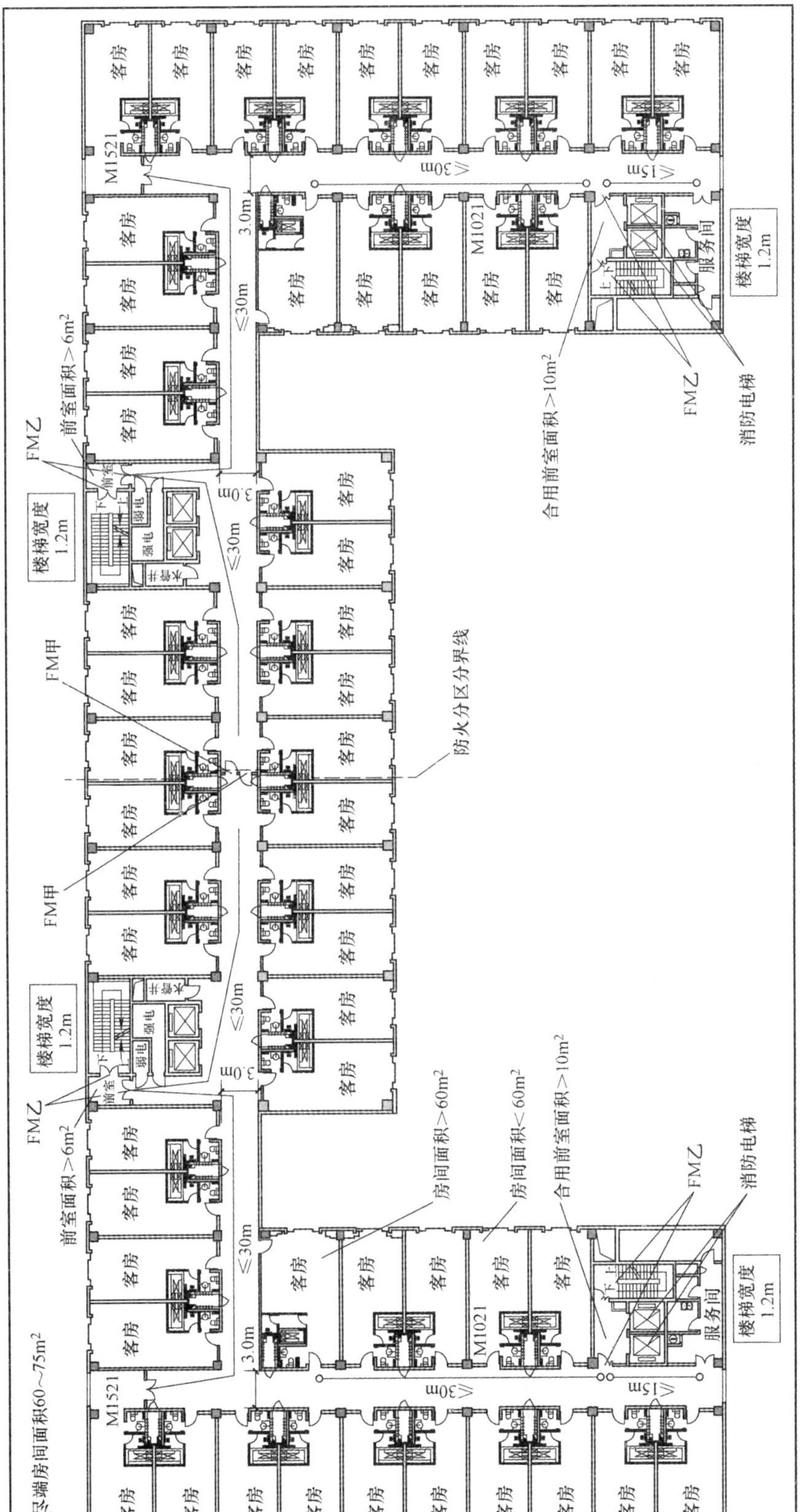

图1.7-2　某高层宾馆标准层平面图

内容归纳解剖

7.1　高层宾馆基本参数

根据范例情景描述，高层宾馆的基本参数见表1.7-1。

表1.7-1　高层宾馆的基本参数

名称	高度/m	层数	耐火等级	每层建筑面积/m^2	总建筑面积/m^2
高层宾馆	52	13/－2	一级	4000	60000
地下二层房间	消防泵房、柴油发电机房、配电室和通风、空调机房等设备用房和汽车库				
地下一层房间	汽车库和办公室				
地上一层房间	消防控制室、接待大厅、咖啡厅和餐厅的宴会厅（容纳人数上限均为280人）				
地上二层房间	健身房和餐厅的包房（容纳人数上限均为250人）				
地上三层房间	办公室和会议室（容纳人数上限均为200人）				
地上四～十三层房间	客房（各层容纳人数上限均为300人）				

7.2　范例问题分析

【7-1】对该高层宾馆进行建筑分类，并确认宾馆耐火等级是否符合规范要求？

【解析】情景描述中该宾馆为建筑高度超过50m的旅馆。根据《建规》第5.1.1条的规定，该宾馆的建筑分类应为一类高层公共建筑。根据《建规》第5.1.3条的规定，一类高层民用建筑的耐火等级不应低于一级，符合规范要求。

【7-2】该高层宾馆防火分区划分是否合理？

【解析】该宾馆地上各层均划分为两个防火分区，每层建筑面积为4000m^2，设有自动灭火系统。依据《建规》第5.3.1条的规定，防火分区的最大允许建筑面积不应大于2500m^2。建筑内设置自动灭火系统时，该防火分区的最大允许建筑面积可按上述规定增加1倍。因此每个防火分区面积符合规范要求。

【7-3】位于两个安全出口之间的客房门至最近的楼梯间的最大距离30m，位于袋形走道两侧或尽端的客房门至最近的楼梯间的最大距离15m，是否符合要求？

【解析】依据《建规》第5.5.17条的规定，高层旅馆位于两个安全出口之间的疏散门至最近的安全出口的直线距离不应大于30m，位于袋形走道两侧或尽端的疏散门至最近的安全出口的直线距离不应大于15m。建筑物内全部设置自动喷水灭火系统时，其安全疏散距离可按规定增加25%。安全疏散距离符合要求。

【7-4】位于尽端的客房，建筑面积60～75m^2，设一个疏散门M1521，是否符合要求？

【解析】依据《建规》第5.5.15条的规定，位于走道尽端的房间，建筑面积小于50m^2且疏散门的净宽度不小于0.90m时可设置1个疏散门；或由房间内任一点至疏散门的直线距离不大于15m、建筑面积不大于200m^2且疏散门的净宽度不小于1.40m时可设置1个疏散门。综上，符合设1个疏散门要求。

【7-5】位于两个安全出口之间的客房，建筑面积60m^2，设一个疏散门M1021，是否符合要求？

【解析】依据《建规》第 5. 5. 15 条的规定，位于两个安全出口之间的房间，当其建筑面积不大于 $120m^2$ 时，可设置 1 个疏散门，门的净宽不小于 0. 90m。综上，符合设 1 个疏散门要求。

【7-6】旅馆内走道净宽 3. 0m，疏散楼梯宽度 1. 2m，客房疏散门净宽 0. 9m，是否符合规范要求?

【解析】依据《建规》第 5. 5. 18 条的规定，公共建筑内疏散门和安全出口的净宽度不应小于 0. 90m，高层公共建筑内楼梯间的首层疏散门、首层疏散外门最小净宽度 1. 20m；双面布房时，疏散走道最小净宽度为 1. 40m，单面布房时，疏散走道最小净宽度为 1. 30m；疏散楼梯的最小净宽度为 1. 20m。综上，该旅馆疏散门、走道和疏散楼梯净宽度符合规范要求。

【7-7】该旅馆设有四个防烟楼梯间，是否符合要求?

【解析】依据《建规》第 5. 5. 12 条的规定，一类高层公共建筑和建筑高度大于 32m 的二类高层公共建筑，其疏散楼梯应采用防烟楼梯间。符合要求。

【7-8】该旅馆设有四部消防电梯，合用前室的面积大于 $10m^2$，前室门为乙级防火门，是否符合要求?

【解析】：依据《建规》第 7. 3. 1 、7. 3. 2 和 7. 3. 5 条的规定，一类高层公共建筑应设置消防电梯，消防电梯应分别设置在不同防火分区内，且每个防火分区不应少于 1 台。与防烟楼梯间合用前室的面积不应小于 $10m^2$，前室或合用前室的门应采用乙级防火门，不应设置卷帘。综上，该旅馆消防电梯设置符合规范要求。

【7-9】该旅馆两个防火分区之间采用防火墙分隔，疏散走道上设置了甲级防火门 FM 甲，对防火墙两侧门窗洞口和位于走道的防火门有何要求?

【解析】依据《建规》第 6. 1. 3 和 6. 4. 10 条的规定，紧靠防火墙两侧的门、窗、洞口之间最近边缘的水平距离不应小于 2. 0m；采取设置乙级防火窗等防止火灾水平蔓延的措施时，该距离不限。疏散走道在防火分区处应设置常开甲级防火门。

【7-10】计算该宾馆首层疏散外门的总宽度、地上十层疏散楼梯间及其前室门的总净宽、地上各层疏散楼梯的总宽度。

【解析】（1）依据《建规》第 5. 5. 21 条的规定，首层外门的总净宽度应按该建筑疏散人数最多一层的人数计算确定，不供其他楼层人员疏散的外门，可按本层的疏散人数计算确定。该旅馆第四层及以上容纳人数 300 人，百人宽度指标取 1. 0m/百人，首层疏散外门最小疏散净宽度为 3m。

（2）地上十层疏散楼梯间及其前室门的总净宽：$300 \div 100 = 3$（m）。

（3）依据《建规》第 5. 5. 21 条的规定，当每层疏散人数不等时，疏散楼梯的总净宽度可分层计算，地上建筑内下层楼梯的总净宽度应按该层及以上疏散人数最多一层的人数计算，因此地上各层疏散楼梯的总宽度应不小于 3m。

规范考点延伸

（1）《建规》第 5. 1. 1 条　民用建筑根据其建筑高度和层数可分为单、多层民用建筑和高层民用建筑。高层民用建筑根据其建筑高度、使用功能和楼层的建筑面积可分为一类和二类。民用建筑的分类应符合表 1. 7-2 的规定。

表1.7-2　民用建筑的分类

名称	高层		单(多)层	备注
	一类	二类		
住宅建筑	$H>54m$	$27m<H\leqslant54m$	$H\leqslant27m$	包括设置商业服务网点的住宅
公共建筑	(1) $H>50m$ (2)建筑高度24m以上部分任一楼层建筑面积大于1000m² 的商店、展览、电信、邮政、财贸金融建筑和其他多种功能组合的建筑 (3)医疗建筑、重要公共建筑 (4)省级及以上的广播电视和防灾指挥调度建筑、网局级和省级电力调度建筑 (5)藏书超过100万册的图书馆、书库	除一类外的高层	(1) $H>24m$(仅适用于单层) (2) $H\leqslant24m$	(1)宿舍、公寓的防火要求应符合公共建筑的规定 (2)裙房的防火要求应符合高层民用建筑的规定

(2)《建规》第5.5.15条　公共建筑内房间的疏散门数量应经计算确定且不应少于2个。除托儿所、幼儿园、老年人建筑、医疗建筑、教学建筑内位于走道尽端的房间外，符合下列条件之一的房间可设置1个疏散门：

1) 位于两个安全出口之间或袋形走道两侧的房间，对于托儿所、幼儿园、老年人建筑，建筑面积不大于$50m^2$；对于医疗建筑、教学建筑，建筑面积不大于$75m^2$；对于其他建筑或场所，建筑面积不大于$120m^2$。

2) 位于走道尽端的房间，建筑面积小于$50m^2$且疏散门的净宽度不小于0.90m，或由房间内任一点至疏散门的直线距离不大于15m、建筑面积不大于$200m^2$且疏散门的净宽度不小于1.40m。

3) 歌舞娱乐放映游艺场所内建筑面积不大于$50m^2$且经常停留人数不超过15人的厅、室。

(3)《建规》第5.5.18条　公共建筑内疏散门和安全出口的净宽度不应小于0.90m，疏散走道和疏散楼梯的净宽度不应小于1.10m。高层公共建筑内楼梯间的首层疏散门、首层疏散外门、疏散走道和疏散楼梯的最小净宽度应符合表1.7-3的规定。

表1.7-3　高层公共建筑内楼梯间的首层疏散门、首层疏散外门、疏散走道和疏散楼梯的最小净宽度　(单位：m)

建筑类别	楼梯间的首层疏散门、首层疏散外门	走道		疏散楼梯
		单面布房	双面布房	
高层医疗建筑	1.30	1.40	1.50	1.30
其他高层公共建筑	1.20	1.30	1.40	1.20

(4)《建规》第5.5.12条　一类高层公共建筑和建筑高度大于32m的二类高层公共建筑，其疏散楼梯应采用防烟楼梯间。裙房和建筑高度不大于32m的二类高层公共建筑，其疏散楼梯应采用封闭楼梯间。当裙房与高层建筑主体之间设置防火墙时，裙房的疏散楼梯可

按本规范有关单、多层建筑的要求确定。

（5）《建规》第 6.4.3 条　防烟楼梯间应符合下列规定：

1）应设置防烟设施。

2）前室可与消防电梯间前室合用。

3）前室的使用面积：公共建筑、高层厂房（仓库），不应小于 6.0m^2；住宅建筑，不应小于 4.5m^2。

与消防电梯间前室合用时，合用前室的使用面积：公共建筑、高层厂房（仓库），不应小于 10.0m^2；住宅建筑，不应小于 6.0m^2。

4）疏散走道通向前室以及前室通向楼梯间的门应采用乙级防火门。

5）除住宅建筑的楼梯间前室外，防烟楼梯间和前室内的墙上不应开设除疏散门和送风口外的其他门、窗、洞口。

6）楼梯间的首层可将走道和门厅等包括在楼梯间前室内形成扩大的前室，但应采用乙级防火门等与其他走道和房间分隔。

（6）《建规》第 7.3.1 条　下列建筑应设置消防电梯：

1）建筑高度大于 33m 的住宅建筑。

2）一类高层公共建筑和建筑高度大于 32m 的二类高层公共建筑。

3）设置消防电梯的建筑的地下或半地下室，埋深大于 10m 且总建筑面积大于 3000m^2 的其他地下或半地下建筑（室）。

（7）《建规》第 7.3.2 条　消防电梯应分别设置在不同防火分区内，且每个防火分区不应少于 1 台。

（8）《建规》第 7.3.5 条　消防电梯应设置前室，并应符合下列规定：

1）前室宜靠外墙设置，并应在首层直通室外或经过长度不大于 30m 的通道通向室外。

2）前室的使用面积不应小于 6.0m^2；与防烟楼梯间合用的前室，应符合规范规定。

3）除前室的出入口、前室内设置的正压送风口和本规范规定的户门外，前室内不应开设其他门、窗、洞口。

4）前室或合用前室的门应采用乙级防火门，不应设置卷帘。

（9）《建规》第 7.3.6 条　消防电梯井、机房与相邻电梯井、机房之间应设置耐火极限不低于 2.00h 的防火隔墙，隔墙上的门应采用甲级防火门。

（10）《建规》第 7.3.7 条　消防电梯的井底应设置排水设施，排水井的容量不应小于 2m^3，排水泵的排水量不应小于 10L/s。消防电梯间前室的门口宜设置挡水设施。

（11）《建规》第 7.3.8 条　消防电梯应符合下列规定：

1）应能每层停靠。

2）电梯的载重量不应小于 800kg。

3）电梯从首层至顶层的运行时间不宜大于 60s。

4）电梯的动力与控制电缆、电线、控制面板应采取防水措施。

5）在首层的消防电梯入口处应设置供消防队员专用的操作按钮。

6）电梯轿厢的内部装修应采用不燃材料。

7）电梯轿厢内部应设置专用消防对讲电话。

（12）《建规》第 6.1.1 条　防火墙应直接设置在建筑的基础或框架、梁等承重结构上，框架、梁等承重结构的耐火极限不应低于防火墙的耐火极限。防火墙应从楼地面基层隔断至梁、楼板或屋面板的底面基层。当高层厂房（仓库）屋顶承重结构和屋面板的耐火极限低于1.00h，其他建筑屋顶承重结构和屋面板的耐火极限低于0.50h时，防火墙应高出屋面0.5m以上。

（13）《建规》第6.1.2条　防火墙横截面中心线水平距离天窗端面小于4.0m，且天窗端面为可燃性墙体时，应采取防止火势蔓延的措施。

（14）《建规》第6.1.3条　建筑外墙为难燃性或可燃性墙体时，防火墙应凸出墙的外表面0.4m以上，且防火墙两侧的外墙均应为宽度不小于2.0m的不燃性墙体，其耐火极限不应低于外墙的耐火极限。建筑外墙为不燃性墙体时，防火墙可不凸出墙的外表面，紧靠防火墙两侧的门、窗、洞口之间最近边缘的水平距离不应小于2.0m；采取设置乙级防火窗等防止火灾水平蔓延的措施时，该距离不限。

（15）《建规》第6.1.4条　建筑内的防火墙不宜设置在转角处，确需设置时，内转角两侧墙上的门、窗、洞口之间最近边缘的水平距离不应小于4.0m；采取设置乙级防火窗等防止火灾水平蔓延的措施时，该距离不限。

（16）《建规》第6.1.5条　防火墙上不应开设门、窗、洞口，确需开设时，应设置不可开启或火灾时能自动关闭的甲级防火门、窗。可燃气体和甲、乙、丙类液体的管道严禁穿过防火墙。防火墙内不应设置排气道。

（17）《建规》第6.1.7条　防火墙的构造应能在防火墙任意一侧的屋架、梁、楼板等受到火灾的影响而破坏时，不会导致防火墙倒塌。

（18）《建规》第6.4.10条　疏散走道在防火分区处应设置常开甲级防火门。

案例每日一练

【7-11】若该宾馆的疏散楼梯独立设置确有困难时，是否可设置剪刀楼梯，如可设，应符合哪些规定？

【解析】依据《建规》5.5.10条的规定，高层公共建筑的疏散楼梯，当分散设置确有困难且从任一疏散门至最近疏散楼梯间入口的距离不大于10m时，可采用剪刀楼梯间，但应符合下列规定：

（1）楼梯间应为防烟楼梯间。

（2）梯段之间应设置耐火极限不低于1.00h的防火隔墙。

（3）楼梯间的前室应分别设置。

考试热点分析

高层宾馆建筑考点（★★★）

1. 一类公建

（1）$H>50$m。

（2）建筑高度24m以上部分任一楼层建筑面积大于1000m^{2}的商店、展览、电信、邮政、财贸金融建筑和其他多种功能组合的建筑。

（3）医疗建筑、重要公共建筑。

（4）省级及以上的广播电视和防灾指挥调度建筑、网局级和省级电力调度建筑。

（5）藏书超过 100 万册的图书馆、书库

2. 一类高层公共建筑记忆口诀

商展电邮财贸金，一千平米二四顶；省级广播防网电，重要医疗藏百万。

3. 防烟楼梯间和消防电梯

（1）下列建筑应设置消防电梯和防烟楼梯间：

1）一类公建。

2）二类公建（$H>32$m）。

（2）消防电梯每个防火分区≥1 台。

（3）前室或合用前室使用面积：前室 6.0m²，合用前室 10.0 m²。

4. 安全疏散距离（m）：30-15（一、二级）

第 8 节　超高层办公楼防火案例分析

助考知识要点

◆避难层设置要求：50m（第一个避难层）、50m（两个避难层之间）、净面积 5.0 人/m²

◆屋顶停机坪设置：距离设备机房≥5m 、建筑通向停机坪的出口≥2 个、出口宽度 0.90m

分析思维导图（图 1.8-1）

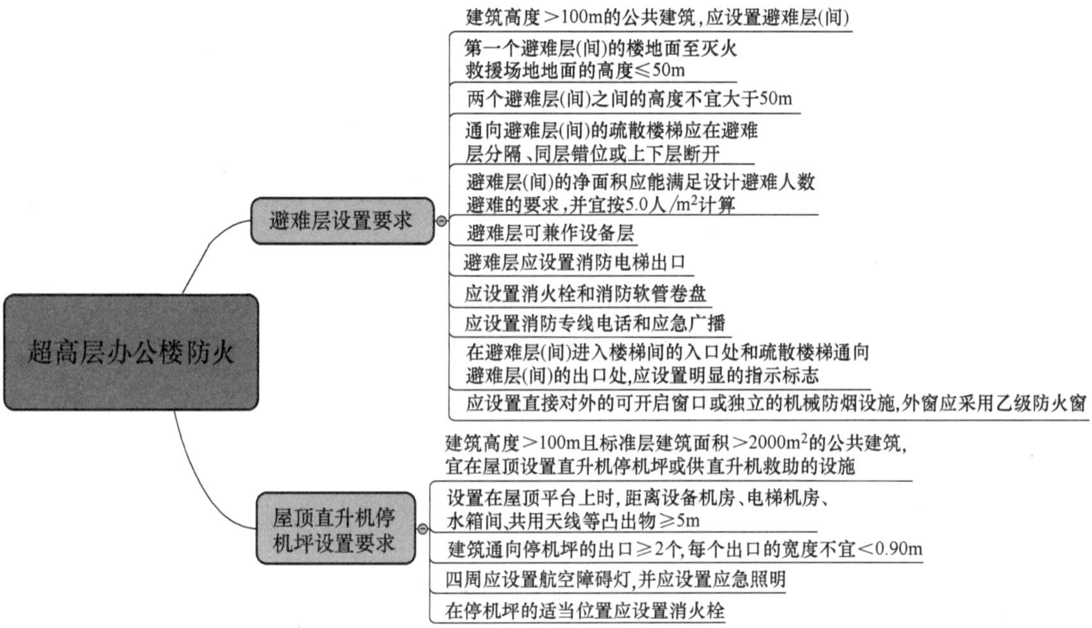

图 1.8-1　超高层办公楼防火分析思维导图

范例情景描述

某市一栋地标性办公楼地上 108 层、地下 7 层，建筑高度 422m，总建筑面积 43.70 万 m^2，耐火等级一级，屋顶设有直升机停机坪，共设置 8 个避难层，地下七层至地上十七层各层建筑面积均大于 4500m^2，设置三台消防电梯，地上十八层至地上一〇八层每层建筑面积在 1500m^2 到 4500m^2，均设置两台消防电梯。该办公楼按有关国家工程建设消防技术标准配置了室内外消火栓给水系统、自动喷水灭火系统和火灾自动报警系统等消防设施及器材。

内容归纳解剖

8.1　超高层办公楼基本参数

根据范例情景描述，超高层办公楼的基本参数见表 1.8-1。

表 1.8-1　超高层办公楼的基本参数

名称	高度/m	层数	耐火等级	每层建筑面积/m^2		消防电梯	
				地下七~十七层	十八~一〇八层	地下七~十七层	十八~一〇八层
超高层办公楼	422	108/−7	一级	>4500	1500~4500	3 台	2 台
停机坪	屋顶设有直升机停机坪						

8.2　范例问题分析

【8-1】对该超高层办公楼进行建筑分类，并确认超高层办公楼耐火等级是否符合规范要求？

【解析】情景描述中该办公楼为建筑高度大于 100m 的超高层建筑。该办公楼的建筑分类应为一类高层公共建筑。一类高层民用建筑的耐火等级不应低于一级，建筑高度大于 100m 的民用建筑，其楼板的耐火极限不应低于 2.00h。依据《建规》第 1.0.6 条的规定，建筑高度大于 250m 的建筑，除应符合《建规》的要求外，尚应结合实际情况采取更加严格的防火措施，其防火设计应提交国家消防主管部门组织专题研究、论证。综上，该办公楼耐火等级符合规范要求。

【8-2】该超高层办公楼避难层设置位置有何要求？

【解析】依据《建规》第 5.5.23 条的规定，建筑高度大于 100m 的公共建筑，应设置避难层。

第一个避难层的楼地面至灭火救援场地地面的高度不应大于 50m，两个避难层之间的高度不宜大于 50m。

该综合楼共设置了 8 个避难层，符合规范要求。

【8-3】该超高层办公楼消防电梯设置是否符合要求？

【解析】依据《建规》第 7.3.1、7.3.2 和 7.3.5 条的规定，一类高层公共建筑应设置消防电梯，消防电梯应分别设置在不同防火分区内，且每个防火分区不应少于 1 台。该超高层办公楼地下七~十七层建筑面积均大于 4500m^2，假若划分 3 个防火分区（也可划分为 2 个分区），设置 3 台消防电梯，满足规范要求。第十八~一〇八层建筑面积为 1500~4500m^2，假若划分 1~2 个防火分区，设置 2 台消防电梯，同样满足规范要求。

【8-4】该超高层办公楼屋顶直升机停机坪有何要求？

【解析】建筑高度大于100m且标准层建筑面积大于2000m^{2}的公共建筑，宜在屋顶设置直升机停机坪或供直升机救助的设施。设置在屋顶平台上时，距离设备机房、电梯机房、水箱间、共用天线等凸出物不应小于5m；建筑通向停机坪的出口不应少于2个，每个出口的宽度不宜小于0.90m；四周应设置航空障碍灯，并应设置应急照明；在停机坪的适当位置应设置消火栓。

规范考点延伸

（1）《建规》第5.5.23条　建筑高度大于100m的公共建筑，应设置避难层（间）。避难层（间）应符合下列规定：

1）第一个避难层（间）的楼地面至灭火救援场地地面的高度不应大于50m，两个避难层（间）之闻的高度不宜大于50m。

2）通向避难层（间）的疏散楼梯应在避难层分隔、同层错位或上下层断开。

3）避难层（间）的净面积应能满足设计避难人数避难的要求，并宜按5.0人/m^{2}计算。

4）避难层可兼作设备层。设备管道宜集中布置，其中的易燃、可燃液体或气体管道应集中布置，设备管道区应采用耐火极限不低于3.00h的防火隔墙与避难区分隔。管道井和设备间应采用耐火极限不低于2.00h的防火隔墙与避难区分隔，管道井和设备间的门不应直接开向避难区；确需直接开向避难区时，与避难区出入口的距离不应小于5m，且应采用甲级防火门。

避难间内不应设置易燃、可燃液体或气体管道，不应开设除外窗、疏散门之外的其他开口。

5）避难层应设置消防电梯出口。

6）应设置消火栓和消防软管卷盘。

7）应设置消防专线电话和应急广播。

8）在避难层（间）进入楼梯间的入口处和疏散楼梯通向避难层（间）的出口处，应设置明显的指示标志。

9）应设置直接对外的可开启窗口或独立的机械防烟设施，外窗应采用乙级防火窗。

（2）《建规》第7.4.1条　建筑高度大于100m且标准层建筑面积大于2000m^{2}的公共建筑，宜在屋顶设置直升机停机坪或供直升机救助的设施。

（3）《建规》第7.4.2条　直升机停机坪应符合下列规定：

1）设置在屋顶平台上时，距离设备机房、电梯机房、水箱间、共用天线等凸出物不应小于5m。

2）建筑通向停机坪的出口不应少于2个，每个出口的宽度不宜小于0.90m。

3）四周应设置航空障碍灯，并应设置应急照明。

4）在停机坪的适当位置应设置消火栓。

5）其他要求应符合国家现行航空管理有关标准的规定。

案例每日一练

【8-5】该超高层办公楼位于地上一〇四层的避难层按设计要求应满足300人避难的要

求，计算该避难层的最小净面积。

【解析】依据《建规》第 5.5.23 条的规定，避难层的净面积应能满足设计避难人数避难的要求，并宜按 5.0 人/m^2计算，因此所需最小净面积为 300 ÷ 5 = 60（m^2）。

第 9 节　高层病房楼防火案例分析

助考知识要点

◆避难间的设置要求：护理单元 2 个（二层及以上）、净面积≥25.0m^2（每个护理单元）

◆柴油发电机房布置：首层或地下一、二层

◆消防控制室的设置：首层或地下一层（靠外墙部位）、疏散门应直通室外或安全出口

分析思维导图（图 1.9-1）

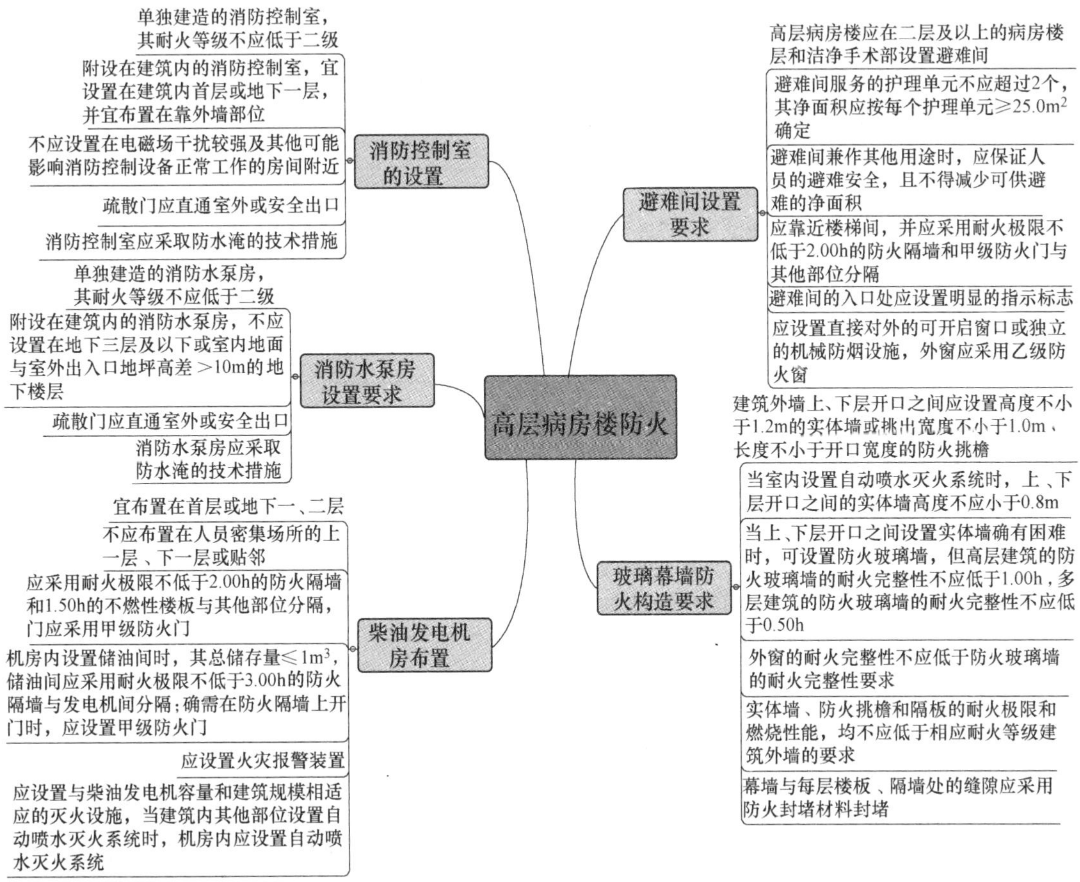

图 1.9-1　高层病房楼防火分析思维导图

范例情景描述

某医院高层病房楼地上 9 层，地下 1 层，建筑高度 43.50m，总建筑面积 18545.60m^2，框架剪力墙结构，采用玻璃幕墙作为外围护墙体，耐火等级一级，共设有 290 张病床，首层至地上九层设有一个中庭；地下一层主要使用功能为餐厅、可燃物品库房、消防泵房、柴油发电机房、配电室、燃油锅炉房、通风、空调机房等设备用房和汽车库，首层主要使用功能为大厅、消防控制室、自动灭火系统的设备室、医务接待室和 CT 室等医疗检查设备室；地上 3 ~ 9 层主要使用功能为病房、医用室。该建筑按有关国家工程建设消防技术标准配置了室内外消火栓给水系统、自动喷水灭火系统和火灾自动报警系统等消防设施及器材。

内容归纳解剖

9.1　高层病房楼基本参数

根据范例情景描述，超高层办公楼的基本参数见表 1.9-1。

表 1.9-1　高层病房楼的基本参数

名称	高度/m	层数	耐火等级	总建筑面积/m^2	床位数/张
高层病房楼	43.50	9/ -1	一级	18545.60	290
地上三 ~ 九层	主要使用功能为病房、医用室				
地下一层	主要使用功能为餐厅，可燃物品库房，消防泵房，柴油发电机房，配电室，燃油锅炉房，通风，空调机房等设备用房和汽车库				
首层	主要使用功能为大厅、消防控制室、自动灭火系统的设备室、医务接待室和 CT 室等医疗检查设备室				
玻璃幕墙	采用玻璃幕墙作为外围护墙体				

9.2　范例问题分析

【9-1】对该高层病房楼进行建筑分类。

【解析】依据《建规》第 5.1.1 条的规定，情景描述中高层病房楼高 43.50m，按照高层医疗建筑分类，应为一类高层公共建筑，耐火等级不应低于一级。

【9-2】该高层病房楼避难间设置要求。

【解析】依据《建规》第 5.5.24 条的规定，高层病房楼应在二层及以上的病房楼层和洁净手术部设置避难间。避难间服务的护理单元不应超过 2 个，其净面积应按每个护理单元≥25.0m^{2}确定；避难间兼作其他用途时，应保证人员的避难安全，且不得减少可供避难的净面积；应靠近楼梯间，并应采用耐火极限不低于 2.00h 的防火隔墙和甲级防火门与其他部位分隔；应设置直接对外的可开启窗口或独立的机械防烟设施，外窗应采用乙级防火窗。

【9-3】该高层病房楼内楼梯间的首层疏散门、首层疏散外门、疏散走道和疏散楼梯的最小净宽应为多少？

【解析】依据《建规》第 5. 5. 18 条的规定，公共建筑内疏散门和安全出口的净宽度不应小于 0. 90m，疏散走道和疏散楼梯的净宽度不应小于 1. 10m。高层医疗建筑内楼梯间的首层疏散门、首层疏散外门、疏散走道和疏散楼梯的最小净宽度应符合表 1. 9-2 的规定。

表 1. 9-2　高层医疗建筑内楼梯间的首层疏散门等最小净宽度　（单位：m）

建筑类别	楼梯间的首层疏散门、首层疏散外门	走道		疏散楼梯
		单面布房	双面布房	
高层医疗建筑	1. 30	1. 40	1. 50	1. 30

【9-4】玻璃幕墙防火构造要求有哪些?

【解析】建筑幕墙应在每层楼板外沿处采取符合规定的防火措施，幕墙与每层楼板、隔墙处的缝隙应采用防火封堵材料封堵。

【9-5】柴油发电机房布置在高层病房楼内的地下一层是否符合要求? 应采取哪些防火构造措施?

【解析】依据《建规》第 5. 4. 13 条的规定，柴油发电机房宜布置在首层或地下一、二层，不应布置在人员密集场所的上一层、下一层或贴邻。应采用耐火极限不低于 2. 00h 的防火隔墙和 1. 50h 的不燃性楼板与其他部位分隔，门应采用甲级防火门。机房内设置储油间时，其总储存量不应大于 $1m^3$，储油间应采用耐火极限不低于 3. 00h 的防火隔墙与发电机间分隔；确需在防火隔墙上开门时，应设置甲级防火门。

【9-6】消防水泵房布置在高层病房楼内的地下一层是否符合要求? 应采取哪些防火构造措施?

【解析】依据《建规》第 8. 1. 6 条的规定，附设在建筑内的消防水泵房，不应设置在地下三层及以下或室内地面与室外出入口地坪高差大于 10m 的地下楼层；疏散门应直通室外或安全出口。

【9-7】消防控制室设置在高层病房楼内的首层是否合理? 应采取哪些防火构造措施?

【解析】依据《建规》第 8. 1. 7 条的规定，附设在建筑内的消防控制室，宜设置在建筑内首层或地下一层，并宜布置在靠外墙部位；不应设置在电磁场干扰较强及其他可能影响消防控制设备正常工作的房间附近；疏散门应直通室外或安全出口。

规范考点延伸

（1）《建规》第 5. 5. 24 条　高层病房楼应在二层及以上的病房楼层和洁净手术部设置避难间。避难间应符合下列规定：

1）避难间服务的护理单元不应超过 2 个，其净面积应按每个护理单元≥25. $0m^2$确定。

2）避难间兼作其他用途时，应保证人员的避难安全，且不得减少可供避难的净面积。

3）应靠近楼梯间，并应采用耐火极限不低于 2. 00h 的防火隔墙和甲级防火门与其他部位分隔。

4）应设置消防专线电话和消防应急广播。

5）避难间的入口处应设置明显的指示标志。

6）应设置直接对外的可开启窗口或独立的机械防烟设施，外窗应采用乙级防火窗。

（2）《建规》第 6. 2. 5 条　建筑外墙上、下层开口之间应设置高度不小于 1. 2m 的实体墙或挑出宽度不小于1.0m、长度不小于开口宽度的防火挑檐；当室内设置自动喷水灭火系统时，上、下层开口之间的实体墙高度不应小于0.8m。当上、下层开口之间设置实体墙确有困难时，可设置防火玻璃墙，但高层建筑的防火玻璃墙的耐火完整性不应低于1.00h，多层建筑的防火玻璃墙的耐火完整性不应低于0.50h。外窗的耐火完整性不应低于防火玻璃墙的耐火完整性要求。实体墙、防火挑檐和隔板的耐火极限与燃烧性能，均不应低于相应耐火等级建筑外墙的要求。

(3)《建规》第6.2.6条　建筑幕墙应在每层楼板外沿处采取符合《建规》第6.2.5条规定的防火措施，幕墙与每层楼板、隔墙处的缝隙应采用防火封堵材料封堵。

(4)《建规》第5.4.13条　布置在民用建筑内的柴油发电机房应符合下列规定：

1）宜布置在首层或地下一、二层。

2）不应布置在人员密集场所的上一层、下一层或贴邻。

3）应采用耐火极限不低于2.00h的防火隔墙和1.50h的不燃性楼板与其他部位分隔，门应采用甲级防火门。

4）机房内设置储油间时，其总储存量不应大于$1m^3$，储油间应采用耐火极限不低于3.00h的防火隔墙与发电机间分隔；确需在防火隔墙上开门时，应设置甲级防火门。

5）应设置火灾报警装置。

6）应设置与柴油发电机容量和建筑规模相适应的灭火设施，当建筑内其他部位设置自动喷水灭火系统时，机房内应设置自动喷水灭火系统。

(5)《建规》第8.1.6条　消防水泵房的设置应符合下列规定：

1）单独建造的消防水泵房，其耐火等级不应低于二级。

2）附设在建筑内的消防水泵房，不应设置在地下三层及以下或室内地面与室外出入口地坪高差大于10m的地下楼层。

3）疏散门应直通室外或安全出口。

(6)《建规》第8.1.8条　消防水泵房和消防控制室应采取防水淹的技术措施。

(7)《建规》第8.1.8条　设置火灾自动报警系统和需要联动控制的消防设备的建筑（群）应设置消防控制室。消防控制室的设置应符合下列规定：

1）单独建造的消防控制室，其耐火等级不应低于二级。

2）附设在建筑内的消防控制室，宜设置在建筑内首层或地下一层，并宜布置在靠外墙部位。

3）不应设置在电磁场干扰较强及其他可能影响消防控制设备正常工作的房间附近。

4）疏散门应直通室外或安全出口。

5）消防控制室内的设备构成及其对建筑消防设施的控制与显示功能以及向远程监控系统传输相关信息的功能，应符合《火灾自动报警系统设计规范》（GB 50116）和《消防控制室通用技术要求》（GB 25506）的规定。

案例每日一练

【9-8】设置在高层病房楼内的锅炉、柴油发电机，其燃料供给管道应符合哪些规定？

【解析】依据《建规》第5.4.15条的规定：

(1) 在进入建筑物前和设备间内的管道上均应设置自动和手动切断阀。

（2）储油间的油箱应密闭且应设置通向室外的通气管，通气管应设置带阻火器的呼吸阀，油箱的下部应设置防止油品流散的设施。

（3）燃气供给管道的敷设应符合《城镇燃气设计规范》（GB 50028）的规定。

第10节 设置商业服务网点的高层住宅建筑防火案例分析

助考知识要点

◆住宅建筑分类：一类高层住宅建筑 $H>54m$、二类高层住宅建筑 $27m<H\leqslant54m$

◆商业服务网点：2.00h 防火隔墙和 1.50h 不燃性楼板、独立设置安全出口

◆剪刀楼梯间设置：户门至疏散楼梯间入口≤10m，防烟楼梯间、共用前室使用面积≥6.0m²，合用前室使用面积≥12.0m²，且短边≥2.4m

分析思维导图（图1.10-1）

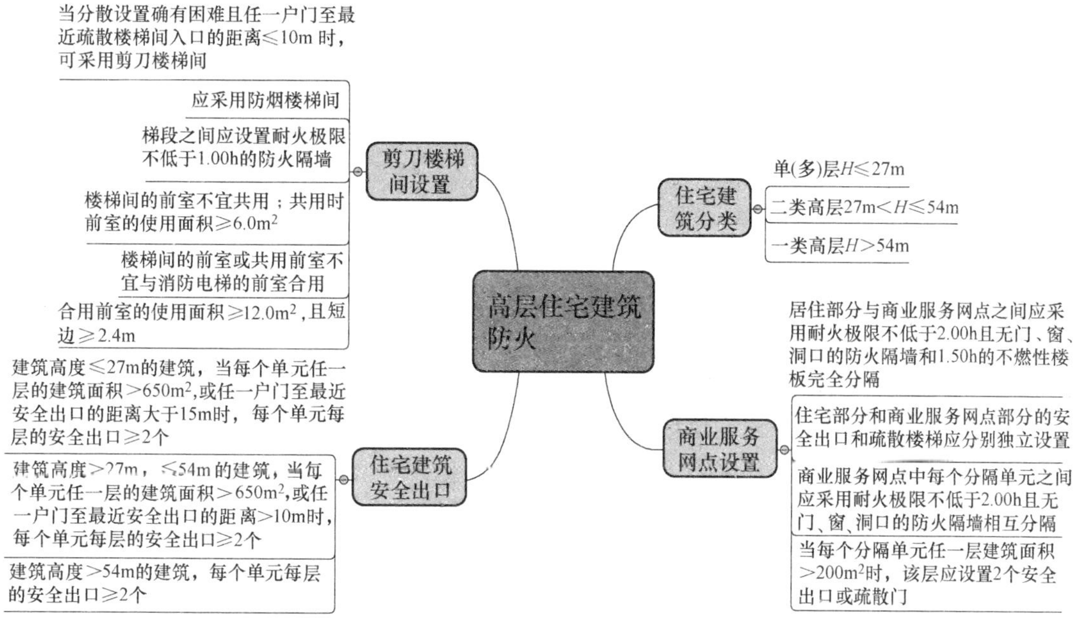

图1.10-1 高层住宅建筑防火分析思维导图

范例情景描述

某高层住宅建筑地上16层、地下2层，建筑高度49m，每层建筑面积均为1500m²，框架剪力墙结构；地下二层主要使用功能为汽车库，地下一层主要使用功能为设备用房及管理用房，首层主要使用功能为商业服务网点，地上二层至地上十六层主要使用功能为住宅。该住宅建筑的居住部分与商业服务网点之间采用耐火极限不低于1.50h的不燃性楼板和耐火极限不低于2.00h且无门、窗、洞口的防火隔墙完全分隔；住宅部分和商业服务网点部分的安

全出口和疏散楼梯分别独立设置，住宅部分自地下二层至地上十六层设置一部剪刀楼梯和两部消防电梯，商业服务网点中每个分隔单元均设有直通室外地平面的出口；商业服务网点中每个分隔单元之间均采用耐火极限不低于 2.00h 且无门、窗、洞口的防火隔墙相互分隔。该住宅建筑地上各层及地下二层均划分为 1 个防火分区，地下一层划分为两个防火分区。该住宅建筑按有关国家工程建设消防技术标准配置了消防设施及器材。

内容归纳解剖

10.1　高层住宅建筑的基本参数

根据范例情景描述，高层住宅建筑的基本参数见表 1.10-1。

表 1.10-1　高层住宅建筑的基本参数

名　　称	高度/m	层数/层	耐火等级	每层建筑面积/m^2	剪刀楼梯	消防电梯
高层住宅建筑	49	16/ -2	一级	2000	1 部	2 部
地上二～十六层	使用功能为住宅					
首层	使用功能为商业服务网点					
地下一层	使用功能为设备用房及管理用房					
地下二层	使用功能为汽车库					
防火分区	地上各层及地下二层均划分为 1 个防火分区，地下一层划分为 2 个防火分区					

10.2　范例问题分析

【10-1】确定该高层住宅建筑类别和耐火等级。

【解析】情景描述中该住宅建筑的高度 49m，依据《建规》第 5.1.1 条的规定，该住宅建筑的建筑分类为一类，一类高层建筑的耐火等级不应低于一级。

【10-2】商业服务网点防火构造措施是否符合规范要求?

【解析】依据《建规》第 5.4.11 条的规定，设置商业服务网点的住宅建筑，其居住部分与商业服务网点之间应采用耐火极限不低于 2.00h 且无门、窗、洞口的防火隔墙和 1.50h 的不燃性楼板完全分隔，住宅部分和商业服务网点部分的安全出口和疏散楼梯应分别独立设置。商业服务网点中每个分隔单元之间应采用耐火极限不低于 2.00h 且无门、窗、洞口的防火隔墙相互分隔，因此，商业服务网点防火构造措施符合规范要求。

【10-3】高层住宅设置剪刀楼梯有哪些要求?

【解析】依据《建规》第 5.5.28 条的规定，住宅单元的疏散楼梯，当分散设置确有困难且任一户门至最近疏散楼梯间入口的距离不大于 10m 时，可采用剪刀楼梯间，但应符合下列规定：

1）应采用防烟楼梯间。

2）梯段之间应设置耐火极限不低于 1.00h 的防火隔墙。

3）楼梯间的前室不宜共用；共用时，前室的使用面积不应小于 6.0m^2。

4）楼梯间的前室或共用前室不宜与消防电梯的前室合用；楼梯间的共用前室与消防电梯的前室合用时，合用前室的使用面积不应小于 12.0m^2，且短边不应小于 2.4m。

【10-4】地下一层防火分区划分是否符合要求？

【解析】该高层住宅地下一层主要使用功能为设备用房及管理用房，建筑面积为 2000m^2，划分为两个防火分区，依据《建规》第 5.3.1 条的规定，地下设备用房防火分区最大允许建筑面积不应大于 1000m^2，当建筑内设置自动灭火系统时，可按规定增加 1.0 倍。因此，地下一层防火分区划分符合要求。

【10-5】住宅建筑的户门、安全出口、疏散走道和疏散楼梯的各自总净宽度不应小于多少？

【解析】依据《建规》第 5.5.30 条的规定，住宅建筑的户门、安全出口、疏散走道和疏散楼梯的各自总净宽度应经计算确定，且户门和安全出口的净宽度不应小于 0.90m，疏散走道、疏散楼梯和首层疏散外门的净宽度不应小于 1.10m。建筑高度不大于 18m 的住宅中一边设置栏杆的疏散楼梯，其净宽度不应小于 1.0m。

【10-6】除商业服务网点外，住宅建筑与其他使用功能的建筑合建时，应采取哪些防火构造措施？

【解析】依据《建规》第 5.4.10 条的规定，除商业服务网点外，住宅建筑与其他使用功能的建筑合建时，应符合下列规定：

1）住宅部分与非住宅部分之间，应采用耐火极限不低于 2.00h 且无门、窗、洞口的防火隔墙和 1.50h 的不燃性楼板完全分隔；当为高层建筑时，应采用无门、窗、洞口的防火墙和耐火极限不低于 2.00h 的不燃性楼板完全分隔。建筑外墙上、下层开口之间的防火措施应符合《建规》第 6.2.5 条的规定。

2）住宅部分与非住宅部分的安全出口和疏散楼梯应分别独立设置；为住宅部分服务的地上车库应设置独立的疏散楼梯或安全出口，地下车库的疏散楼梯应按《建规》第 6.4.4 条的规定进行分隔。

3）住宅部分和非住宅部分的安全疏散、防火分区和室内消防设施配置，可根据各自的建筑高度分别按照《建规》有关住宅建筑和公共建筑的规定执行；该建筑的其他防火设计应根据建筑的总高度和建筑规模按《建规》有关公共建筑的规定执行。

规范考点延伸

（1）《建规》第 2.1.4 条　商业服务网点定义。设置在住宅建筑的首层或首层及二层，每个分隔单元建筑面积不大于 300m^2的商店、邮政所、储蓄所、理发店等小型营业性用房。

（2）《建规》第 5.4.11 条　设置商业服务网点的住宅建筑，其居住部分与商业服务网点之间应采用耐火极限不低于 2.00h 且无门、窗、洞口的防火隔墙和 1.50h 的不燃性楼板完全分隔，住宅部分和商业服务网点部分的安全出口和疏散楼梯应分别独立设置。

商业服务网点中每个分隔单元之间应采用耐火极限不低于 2.00h 且无门、窗、洞口的防火隔墙相互分隔，当每个分隔单元任一层建筑面积大于 200m^2时，该层应设置 2 个安全出口或疏散门。

（3）《建规》第 5.5.25 条　住宅建筑安全出口的设置应符合下列规定：

1）建筑高度不大于27m的建筑，当每个单元任一层的建筑面积大于650m^2，或任一户门至最近安全出口的距离大于15m时，每个单元每层的安全出口不应少于2个。

2）建筑高度大于27m、不大于54m的建筑，当每个单元任一层的建筑面积大于650m^2，或任一户门至最近安全出口的距离大于10m时，每个单元每层的安全出口不应少于2个。

3）建筑高度大于54m的建筑，每个单元每层的安全出口不应少于2个。

（4）《建规》第5.5.26条　建筑高度大于27m，但不大于54m的住宅建筑，每个单元设置一座疏散楼梯时，疏散楼梯应通至屋面，且单元之间的疏散楼梯应能通过屋面连通，户门应采用乙级防火门。当不能通至屋面或不能通过屋面连通时，应设置2个安全出口。

（5）《建规》第5.5.27条　住宅建筑的疏散楼梯设置应符合下列规定：

1）建筑高度不大于21m的住宅建筑可采用敞开楼梯间；与电梯井相邻布置的疏散楼梯应采用封闭楼梯间，当户门采用乙级防火门时，仍可采用敞开楼梯间。

2）建筑高度大于21m、不大于33m的住宅建筑应采用封闭楼梯间；当户门采用乙级防火门时，可采用敞开楼梯间。

3）建筑高度大于33m的住宅建筑应采用防烟楼梯间。户门不宜直接开向前室，确有困难时，每层开向同一前室的户门不应大于3樘且应采用乙级防火门。

（6）《建规》第5.5.32条　建筑高度大于54m的住宅建筑，每户应有一间房间符合下列规定：

1）应靠外墙设置，并应设置可开启外窗。

2）内、外墙体的耐火极限不应低于1.00h，该房间的门宜用乙级防火门，外窗耐火完整性不宜低于1.00h。

案例每日一练

【10-7】某高层住宅建筑，地上19层，建筑高度59m，总建筑面积15000m^2，首层设有商业服务网点，地上二层及以上层为住宅。回答下列问题：

（1）该建筑疏散楼梯的最小净宽度应为多少？

（2）该建筑内煤气管能否局部穿越楼梯间，如可以，应采取何种措施？

（3）该建筑应采用何种形式的疏散楼梯间？

【解析】（1）住宅建筑的户门、安全出口、疏散走道和疏散楼梯的各自总净宽度应经计算确定，且户门和安全出口的净宽度不应小于0.90m，疏散走道、疏散楼梯和首层疏散外门的净宽度不应小于1.10m。建筑高度不大于18m的住宅中一边设置栏杆的疏散楼梯，其净宽度不应小于1.0m。

（2）封闭楼梯间、防烟楼梯间及其前室内禁止穿过或设置可燃气体管道。敞开楼梯间内不应设置可燃气体管道，当住宅建筑的敞开楼梯间内确需设置可燃气体管道和可燃气体计量表时，应采用金属管和设置切断气源的阀门。

（3）建筑高度大于33m的住宅建筑应采用防烟楼梯间。户门不宜直接开向前室，确有困难时，每层开向同一前室的户门不应大于3樘且应采用乙级防火门。

第 11 节　高层综合楼防火案例分析

助考知识要点

◆裙房防火要求：裙房的防火同高层民用建筑，裙房防火分区同单、多层建筑（裙房与高层建筑主体之间设置防火墙）

◆登高操作场地：一个长边连续布置、间隔 30m（建筑高度≤50m）、长度和宽度（15m×10m）、20m×10m（高度大于 50m）

分析思维导图（图 1. 11-1）

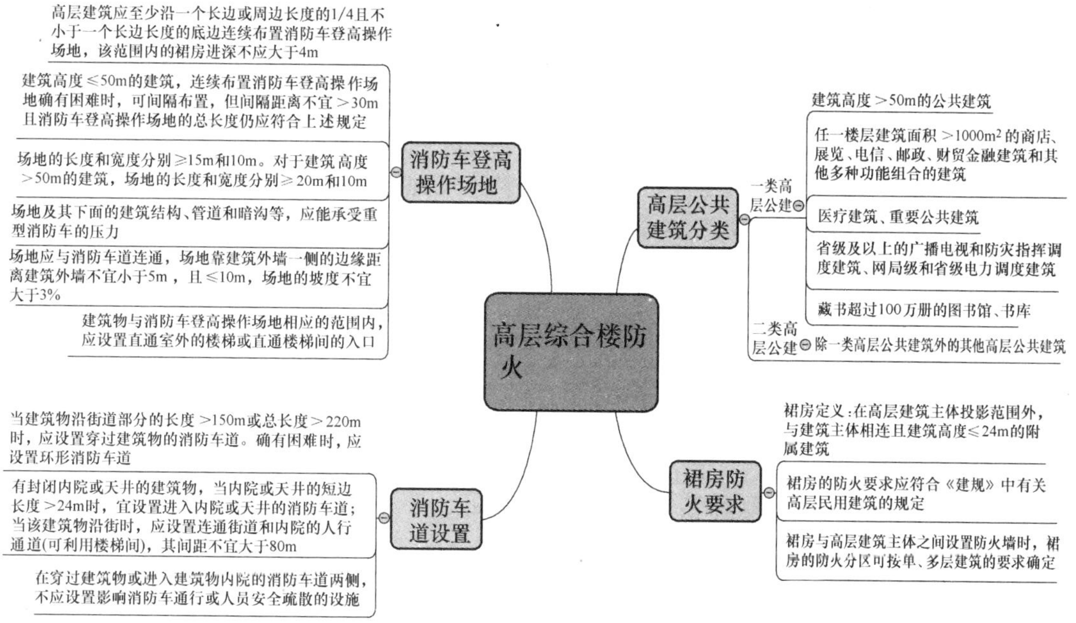

图 1. 11-1　高层综合楼防火分析思维导图

范例情景描述

某市一栋综合楼，地下 4 层，地上 20 层，总建筑面积 30 万 m^2，主楼与其裙房之间设有防火墙等防火分隔设施。主楼各层建筑面积均大于 1000m^2。该综合楼总平面布局如图 1. 11-2 所示。该综合楼地下三、四层均为人防层，其主要使用功能为普通汽车库、机械式汽车库和储存可燃固体的库房，地下二层主要使用功能为展览厅、管理用房及燃气锅炉房、柴油发电机房、变压器室、配电室、消防泵房等设备用房，地下一层主要使用功能为消防控制室、管理用房及商场营业厅。主楼首层主要使用功能为门厅、咖啡厅、自助餐厅、商场营业厅，地上二、三层主要使用功能为儿童游乐厅、展览厅、商场营业厅，地上四层至地上十九层主要使用功能为办公室，地上二十层主要使用功能为会议厅、多功能厅。裙房首层至地上六层主要使用功能为商场营业厅。该建筑按有关国家工程建设消防技术标准配置了室内外消火栓给水系统、自动喷水灭火系统和火灾自动报警系统等消防设施及器材。

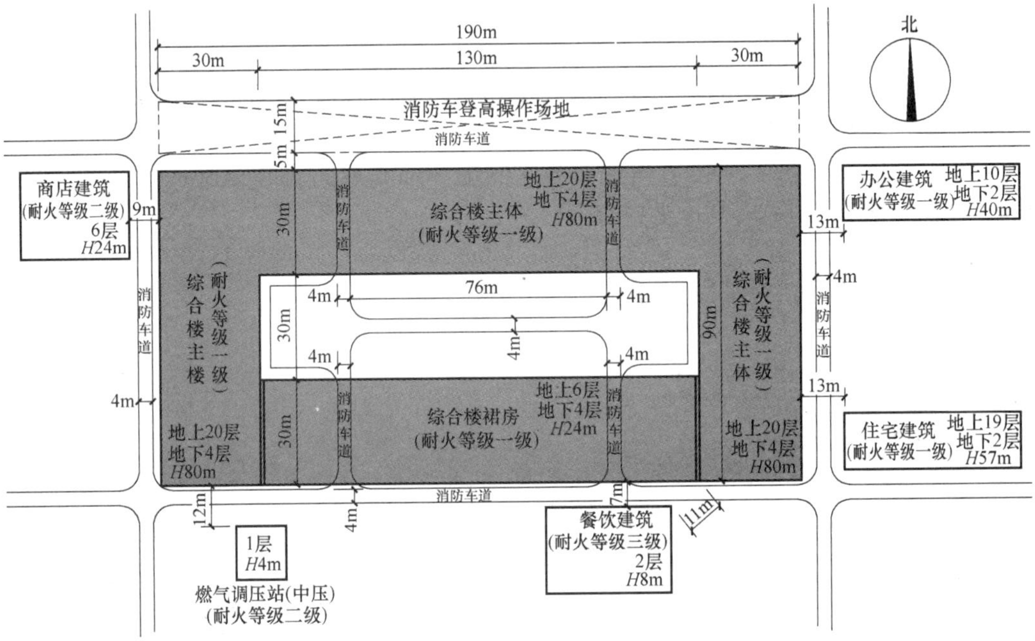

图 1.11-2　高层综合楼总平面图

内容归纳解剖

11.1　高层综合楼基本参数

根据范例情景描述，高层综合楼的基本参数见表 1.11-1，高层综合楼平面布置及防火措施见表 1.11-2。

表 1.11-1　高层综合楼及周边建筑的基本参数

名称	高度/m	层数/层	耐火等级	防火间距/m			
				综合楼裙房		综合楼	
				现值	规范值	现值	规范值
综合楼主楼	80	20/ -4	一级	—	—	—	—
综合楼裙房	24	6/ -4	一级	—	—	—	—
办公建筑	40	10/ -2	一级	—	≥9	13	≥13
住宅建筑	57	19/ -2	一级	—	≥9	13	≥13
商店建筑	24	6	二级	—	≥6	9	≥9
餐饮建筑	8	2	三级	7	≥7	11	≥11
燃气调压站（中站）	4	1	二级	12	≥12	12	≥12

表 1.11-2　高层综合楼平面布置及防火措施

名称	各层建筑面积/m^2	总建筑面积/m^2	防火措施
综合楼主楼	1000	300000	主楼与其裙房之间设有防火墙分隔
地下三、四层	人防层：主要使用功能为普通汽车库、机械式汽车库和储存可燃固体的库房		
地下二层	主要使用功能为展览厅、管理用房及燃气锅炉房、柴油发电机房、变压器室、配电室、消防泵房等设备用房		
地下一层	主要使用功能为消防控制室、管理用房及商场营业厅		
主楼首层	主要使用功能为门厅、咖啡厅、自助餐厅、商场营业厅		
地上二、三层	主要使用功能为儿童游乐厅、展览厅、商场营业厅		
地上四至十九层	主要使用功能为办公室		
地上二十层	主要使用功能为会议厅、多功能厅		
裙房一至六层	主要使用功能为商场营业厅		

11.2　范例问题分析

【11-1】确定该高层综合楼类别和耐火等级。

【解析】情景描述中该高层综合楼的高度 80m，依据《建规》第 5.1.1 条的规定，该高层综合楼的建筑分类为一类，该综合楼主楼的耐火等级应为一级，地下室的耐火等级应为一级，裙房的耐火等级不应低于二级。裙房的防火要求应符合《建规》中有关高层民用建筑的规定。

【11-2】该高层综合楼总平面布局是否符合规范要求？

【解析】依据《建规》第 5.2.2 条的规定，该高层综合楼与周边建筑物之间防火间距符合规范要求。但应注意不宜将高层综合楼布置在甲、乙类厂（库）房，甲、乙、丙类液体储罐，可燃气体储罐和可燃材料堆场的附近。

【11-3】试确定该高层综合楼防火分区面积。

【解析】该综合楼应根据建筑类别、防火分区使用功能、地上还是地下和其自动灭火系统设置情况，合理确定防火分区建筑面积。依据《建规》的规定，该综合楼内的商业营业厅、展览厅，当设有火灾自动报警系统和自动灭火系统，且采用不燃烧或难燃烧材料装修时，地上部分防火分区允许最大建筑面积为 4000m^2；地下部分防火分区的允许最大建筑面积为 2000m^2；其他部分防火分区允许最大建筑面积，不应超过表 1.11-3 的规定。

表 1.11-3　高层综合楼防火分区的允许最大建筑面积　（单位：m^2）

防火分区类别	防火分区的建筑面积	备　注
综合楼主楼地上部分的会议厅、多功能厅、办公室、儿童游乐厅、门厅、咖啡厅、自助餐厅	1500（3000）	（1）括号内数字用于设有自动灭火系统 （2）裙房与高层建筑主体之间设置防火墙时，裙房的防火分区可按单、多层建筑的要求确定 （3）室内有车道且有人员停留的机械式汽车库，其防火分区最大允许建筑面积应按规定减少 35%
综合楼裙房的地上部分	2500（5000）	
综合楼地下设备用房	1000（2000）	
综合楼地下部分的普通汽车库	2000（4000）	
综合楼地下部分的机械式汽车库	1300（2600）	
综合楼地下室人防层储存可燃固体的库房	300（600）	

【11-4】试确定该高层综合楼内设备用房设置要求。

综合楼内设备用房设置要求见表 1.11-4。

表 1.11-4　设备用房设置要求

名称	布置位置	耐火极限/h			其他要求
		隔墙	楼板	门窗	
锅炉房和变压器室	首层或地下一层靠外墙部位	2.0	1.5	甲级	(1) 常（负）压燃油、燃气锅炉可设置在地下二层或屋顶。屋顶上的常（负）压燃气锅炉距离通向屋面的安全出口不应小于 6m (2) 采用相对密度（与空气密度的比值）不小于 0.75 的可燃气体为燃料的锅炉，不得设置在地下或半地下 (3) 不应布置在人员密集场所的上一层、下一层或贴邻 (4) 疏散门直通室外或安全出口 (5) 耐火等级不低于二级
柴油发电机房	首层或地下一、二层	2.0	1.5	甲级	不应布置在人员密集场所的上一层、下一层或贴邻
消防控制室	首层或地下一层靠外墙部位	2.0	1.5	乙级	(1) 不应设置在电磁场干扰较强及其他可能影响消防控制设备正常工作的房间附近 (2) 疏散门直通室外或安全出口 (3) 耐火等级不低于二级
消防水泵房	地下二层及以上	2.0	1.5	甲级	(1) 不应设置在室内地面与室外出入口地坪高差大于 10m 的地下楼层 (2) 疏散门直通室外或安全出口 (3) 耐火等级不低于二级
通风空气调节机房、变配电室		2.0	1.5	甲级	

【11-5】该高层综合楼消防车道设置是否符合要求？

【解析】(1) 高层建筑的周围，应设环形消防车道。当设环形车道有困难时，可沿高层建筑的两个长边设置消防车道，当建筑的沿街长度超过 150m 或总长度超过 220m 时，应在适中位置设置穿过建筑的消防车道。有封闭内院或天井的高层建筑沿街时，应设置连通街道和内院的人行通道（可利用楼梯间），其距离不宜超过 80m。

(2) 高层建筑的内院或天井，当其短边长度超过 24m 时，宜设有进入内院或天井的消防车道。

(3) 消防车道的宽度不应小于 4m。消防车道距高层建筑外墙宜大于 5m，消防车道上空 4m 以下范围内不应有障碍物。

(4) 尽头式消防车道应设有回车道或回车场，回车场不宜小于 15m × 15m。大型消防车的回车场不宜小于 18m × 18m。消防车道下的管道和暗沟等，应能承受消防车辆的压力。

(5) 穿过高层建筑的消防车道，其净宽和净空高度均不应小于 4m。

(6) 消防车道与高层建筑之间，不应设置妨碍登高消防车操作的树木、架空管线等。

综上，该高层综合楼消防车道设置符合规范要求。

【11-6】该高层综合楼消防车登高操作场地设置是否符合要求？

【解析】根据《建规》第 7.2.1 条的规定，高层建筑应至少沿一个长边或周边长度的 1/4 且不小于一个长边长度的底边连续布置消防车登高操作场地，该范围内的裙房进深不应大于 4m。场地的长度和宽度分别不应小于 15m 和 10m。对于建筑高度大于 50m 的建筑，场地的长度和宽度分别不应小于 20m 和 10m。场地应与消防车道连通，场地靠建筑外墙一侧的边缘距离建筑外墙不宜小于 5m，且不应大于 10m，场地的坡度不宜大于 3%。建筑物与消防车登高操作场地相对应的范围内，应设置直通室外的楼梯或直通楼梯间的入口。

综上，该综合楼登高操作场地宽度为 15m，满足规范要求。

规范考点延伸

1. 消防车道及消防车登高操作场地

(1)《建规》第 7.1.1 条　街区内的道路应考虑消防车的通行，道路中心线间的距离不宜大于 160m。当建筑物沿街道部分的长度大于 150m 或总长度大于 220m 时，应设置穿过建筑物的消防车道。确有困难时，应设置环形消防车道。

(2)《建规》第 7.1.4 条　有封闭内院或天井的建筑物，当内院或天井的短边长度大于 24m 时，宜设置进入内院或天井的消防车道；当该建筑物沿街时，应设置连通街道和内院的人行通道（可利用楼梯间），其间距不宜大于 80m。

(3)《建规》第 7.1.5 条　在穿过建筑物或进入建筑物内院的消防车道两侧，不应设置影响消防车通行或人员安全疏散的设施。

(4)《建规》第 7.2.1 条　高层建筑应至少沿一个长边或周边长度的 1/4 且不小于一个长边长度的底边连续布置消防车登高操作场地，该范围内的裙房进深不应大于 4m。

建筑高度不大于 50m 的建筑，连续布置消防车登高操作场地确有困难时，可间隔布置，但间隔距离不宜大于 30m，且消防车登高操作场地的总长度仍应符合上述规定。

(5)《建规》第 7.2.2 条　消防车登高操作场地应符合下列规定：

1）场地与厂房、仓库、民用建筑之间不应设置妨碍消防车操作的树木、架空管线等障碍物和车库出入口。

2）场地的长度和宽度分别不应小于 15m 和 10m。对于建筑高度大于 50m 的建筑，场地的长度和宽度分别不应小于 20m 和 10m。

3）场地及其下面的建筑结构、管道和暗沟等，应能承受重型消防车的压力。

4）场地应与消防车道连通，场地靠建筑外墙一侧的边缘距离建筑外墙不宜小于 5m，且不应大于 10m，场地的坡度不宜大于 3%。

(6)《建规》第 7.2.3 条　建筑物与消防车登高操作场地相对应的范围内，应设置直通室外的楼梯或直通楼梯间的入口。

2. 消防救援窗

(1)《建规》第 7.2.4 条　厂房、仓库、公共建筑的外墙应在每层的适当位置设置可供消防救援人员进入的窗口。

(2)《建规》第 7.2.5 条　供消防救援人员进入的窗口的净高度和净宽度均不应小于 1.0m，下沿距室内地面不宜大于 1.2m，间距不宜大于 20m 且每个防火分区不应少于 2 个，设置位置应与消防车登高操作场地相对应。窗口的玻璃应易于破碎，并应设置可在室外易于识别的明显标志。

3. 防火间距不足时采取的措施

（1）改变建筑物的生产和使用性质，尽量降低建筑物的火灾危险性，改变房屋部分结构的耐火性能，提高建筑物的耐火等级。

（2）调整生产厂房的部分工艺流程，限制库房内储存物品的数量，提高部分构件的耐火极限和燃烧性能。

（3）将建筑物的普通外墙改造为防火墙或减少相邻建筑的开口面积，如开设门窗，应采用防火门窗或加防火水幕保护。

（4）拆除部分耐火等级低、占地面积小，使用价值低且与新建筑物相邻的原有陈旧建筑物。

（5）设置独立的室外防火墙。

案例每日一练

【11-7】如果该综合楼在建设时受选址条件所限，综合楼主楼与周边同属同一单位的一栋已建耐火等级二级的单层商店建筑之间的防火间距仅为4m，回答以下问题：

（1）通常情况下，两者之间的防火间距不应小于多少 m?

（2）如防火间距不足，可采取哪些措施解决并说明原因?

【解析】综合楼主楼与单层商店之间的防火间距不应小于9m，可采取以下措施解决防火间距不足的问题：

（1）将与单层商店相邻的综合楼主楼外墙设置为防火墙或将与单层商店相邻的比单层商店屋面高15m及以下范围内的综合楼主楼外墙设置为不开设门、窗洞口的防火墙后，其防火间距可不限。

（2）将单层商店改造为屋顶不设天窗、屋顶承重构件的耐火极限不低于1.00h，且相邻综合楼主楼的一面外墙为防火墙后，其防火间距可适当减小，但不宜小于4m。

（3）拆除原建筑。

第12节　地下人防电影院防火案例分析

助考知识要点

◆观众厅防火分区：1000m^2（设自动灭火系统时也不得增加）

◆构造防火的要求：墙2.5h（观众厅与舞台之间）

◆耐火等级的要求：地下一级、出入口地面建筑二级

◆安全疏散的要求：安全出口≥2个、设置1个通向相邻防火分区防火门（200m^2，3人）、设置1个疏散出口（50m^2，15人）

分析思维导图（图 1.12-1）

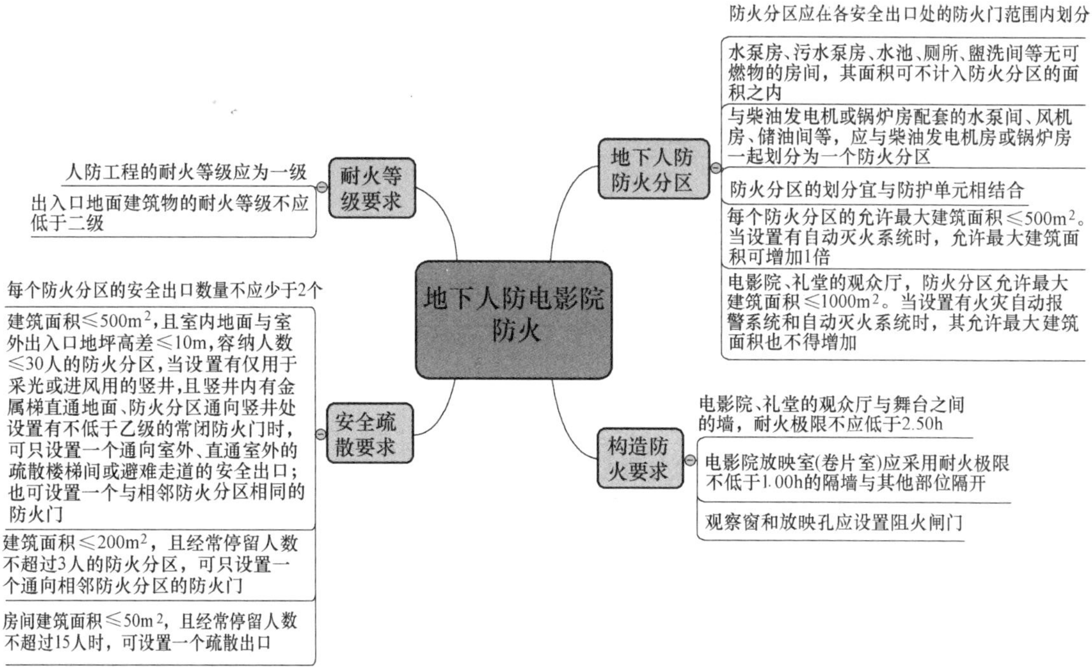

图 1.12-1　地下人防电影院防火分析思维导图

范例情景描述

某地下建筑地下 2 层，人防区位于地下二层，地下二层的室内地面与室外出入口地坪之间高差为 9m。某电影院位于地下二层整层（该层由人防区和局部非人防区组成），建筑面积为 4300m²；人防区内设有 2 个建筑面积为 600m² 的大观众厅，6 个建筑面积均为 300m² 的小观众厅，以上观众厅地面均有坡度并均设有固定座位。该电影院共划分 5 个防火分区，其中入口大厅及展示厅位于人防区外，为 1 个防火分区，其建筑面积为 300m²。人防区内划分为 4 个防火分区，其中管理用房、售票厅和其中 1 个大观众厅为 1 个防火分区；放映设施用房、休息厅和其中 1 个大观众厅为 1 个防火分区；其余 6 个小观众厅区域划分为 2 个防火分区；以上每个防火分区的建筑面积均不大于 1000m²。该电影院共设置 6 部通至室外的封闭楼梯间，每个防火分区至少各设置 1 部，各相邻防火分区之间均通过疏散走道连通。该电影院按现行有关国家工程建设消防技术标准配置了室内外消火栓给水系统、自动喷水灭火系统和火灾自动报警系统等消防设施及器材。

内容归纳解剖

12.1　地下人防电影院基本参数

根据范例情景描述，地下人防电影院的基本参数见表 1.12-1。

表 1.12-1　地下人防电影院的基本参数

<table>
<tr><td colspan="2">名称</td><td>ΔH/m</td><td>位置</td><td>耐火等级</td><td>总建筑面积/m^2</td><td rowspan="2">每个防火分区面积/m^2</td></tr>
<tr><td colspan="2">地下电影院</td><td>9</td><td>地下二层</td><td>一级</td><td>4300</td></tr>
<tr><td colspan="2">2 个大观众厅</td><td colspan="4">建筑面积 600m^2</td><td></td></tr>
<tr><td colspan="2">6 个小观众厅</td><td colspan="4">建筑面积均为 300m^2</td><td></td></tr>
<tr><td colspan="2">防火分区 1 个</td><td colspan="4">入口大厅、展示区</td><td>300</td></tr>
<tr><td rowspan="3">人防区</td><td>防火分区 1 个</td><td colspan="4">管理用房、售票厅、其中 1 个大观众厅</td><td>100</td></tr>
<tr><td>防火分区 1 个</td><td colspan="4">放映设施用房、休息厅、其中 1 个大观众厅</td><td>100</td></tr>
<tr><td>防火分区 2 个</td><td colspan="4">6 个小观众厅</td><td>1000</td></tr>
<tr><td colspan="2">封闭楼梯间</td><td colspan="4">设有 6 部通至室外的封闭楼梯间，每个防火分区各 1 部</td><td></td></tr>
</table>

12.2　范例问题分析

【12-1】该地下人防电影院防火分区划分要求？

【解析】依据《人防规》的规定，情景描述中的电影院应采用防火墙划分防火分区，当采用防火墙确有困难时，可采用防火卷帘等防火分隔设施分隔，防火分区划分应符合以下要求：

（1）防火分区应在各安全出口处的防火门范围内划分。

（2）水泵房、污水泵房、水池、厕所、盥洗间等无可燃物的房间，其面积可不计入防火分区的面积之内。

（3）防火分区的划分宜与防护单元相结合。

（4）每个防火分区的允许最大建筑面积，除电影院观众厅外，不应大于 500m^2。当设置有自动灭火系统时，允许最大建筑面积可增加 1 倍；局部设置时，增加的面积可按该局部面积的 1 倍计算。

（5）电影院观众厅的防火分区允许最大建筑面积不应大于 1000m^2。当设置有火灾自动报警系统和自动灭火系统时，其允许最大建筑面积也不得增加。

【12-2】该地下人防电影院构造防火要求。

【解析】依据《人防规》的规定，情景描述中电影院的构造防火应符合以下要求：

（1）电影院的观众厅与舞台之间的墙，耐火极限不应低于 2.50h；电影院放映室（卷片室）应采用耐火极限不低于 1.00h 的隔墙与其他部位隔开，观察窗和放映孔应设置阻火闸门。

（2）防火门的设置应符合下列规定：

1）位于防火分区分隔处安全出口的门应为甲级防火门；当使用功能上确实需要采用防火卷帘分隔时，应在其旁设置与相邻防火分区的疏散走道相通的甲级防火门。

2）公共场所的疏散门应向疏散方向开启，并在关闭后能从任何一侧手动开启。

3）公共场所人员频繁出入的防火门，应采用能在火灾时自动关闭的常开式防火门；平时需要控制人员随意出入的防火门，应设置火灾时不需使用钥匙等任何工具即能从内部易于打开的常闭防火门，并应在明显位置设置标识和使用提示；其他部位的防火门，宜选用常闭的防火门。

4）用防护门、防护密闭门、密闭门代替甲级防火门时，其耐火性能应符合甲级防火门的要求且不得用于平战结合公共场所的安全出口处。

5）常开的防火门应具有信号反馈的功能。

【12-3】该地下人防电影院安全疏散要求。

【解析】根据《人防规》的规定，情景描述中电影院的安全疏散应符合以下要求：

（1）每个防火分区的安全出口数量不应少于 2 个。当有 2 个或 2 个以上防火分区相邻，且将相邻防火分区之间防火墙上设置的防火门作为安全出口时，防火分区安全出口应符合下列规定：

1）防火分区建筑面积不大于 1000m^2 的场所，设置直通室外的疏散楼梯间的安全出口个数不得少于 1 个。

2）在一个防火分区内，设置直通室外的疏散楼梯间的安全出口宽度之和，不宜小于《人民防空工程设计防火规范》规定的安全出口总宽度的 70%。

（2）房间建筑面积不大于 50m^2，且经常停留人数不超过 15 人时，可设置一个疏散出口。

（3）每个防火分区的安全出口，宜按不同方向分散设置；当受条件限制需要同方向设置时，两个安全出口最近边缘之间的水平距离不应小于 5m。

（4）安全疏散距离应满足下列规定：

1）房间内最远点至该房间门的距离不应大于 15m。

2）房间门至最近安全出口的最大距离应为 40m。位于袋形走道两侧或尽端的房间，其最大距离应为上述相应距离的一半。

3）观众厅室内任意一点到最近安全出口的直线距离不宜大于 30m；当该防火分区设置有自动喷水灭火系统时，疏散距离可增加 25%。

（5）疏散宽度的计算和最小净宽应符合下列规定：

1）每个防火分区安全出口的总宽度，应按该防火分区设计容纳总人数乘以疏散宽度指标计算确定。由于该地下人防电影院室内地面与室外出入口地坪高差均小于 10m，所以其疏散宽度指标应为每 100 人不小于 0.75m；但因其中的观众厅人员密集，故观众厅的疏散宽度指标应为每 100 人不小于 1m。

2）该地下人防电影院的安全出口和疏散楼梯净宽均不应小于 1.40m，单面布置房间的疏散走道净宽不应小于 1.50m，双面布置房间的疏散走道净宽不应小于 1.60m。

（6）电影院观众厅的疏散走道、疏散出口等应符合下列规定：

1）厅内的疏散走道净宽应按通过人数每 100 人不小于 0.80m 计算，且不宜小于 1m，边走道的净宽不应小于 0.80m。

2）厅的疏散出口和厅外疏散走道的总宽度，平坡地面应分别按通过人数每 100 人不小于 0.65m 计算，阶梯地面应分别按通过人数每 100 人不小于 0.80m 计算；疏散出口和疏散走道的净宽均不应小于 1.40m。

3）观众厅座位的布置，横走道之间的排数不宜大于 20 排，纵走道之间每排座位不宜大于 22 个；当前后排座位的排距不小于 0.90m 时，每排座位可为 44 个；只一侧有纵走道时，其座位数应减半。

4）观众厅每个疏散出口的疏散人数平均不应大于 250 人。

5）观众厅的疏散门，宜采用推闩式外开门。

（7）公共疏散出口处内、外 1.40m 范围内不应设置踏步，门必须向疏散方向开启，且不应设置门槛。

（8）疏散走道、疏散楼梯，不应有影响疏散的突出物；疏散走道应减少曲折，走道内不宜设置门槛、阶梯；疏散楼梯的阶梯不宜采用螺旋楼梯和扇形踏步，但踏步上下两级所形成的平面角小于 10°，且每级离扶手 0.25m 处的踏步宽度大于 0.22m 时，可不受此限。

（9）该人防工程设有电影院，地下建筑层数为两层，且地下二层的室内地面与室外出入口地坪高差不大于 10m，故应设置封闭楼梯间。

【12-4】该地下人防电影院设置封闭楼梯间是否符合要求？

【解析】依据《人防规》5.2.1 条的规定，电影院和礼堂当底层室内地面与室外出入口地坪高差大于 10m 时，应设置防烟楼梯间；当地下为两层，且地下第二层的室内地面与室外出入口地坪高差不大于 10m 时，应设置封闭楼梯间。因此，符合要求。

规范考点延伸

（1）《人防规》第 5.1.1 条　每个防火分区安全出口设置的数量，应符合下列规定之一：

1）每个防火分区的安全出口数量不应少于 2 个。

2）当有 2 个或 2 个以上防火分区相邻，且将相邻防火分区之间防火墙上设置的防火门作为安全出口时，防火分区安全出口应符合下列规定：

①防火分区建筑面积大于 1000m^2 的商业营业厅、展览厅等场所，设置通向室外、直通室外的疏散楼梯间或避难走道的安全出口个数不得少于 2 个。

②防火分区建筑面积不大于1000m^2 的商业营业厅、展览厅等场所，设置通向室外、直通室外的疏散楼梯间或避难走道的安全出口个数不得少于 1 个。

③在一个防火分区内，设置通向室外、直通室外的疏散楼梯间或避难走道的安全出口宽度之和，不宜小于《人防规》第 5.1.6 条规定的安全出口总宽度的 70%。

3）建筑面积不大于 500m^2，且室内地面与室外出入口地坪高差不大于 10m，容纳人数不大于 30 人的防火分区，当设置有仅用于采光或进风用的竖井，且竖井内有金属梯直通地面、防火分区通向竖井处设置有不低于乙级的常闭防火门时，可只设置一个通向室外、直通室外的疏散楼梯间或避难走道的安全出口；也可设置一个与相邻防火分区相通的防火门。

4）建筑面积不大于 200m^2，且经常停留人数不超过 3 人的防火分区，可只设置一个通向相邻防火分区的防火门。

（2）《人防规》第 5.1.2 条　房间建筑面积不大于 50m^2，且经常停留人数不超过 15 人时，可设置一个疏散出口。

（3）《人防规》第 5.1.4 条　每个防火分区的安全出口，宜按不同方向分散设置；当受条件限制需要同方向设置时，两个安全出口最近边缘之间的水平距离不应小于 5m。

（4）《人防规》第 5.1.5 条　安全疏散距离应满足下列规定：

1）房间内最远点至该房间门的距离不应大于 15m。

2）房间门至最近安全出口的最大距离：医院应为 24m；旅馆应为 30m；其他工程应为 40m。位于袋形走道两侧或尽端的房间，其最大距离应为上述相应距离的一半。

3）观众厅、展览厅、多功能厅、餐厅、营业厅和阅览室等，其室内任意一点到最近安全出口的直线距离不宜大于30m；当该防火分区设置有自动喷水灭火系统时，疏散距离可增加25%。

（5）《人防规》第5.1.6条　疏散宽度的计算和最小净宽应符合下列规定：

1）每个防火分区安全出口的总宽度，应按该防火分区设计容纳总人数乘以疏散宽度指标计算确定，疏散宽度指标应按下列规定确定：

①室内地面与室外出入口地坪高差不大于10m的防火分区，疏散宽度指标应为每100人不小于0.75m。

②室内地面与室外出入口地坪高差大于10m的防火分区，疏散宽度指标应为每100人不小于1.00m。

③人员密集的厅、室以及歌舞娱乐放映游艺场所，疏散宽度指标应为每100人不小于1.00m。

2）安全出口、疏散楼梯和疏散走道的最小净宽应符合《人防规》表5.1.6的规定。

（6）《人防规》第5.1.7条　设置有固定座位的电影院、礼堂等的观众厅，其疏散走道、疏散出口等应符合下列规定：

1）厅内的疏散走道净宽应按通过人数每100人不小于0.80m计算，且不宜小于1.00m；边走道的净宽不应小于0.80m。

2）厅的疏散出口和厅外疏散走道的总宽度，平坡地面应分别按通过人数每100人不小于0.65m计算，阶梯地面应分别按通过人数每100人不小于0.80m计算；疏散出口和疏散走道的净宽均不应小于1.40m。

3）观众厅座位的布置，横走道之间的排数不宜大于20排，纵走道之间每排座位不宜大于22个；当前后排座位的排距不小于0.90m时，每排座位可为44个；只一侧有纵走道时，其座位数应减半。

4）观众厅每个疏散出口的疏散人数平均不应大于250人。

5）观众厅的疏散门，宜采用推闩式外开门。

（7）《人防规》第5.1.8条　公共疏散出口处内、外1.40m范围内不应设置踏步，门必须向疏散方向开启，且不应设置门槛。

（8）《人防规》第5.2.6条　疏散走道、疏散楼梯和前室，不应有影响疏散的突出物；疏散走道应减少曲折，走道内不宜设置门槛、阶梯；疏散楼梯的阶梯不宜采用螺旋楼梯和扇形踏步，但踏步上下两级所形成的平面角小于10°，且每级离扶手0.25m处的踏步宽度大于0.22m时，可不受此限。

（9）《人防规》第4.4.2.2条　公共场所的疏散门应向疏散方向开启，并在关闭后能从任何一侧手动开启。

案例每日一练

【12-5】人防工程内用防火墙划分防火分区有困难时，可采用防火卷帘分隔，但应符合哪些规定？

【解析】依据《人防规》第4.4.3条的规定，用防火墙划分防火分区有困难时，可采用防火卷帘分隔，并应符合下列规定：

（1）当防火分隔部位的宽度不大于30m时，防火卷帘的宽度不应大于10m；当防火分隔部位的宽度大于30m时，防火卷帘的宽度不应大于防火分隔部位宽度的1/3，且不应大于20m。

（2）防火卷帘的耐火极限不应低于3h。

（3）防火卷帘应具有防烟性能，与楼板、梁和墙、柱之间的空隙应采用防火封堵材料封堵。

（4）在火灾时能自动降落的防火卷帘，应具有信号反馈的功能

第13节　地下车库防火案例分析

助考知识要点

◆地下车库防火分区：2000m²、1300 m²（机械式汽车库）

◆耐火等级要求：地下一级，Ⅰ类汽车库一级，Ⅱ、Ⅲ类汽车库二级，Ⅳ类汽车库三级

◆安全疏散距离：45m、60m（设自动灭火系统）

分析思维导图（图1.13-1）

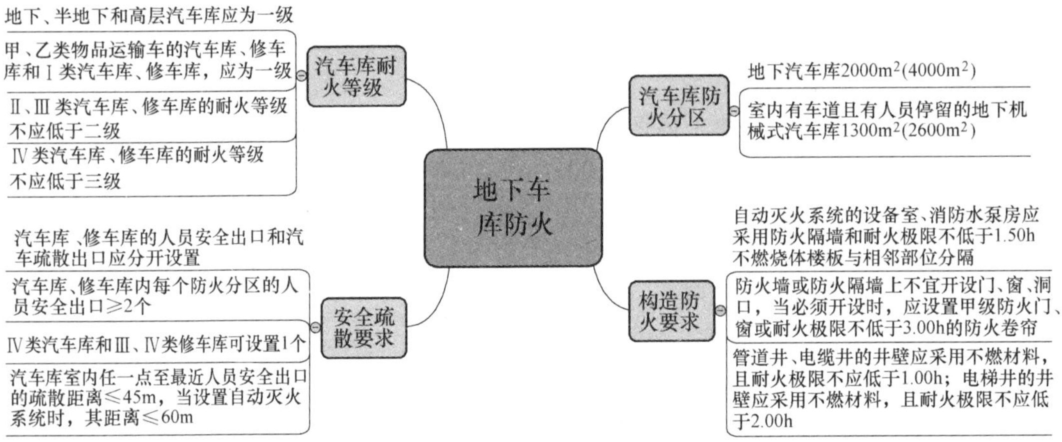

图1.13-1　地下车库防火分析思维导图

范例情景描述

某汽车库地下3层，每层建筑面积均为4000m²，每层均设有四部封闭楼梯间，共设有420个停车位；地下三层主要使用功能为机械式汽车库和风机房，划分为两个防火分区（建筑面积均为2000m²，均设有两部防烟楼梯间）；地下二层主要使用功能为普通汽车库、消防泵房、变配电室和风机房，地下一层主要使用功能为普通汽车库、风机房和消防控制室，地下一、二层均为每层一个防火分区。该汽车库按有关国家工程建设消防技术标准配置了自动喷水灭火系统等消防设施及器材。

内容归纳解剖

13.1 地下汽车库基本参数

根据范例情景描述，地下汽车库的基本参数见表1.13-1。

表1.13-1 地下汽车库的基本参数

名称	停车位	层数/层	耐火等级	每层建筑面积/m^2	防火分区数量和面积/m^2
地下汽车库	420个	-3	一级	4000	
地下三层	主要使用功能为机械式汽车库和风机房，每个防火分区均设有两部防烟楼梯间				2/2000
地下二层	主要使用功能为普通汽车库、消防泵房、变配电室和风机房				1/4000
地下一层	主要使用功能为普通汽车库、风机房和消防控制室				1/4000
封闭楼梯间	每层均设有4部封闭楼梯间				

13.2 范例问题分析

【13-1】试确定该地下汽车库建筑分类和耐火等级。

【解析】汽车库的分类应根据停车位数量和总建筑面积确定，根据《汽修规》的规定，车位数>300，总建筑面积>10000m^2，情景描述中汽车库应为Ⅰ类地下汽车库。地下汽车库的耐火等级应为一级。

【13-2】该地下汽车库防火分区是否满足要求?

【解析】依据《汽修规》第5.1.1条的规定，情景描述中汽车库内设有自动灭火系统，故其地下一、二层防火分区的最大允许建筑面积应为4000m^2，地下三层防火分区的最大允许建筑面积应为2600m^2。室内有车道且有人员停留的机械式汽车库，其防火分区最大允许建筑面积应按规定减少35%。综上，车库防火分区满足要求。

【13-3】该地下汽车库构造防火要求有哪些?

【解析】根据《汽修规》的规定，情景描述中汽车库的构造防火应符合以下要求：

(1) 自动灭火系统的设备室、消防水泵房应采用防火隔墙和耐火极限不低于1.50h不燃烧体楼板与相邻部位分隔。

(2) 防火墙或防火隔墙上不宜开设门、窗、洞口，当必须开设时，应设置甲级防火门、窗或耐火极限不低于3.00h的防火卷帘。

(3) 电梯井、管道井、电缆井和楼梯间应分别独立设置。管道井、电缆井的井壁应采用不燃材料，且耐火极限不应低于1.00h；电梯井的井壁应采用不燃材料，且耐火极限不应低于2.00h。电缆井、管道井应在每层楼板处采用不燃材料或防火封堵材料进行分隔，且分隔后的耐火极限不应低于楼板的耐火极限，井壁上的检查门应采用丙级防火门。

(4) 该地下汽车库内的汽车坡道两侧应用防火墙与停车区隔开，坡道的出入口应采用水幕、防火卷帘或设置甲级防火门等措施与停车区隔开。当汽车库和汽车坡道上均设有自动灭火系统时，可不受此限。

【13-4】该地下汽车库安全疏散要求有哪些?

【解析】根据《汽修规》的规定，情景描述中汽车库的安全疏散应符合以下要求：

（1）该汽车库的人员安全出口和汽车疏散出口应分开设置。

（2）该汽车库内每个防火分区的人员安全出口不应少于 2 个。

（3）该汽车库内设有自动灭火系统，故其室内任一点至最近人员安全出口的疏散距离不应大于 60m。

（4）该汽车库的汽车疏散出口总数不应少于 2 个。

（5）汽车疏散坡道的净宽度，单车道不应小于 3.0m，双车道不应小于 5.5m。

（6）两个汽车疏散出口之间的间距不应小于 10m；两个汽车坡道毗邻设置时应采用防火隔墙隔开。

【13-5】该地下汽车库疏散楼梯间是否符合要求？

【解析】根据《汽修规》第 6.0.3 条的规定，室内地面与室外出入口地坪的高差大于 10m 的地下汽车库应采用防烟楼梯间，本范例中地下车库三层地面与室外出入口地坪的高差大于 10m，应采用防烟楼梯间，地下一、二层地面与室外出入口地坪的高差不大于 10m，可采用封闭楼梯间。综上，疏散楼梯间设置符合要求。

规范考点延伸

（1）《汽修规》第 3.0.1 条　汽车库、修车库的分类应根据停车数量和总建筑面积确定，并应符合表 1.13-2 的规定。

表 1.13-2　汽车库、修车库的分类

名称		Ⅰ	Ⅱ	Ⅲ	Ⅳ
汽车库	停车数量/辆	>300	151 ~ 300	51 ~ 150	≤50
	总建筑面积 S/m^2	$S>10000$	$5000<S\leqslant 10000$	$2000<S\leqslant 5000$	$S\leqslant 2000$
修车库	车位数/个	>15	6 ~ 15	3 ~ 5	≤2
	总建筑面积 S/m^2	$S>3000$	$1000<S\leqslant 3000$	$500<S\leqslant 1000$	$S\leqslant 500$

（2）《汽修规》第 3.0.3 条　汽车库和修车库的耐火等级应符合下列规定：

1）地下、半地下和高层汽车库应为一级。

2）甲、乙类物品运输车的汽车库、修车库和Ⅰ类汽车库、修车库，应为一级。

3）Ⅱ、Ⅲ类汽车库、修车库的耐火等级不应低于二级。

4）Ⅳ类汽车库、修车库的耐火等级不应低于三级。

（3）《汽修规》第 5.1.1 条　汽车库防火分区的最大允许建筑面积应符合表 1.13-3 的规定。其中，敞开式、错层式、斜楼板式汽车库的上下连通层面积应叠加计算，每个防火分区的最大允许建筑面积不应大于表 1.13-3 规定的 2.0 倍；室内有车道且有人员停留的机械式汽车库，其防火分区最大允许建筑面积应按表 1.13-3 的规定减少 35%。

表 1.13-3　汽车库防火分区的最大允许建筑面积　（单位：m^2）

耐火等级	单层汽车库	多层汽车库、半地下汽车库	地下汽车库、高层汽车库
一、二级	3000	2500	2000
三级	1000	不允许	不允许

（4）《汽修规》第5.1.2条　设置自动灭火系统的汽车库，其每个防火分区的最大允许建筑面积不应大于本规范第5.1.1条规定的2.0倍。

（5）《汽修规》第5.1.3条　室内无车道且无人员停留的机械式汽车库，应符合下列规定：

1）当停车数量超过100辆时，应采用无门、窗、洞口的防火墙分隔为多个停车数量不大于100辆的区域，但当采用防火隔墙和耐火极限不低于1.00h的不燃性楼板分隔成多个停车单元，且停车单元内的停车数量不大于3辆时，应分隔为停车数量不大于300辆的区域。

2）汽车库内应设置火灾自动报警系统和自动喷水灭火系统，自动喷水灭火系统应选用快速响应喷头。

3）楼梯间及停车区的检修通道上应设置室内消火栓。

4）汽车库内应设置排烟设施，排烟口应设置在运输车辆的通道顶部。

（6）《汽修规》第5.1.4条　甲、乙类物品运输车的汽车库、修车库，每个防火分区的最大允许建筑面积不应大于500m²。

（7）《汽修规》第5.1.5条　修车库每个防火分区的最大允许建筑面积不应大于2000m²，当修车部位与相邻使用有机溶剂的清洗和喷漆工段采用防火墙分隔时，每个防火分区的最大允许建筑面积不应大于4000m²。

（8）《汽修规》第6.0.3条　汽车库、修车库的疏散楼梯应符合下列规定：

1）建筑高度大于32m的高层汽车库、室内地面与室外出入口地坪的高差大于10m的地下汽车库应采用防烟楼梯间，其他汽车库、修车库应采用封闭楼梯间。

2）楼梯间和前室的门应采用乙级防火门，并应向疏散方向开启。

3）疏散楼梯的宽度不应小于1.1m。

案例每日一练

【13-6】若本节范例中该汽车库与地上托幼建筑、老年人建筑、中小学校的教学楼、病房楼等组合建造，应采取哪些防火措施？

【解析】依据《汽修规》第4.1.4条的规定，汽车库不应与托儿所、幼儿园、老年人建筑、中小学校的教学楼、病房楼等组合建造。当符合下列要求时，汽车库可设置在托儿所、幼儿园、老年人建筑、中小学校的教学楼、病房楼等的地下部分：

（1）汽车库与托儿所、幼儿园、老年人建筑、中小学校的教学楼、病房楼等建筑之间，应采用耐火极限不低于2.00h的楼板完全分隔。

（2）汽车库与托儿所、幼儿园、老年人建筑、中小学校的教学楼、病房楼等的安全出口和疏散楼梯应分别独立设置。

第14节　甲醇合成厂房防火案例分析

助考知识要点

◆甲类厂房耐火等级：一、二级

◆甲类厂房防火分区：4000m²（一级）、3000 m²（二级）

◆甲类厂房疏散距离：30m

◆厂房防爆泄压面积：$A=10CV^{2/3}$

分析思维导图（图 1.14-1）

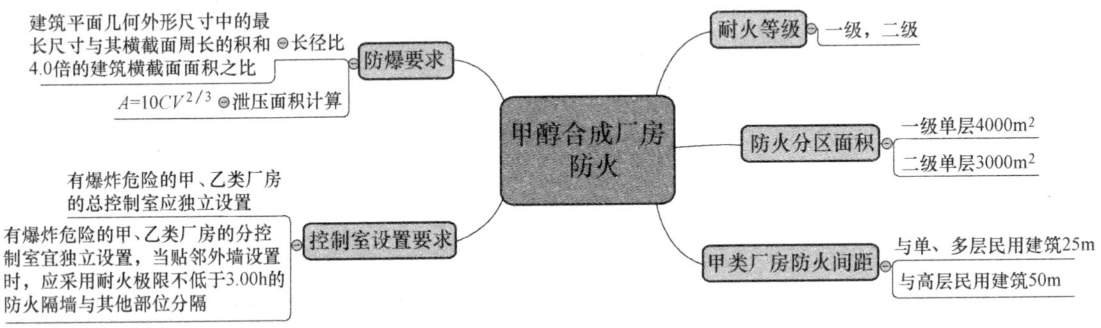

图 1.14-1　甲醇合成厂房防火分析思维导图

范例情景描述

某甲醇合成厂房，地上 1 层，建筑高度 6m，总建筑面积 4000m²，划分为一个防火分区，建筑平面几何外形为长方形，长边 100m，短边 40m，按一个空间设计，承重结构采用钢框架结构，耐火等级一级，屋顶形式为平屋顶并全部采用单位质量不超过 60kg/m² 的不燃轻质屋面板作为泄压设施。甲醇闪点 12.22℃。该厂房按有关国家工程建设消防技术标准配置了消防设施及器材。

内容归纳解剖

14.1　仓库防火设计基本参数

根据范例情景描述，甲醇合成厂房基本参数见表 1.14-1。

表 1.14-1　甲醇合成厂房基本参数

名称	闪点	高度/m	层数	耐火等级	生产类别	建筑面积/m²	平面尺寸
甲醇合成厂房	12.22℃	6	1 层	一级	甲类	4000	100m×40m
泄压设施	屋顶形式为平屋顶并全部采用单位质量不超过 60kg/m² 的不燃轻质屋面板						
防火分区	1 个						

14.2　范例问题解答

【14-1】确定该甲醇合成厂房类别、耐火等级和层数是否满足规范要求？

【解析】情景描述中该厂房生产时产生甲醇，其火灾危险性特征为闪点小于 28℃ 的液体，根据《建规》第 3.1.1 条的规定，该厂房生产的火灾危险性类别应为甲类。甲类厂房的耐火等级不应低于二级，最多允许层数除生产必须采用多层者外，宜采用单层。

【14-2】试判断该甲醇合成厂房平面布置要求是否合理?

【解析】根据《建规》第3.3.5条的规定，该厂房内严禁设置员工宿舍。办公室、休息室等不应设置在该厂房内，当必须与该厂房贴邻建造时，其耐火等级不应低于二级，并应采用耐火极限不低于3h的防爆墙隔开且应设置独立的安全出口。

【14-3】该甲醇合成厂房防火分区面积是否合理?

【解析】情景描述中该厂房为单层厂房，且耐火等级为一级，根据《建规》第3.3.1条的规定，该厂房防火分区的最大允许建筑面积应为4000m^2。综上，该厂房防火分区符合规范要求。

【14-4】试判断该甲醇合成厂房安全疏散是否满足规范要求?

【解析】依据《建规》的规定，该厂房的安全出口应分散布置，其相邻2个安全出口最近边缘之间的水平距离不应小于5m。该厂房内任一点到最近安全出口的距离均不应大于30m。该厂房首层外门的总净宽度应按该层人数不小于0.60m/百人计算，且所有外门的最小净宽度均不应小于1.20m。

【14-5】该甲醇合成厂房防爆泄压要求。

【解析】该厂房属于有爆炸危险的甲类厂房，根据《建规》第3.6节的规定，该厂房的防爆应符合以下要求：

（1）该厂房宜独立设置，并宜采用敞开或半敞开式，承重结构宜采用钢筋混凝土或钢框架、排架结构。

（2）该厂房应设置泄压设施。泄压设施宜采用轻质屋面板、轻质墙体和易于泄压的门、窗等，不应采用普通玻璃；泄压设施的设置应避开人员密集场所和主要交通道路，并宜靠近有爆炸危险的部位；作为泄压设施的轻质屋面板和轻质墙体的单位质量不宜超过60kg/m^2；屋顶上的泄压设施应采取防冰雪积聚措施。

（3）该厂房的泄压面积宜按以下公式计算：

$$A = 10CV^{2/3}$$

式中　A——泄压面积（m^2）；

V——厂房的容积（m^3）；

C——泄压比（0.11m^2/m^3）。

经计算，该厂房的泄压面积$A = 10 \times 0.11 \times 24000^{2/3} = 915.24$（$m^2$）。

（4）因甲醇（常态下为液体）挥发的蒸气较空气重，故该厂房应采用不发火花地面；采用绝缘材料做地面整体面层时，应采取防静电措施；厂房内不宜设置地沟，必须设置时，其盖板应严密，地沟应采取防止可燃蒸气在地沟积聚的有效措施，且与相邻厂房连通处应采用防火材料密封。

（5）该厂房的管、沟不应和相邻厂房的管、沟相通，该厂房的下水道应设置隔油设施。

【14-6】该甲醇合成厂房与周围民用建筑之间防火间距应不小于多少?

【解析】依据《建规》第3.4.1条的规定，甲类厂房与单、多层民用建筑之间防火间距不小于25m，与高层民用建筑之间防火间距不小于50m。

规范考点延伸

规范对厂房（仓库）防爆要求：

(1)《建规》第 3.6.2 条　有爆炸危险的厂房或厂房内有爆炸危险的部位应设置泄压设施。

(2)《建规》第 3.6.3 条　泄压设施宜采用轻质屋面板、轻质墙体和易于泄压的门、窗等，应采用安全玻璃等在爆炸时不产生尖锐碎片的材料。泄压设施的设置应避开人员密集场所和主要交通道路，并宜靠近有爆炸危险的部位。作为泄压设施的轻质屋面板和墙体的质量不宜大于 $60kg/m^2$。屋顶上的泄压设施应采取防冰雪积聚措施。

(3)《建规》第 3.6.4 条　厂房的泄压面积宜按下式计算，但当厂房的长径比大于 3 时，宜将建筑划分为长径比不大于 3 的多个计算段，各计算段中的公共截面不得作为泄压面积：

$$A = 10CV^{2/3}$$

式中　A——泄压面积（m^2）；

V——厂房的容积(m^3)；

C——泄压比(m^2/m^3)，可按表 1.14-2 选取。

表 1.14-2　厂房内爆炸性危险物质的类别与泄压比规定值　（单位：m^2/m^3）

厂房内爆炸性危险物质的类别	C 值
氨、粮食、纸、皮革、铅、铬、铜等 $K_{尘} < 10MPa \cdot m \cdot s^{-1}$ 的粉尘	≥0.030
木屑、炭屑、煤粉、锡等 $10MPa \cdot m \cdot s^{-1} \leqslant K_{尘} \leqslant 30MPa \cdot m \cdot s^{-1}$ 的粉尘	≥0.055
丙酮、汽油、甲醇、液化石油气、甲烷、喷漆间或干燥室以及苯酚树脂、铝、镁、锆等 $K_{尘} > 30MPa \cdot m \cdot s^{-1}$ 的粉尘	≥0.110
乙烯	≥0.160
乙炔	≥0.200
氢	≥0.250

注：长径比为建筑平面几何外形尺寸中的最长尺寸与其横截面周长的积和 4.0 倍的建筑横截面面积之比。

(4)《建规》第 3.6.5 条　散发较空气轻的可燃气体、可燃蒸气的甲类厂房，宜采用轻质屋面板作为泄压面积。顶棚应尽量平整、无死角，厂房上部空间应通风良好。

(5)《建规》第 3.6.6 条　散发较空气重的可燃气体、可燃蒸气的甲类厂房和有粉尘、纤维爆炸危险的乙类厂房。应符合下列规定：

1）应采用不发火花的地面。采用绝缘材料做整体面层时，应采取防静电措施。

2）散发可燃粉尘、纤维的厂房，其内表面应平整、光滑，并易于清扫。

3）厂房内不宜设置地沟，确需设置时，其盖板应严密，地沟应采取防止可燃气体、可燃蒸气和粉尘、纤维在地沟积聚的有效措施，且应在与相邻厂房连通处采用防火材料密封。

(6)《建规》第 3.6.7 条　有爆炸危险的甲、乙类生产部位，宜布置在单层厂房靠外墙的泄压设施或多层厂房顶层靠外墙的泄压设施附近。有爆炸危险的设备宜避开厂房的梁、柱等主要承重构件布置。

(7)《建规》第 3.6.8 条　有爆炸危险的甲、乙类厂房的总控制室应独立设置。

(8)《建规》第 3.6.9 条　有爆炸危险的甲、乙类厂房的分控制室宜独立设置，当贴邻外墙设置时，应采用耐火极限不低于 3.00h 的防火隔墙与其他部位分隔。

(9)《建规》第 3.6.10 条　有爆炸危险区域内的楼梯间、室外楼梯或有爆炸危险的区域与相邻区域连通处，应设置门斗等防护措施。门斗的隔墙应为耐火极限不低于 2.00h 的防火隔墙，门应采用甲级防火门并应与楼梯间的门错位设置。

（10）《建规》第3.6.11条 使用和生产甲、乙、丙类液体的厂房，其管、沟不应与相邻厂房的管、沟相通，下水道应设置隔油设施。

（11）《建规》第3.6.12条 甲、乙、丙类液体仓库应设置防止液体流散的设施。遇湿会发生燃烧爆炸的物品仓库应采取防止水浸渍的措施。

案例每日一练

【14-7】有爆炸危险区域内的楼梯间、室外楼梯或有爆炸危险的区域与相邻区域连通处，应采取何种措施？

【解析】依据《建规》第3.6.10条的规定，有爆炸危险区域内的楼梯间、室外楼梯或有爆炸危险的区域与相邻区域连通处，应设置门斗等防护措施。门斗的隔墙应为耐火极限不低于2.00h的防火隔墙，门应采用甲级防火门并应与楼梯间的门错位设置。

考试热点分析

甲类厂房考点（★★★★）

1. 火灾危险性确定

（1）闪点 <28℃的液体。甲醇、乙醇、苯等的合成或精制厂房，植物油加工厂的浸出车间；酒精度为38度及以上的勾兑车间。

（2）爆炸下限 $<10\%$ 的气体。乙炔站，氢气站，氯乙烯厂房，乙烯聚合厂房，液化石油气灌瓶间，醋酸乙烯厂房，电解水或电解食盐厂房，化肥厂的氢氮气压缩厂房。

（3）常温下能自行分解或在空气中氧化即能导致迅速自燃或爆炸的物质。硝化棉厂房，赛璐珞厂房，黄磷制备厂房。

（4）常温下受到水或空气中水蒸气的作用，能产生可燃气体并引起燃烧或爆炸的物质。金属钠、钾加工厂房。

（5）遇酸、受热、撞击、摩擦、催化以及遇有机物或硫黄等易燃的无机物，极易引起燃烧或爆炸的强氧化剂。氯酸钠、氯酸钾厂房，过氧化氢厂房，过氧化钠、过氧化钾厂房。

（6）受撞击、摩擦或与氧化剂、有机物接触时能引起燃烧或爆炸的物质。赤磷制备厂房。

（7）在密闭设备内操作温度不小于物质本身自燃点的生产。洗涤剂厂房石蜡裂解部位，冰醋酸裂解厂房。

2. 甲类厂房耐火等级（一、二级）

（1）甲类厂房的耐火等级不应低于二级。

（2）建筑面积不大于 $300m^2$ 的独立甲类单层厂房可采用三级。

3. 构件耐火极限（h）

特殊规定：①甲类厂房内的防火墙4.00h；②一（二）级单层厂房柱2.5（2.0）；③一级单（多）层厂房屋顶承重构件1.0（自喷全保护）；④二级厂房内房间隔墙0.75（难燃）；⑤二级多层厂房内预制楼板0.75；⑥一（二）级厂房上人平屋顶1.5（1.0）；⑦一、二级厂房的屋面板应采用不燃材料。

4. 甲类厂房防火分区、层数和疏散距离

（1）防火分区（m^2）：①甲 4332（一二级）；②厂房内的平台使用人数 <10 人，平台面积不计；③厂房内设自动灭火系统，防火分区面积增加 1.0 倍。

（2）疏散距离（m）：甲 30-25（一二级）。

5. 防火分区分隔措施

甲类厂房防火分区之间应采用防火墙分隔。严禁采用防火卷帘或防火分隔水幕分隔。

6. 甲类厂房布置

（1）员工宿舍严禁设置在厂房内。

（2）甲类生产场所不应设置在地下或半地下。

（3）办公室、休息室等不应设置在甲类厂房内，确需贴邻本厂房时，其耐火等级不应低于二级，并应采用耐火极限不低于3.00h 的防爆墙与厂房分隔，且应设置独立的安全出口。

（4）变、配电站不应设置在甲类厂房内或贴邻，且不应设置在爆炸性气体、粉尘环境的危险区域内。供甲类厂房专用的 10kV 及以下的变、配电站，当采用无门、窗、洞口的防火墙分隔时，可一面贴邻，并应符合《爆炸危险环境电力装置设计规范》（GB 50058）的规定。

（5）甲类厂房内不应设置铁路线。

7. 防火间距

甲类厂房与重要公共建筑的防火间距不应小于 50m，与明火或散发火花地点的防火间距不应小于 30m。

第 2 章　消防设施应用案例分析

第 1 节　多层歌舞娱乐放映游艺场所建筑消防设施配置案例分析

助考知识要点

◆室内、室外消火栓给水系统的配置
◆自动喷水灭火系统的配置
◆防排烟系统的配置
◆火灾自动报警系统的配置
◆建筑灭火器的配置
◆应急照明和疏散指示标志的配置

范例情景描述

某夜总会，地上 3 层，每层建筑面积为 $18m \times 60m = 1080m^2$，砖混结构。首层为大堂（建筑面积 $190m^2$）、迪斯科舞厅（建筑面积 $810m^2$）和消防控制室（建筑面积 $80m^2$），二、三层为 KTV 包间（每个包间的建筑面积均不大于 $200m^2$），每层层高 4m。在距该夜总会两侧山墙 20m 处各设有室外地上式消火栓一个；该建筑内每层设三个 DN65 室内消火栓，均配置长度 25.0m 的消防水带和当量喷嘴直径 19mm 的消防水枪，室内消火栓的布置间距均为 30.0m，并与室内环状消防给水管道相连；该建筑内还设有湿式自动喷水灭火系统，选用快速响应喷头，喷头间距均不大于 3.6m，距墙均不大于 1.8m。室内外消防给水均由市政环状给水管网供给，水压、水量均符合规范要求。该建筑二、三层走道（宽度 2m，长度 60m）和一层迪斯科舞厅，因不具备自然排烟条件而设有机械排烟系统，排烟系统竖向设置并在屋顶设排烟机房（内设一台排烟风机），排烟风机风量为 $50000m^3/h$。每个 KTV 包间均设 $2.0m \times 2.0m$ 的便于开启的外窗。在 KTV 包间、迪斯科舞厅、疏散走道、封闭楼梯间、大堂等部位均设有消防应急照明和疏散指示标志。在每层消火栓处配置手提式 MF/ABC5 灭火器两具。

内容归纳解剖

1.1　某夜总会建筑消防设施基本参数

根据范例情景描述，某夜总会建筑消防设施基本参数见表 2.1-1。

表 2.1-1　某夜总会建筑消防设施基本参数

名称	高度/m	层数	耐火等级	每层建筑面积/m^2
某夜总会	12	3		18×60 = 1080
一层	大堂：190m^2，迪斯科舞厅：810m^2，消防控制室：80m^2			
二、三层	KTV 包间（每个包间的建筑面积不大于 200m^2）			
室外地上消火栓	在距两侧山墙 20m 处各设有室外地上消火栓一个			
室内消火栓	该建筑内每层设三个 DN65 消火栓，采用 25m 水带，19mm 水枪，消火栓间距为 30m 并与室内环状消防给水管道相连			
湿式自动喷水灭火系统	选用快速响应喷头，喷头间距不大于 3.60m，距墙不大于 1.80m			
室内、室外消防给水	室内、室外消防给水均取自市政管网			
机械排烟系统	该建筑内二～三层走道（宽度 2m，长度 60m）和一层迪斯科舞厅，设有机械排烟系统，层顶设排烟机房，排烟机风量是 50000m^3/h			
自然排烟	每个 KTV 包间均设 2.0m×2.0m 的便于开启的外窗			
应急照明和疏散指示	在各 KTV 包间内、迪斯科舞厅内、走道、楼梯间、门厅等部位设有应急照明和疏散指示标志灯			
建筑灭火器	在每层消火栓处设置 MF/ABC5 干粉灭火器两具			

1.2　范例问题解答

【1-1】该夜总会室外消火栓配置有何要求？

【解析】（1）根据《建规》第 8.1.2 条的规定，该建筑周围应设置室外消火栓系统。

（2）该歌舞娱乐放映游艺场所建筑体积为 18m × 60m × 12m = 12960m^3。根据《消规》第 3.3.2 条的规定，当 5000m^3 < 建筑体积≤20000m^3时，其室外消火栓设计流量不应小于 25 L/s。根据《消规》第 7.3.2 条的规定，每个室外消火栓的出水量为 10～15L/s，因此，在距该夜总会两侧山墙 20m 处各设有室外地上式消火栓一个，符合要求。

【1-2】该夜总会室内消火栓配置有何要求？

【解析】（1）根据《建规》第 8.2.1 条的规定，体积大于 10000m^3的多层建筑应设置室内消火栓系统。

（2）根据《消规》的规定，建筑高度超过 15m 或建筑体积大于 10000m^3的多层民用建筑的室内消火栓设计流量不应小于 15 L/s，同时使用消防水枪数不应少于 3 支，每根竖管最小流量不应低于 10L/s。室内消火栓应采用 DN65 室内消火栓，应配置公称直径为 65mm 有内衬里且长度不宜小于 25.0m 的消防水带。室内消火栓的布置应满足同一平面有 2 支消防水枪的 2 股充实水柱同时达到任何部位的要求，室内消火栓的布置间距（宜按直线距离计算）不应大于 30.0m，消火栓栓口动压不应小于 0.25 MPa，消防水枪充实水柱应按 10m 计算。室内消火栓应设置在楼梯间及其休息平台和前室、走道等明显便于取用的位置；室内消火栓栓口距地面高度宜为 1.1m，其出水方向应便于消防水带的敷设，并宜与设置消火栓的墙面成 90°角或向下。

【1-3】该夜总会自动喷水灭火系统配置有何要求？

【解析】（1）依据《建规》第 8.3.4.7 条的规定，设置在地上一至三层且每层建筑面积

大于 $300m^2$ 的歌舞娱乐放映游艺场所应设自动灭火系统。

（2）依据《自喷》该场所环境温度大于 4℃，且不高于 70℃，应采用湿式自动喷水灭火系统。系统设置场所火灾危险等级应为中危险级Ⅰ级，其喷水强度不应小于 6L/（min·m^2），作用面积不应小于 $160m^2$。

（3）根据《自喷》第 6.1.7 条的规定，公共娱乐场所的喷头宜选用快速响应喷头，当选用快速响应喷头时，系统应为湿式系统。

【1-4】该夜总会排烟设施有何要求？

【解析】（1）根据《建规》第 8.5.3 条的规定，设置在一、二、三层且房间建筑面积大于 $100m^2$ 的歌舞娱乐放映游艺场所，设置在四层及以上楼层、地下或半地下的歌舞娱乐放映游艺场所和民用建筑内长度大于 20m 的疏散走道，应设置排烟设施。因此，该夜总会应设置排烟设施。

（2）根据《防排烟》的有关规定，首层迪斯科舞厅层高为 4m，建筑面积不大于 $1000m^2$，可划分一个防烟分区，防烟分区内排烟口的设置应按《防排烟》的规定经计算确定。防烟分区内的排烟口距最远点的水平距离均不应超过 30m，排烟量不应小于 $60m^3$/（h·m^2），经计算其排烟量为：$60m^3$/（h·m^2）×$810m^2$ = $48600m^3$/h。二、三层疏散走道各自划分一个防烟分区，设置机械排烟系统，其排烟量仍按 $60m^3$/（h·m^2）计算，且不应小于 $13000m^3$/h。二、三层建筑面积大于 $100m^2$ 的 KTV 包间利用可开启的外窗自然排烟时，外窗排烟的有效面积不小于该房间建筑面积的 2%。根据《防排烟》第 4.6.1 条“排烟风机的设计风量不应小于计算风量的 1.2 倍”的规定，再加上管道和阀门的漏风量，实际需要的风机风量已经大于屋顶风机风量，因此，夜总会屋顶排烟机房内排烟风机的排烟量不能够满足排烟要求。

（3）总建筑面积大于 $1000m^2$ 的歌舞娱乐放映游艺场所应按《防排烟》第 4.4.14 ~ 4.4.16 条的要求在外墙或屋顶设置固定窗。

【1-5】该夜总会火灾自动报警系统有何要求？

【解析】（1）依据《建规》第 8.4.1 条的规定，歌舞娱乐放映游艺场所应设火灾自动报警系统。

（2）根据《自报》第 3.2.1 条的规定，不仅需要报警，同时需要联动自动消防设备，且只设置一台具有集中控制功能的火灾报警控制器和消防联动控制器的保护对象，应采用集中火灾自动报警控制系统，并应设置一个消防控制室。集中火灾自动报警控制系统应由火灾探测器、手动火灾报警按钮、火灾声光警报器、消防应急广播、消防专用电话、消防控制室图形显示装置、火灾报警控制器、消防联动控制器等组成。

【1-6】该夜总会灭火器配置有何要求？

【解析】按《建规》第 8.1.10 条的规定，公共建筑内应设置灭火器。该夜总会灭火器配置场所的危险等级为严重危险级，火灾种类为 A 类火灾。计算单元的最小需配灭火级别计算：$Q = 1.30KS/U = 1.3 \times 0.50 \times 1080 \div 50 = 14.04 \approx 15$（A）。计算单元中每个灭火器设置点的最小需配灭火级别计算：$Q_E = Q/N = 15 \div 3 = 5$（A）。范例情景描述中 5kgABC 干粉灭火器 = 3A，灭火级别 3A × 2 × 3 = 18A > 15A；该建筑在每层的三个消火栓处各设置 2 具 5A 级别的 ABC 干粉灭火器，符合规范要求，但 A 类火灾场所严重危险级的手提灭火器最大保护距离为 15m，目前的灭火器布置有漏保护的地方，应进一步调整。

【1-7】该夜总会应急照明和疏散指示标志有何要求？

【解析】(1)《建规》第 10. 3. 1 条规定，该夜总会建筑的封闭楼梯间、疏散走道、迪斯科舞厅应设置疏散照明。

(2)《建规》第 10. 3. 2 条规定，该夜总会建筑疏散走道疏散照明的地面最低水平照度不应低于 1. 0lx，迪斯科舞厅疏散照明的地面最低水平照度不应低于 3. 0lx，封闭楼梯间疏散照明的地面最低水平照度不应低于 5. 0lx。

(3)《建规》第 10. 3. 3 条规定，消防控制室、配电室、消防水泵房、防烟排烟机房以及发生火灾时仍需正常工作的消防设备房应设置备用照明，其作业面的最低照度不应低于正常照明的照度。

(4)《建规》第 10. 3. 5 条规定，该夜总会建筑应设置灯光疏散指示标志。灯光疏散指示标志应设在安全出口和人员密集场所的疏散门的正上方，疏散走道及其转角处距地面高度 1m 以下的墙面或地面上。疏散走道处的灯光疏散指示标志的间距不应大于 20m，对于袋形走道，不应大于 10m，在走道转角区，不应大于 1. 0m。

(5)《建规》第 10. 3. 6 条规定，歌舞娱乐放映游艺场所应在疏散走道和主要疏散路径的地面上增设保持视觉连续的灯光疏散指示标志或蓄光疏散指示标志。

规范考点延伸

(1) 室外消防给水当采用低压给水系统时，室外消火栓栓口处的水压从室外设计地面算起不应小于 0. 1 MPa。

(2) 建筑物内设置室内消火栓系统、自动喷水灭火系统、水喷雾灭火系统、泡沫灭火系统、固定消防炮灭火系统、固定冷却水系统等需要同时作用的各种水灭火系统时，其室内消防用水量应为室内消火栓用水、自动灭火用水（包括自动喷水灭火、水喷雾灭火、自动消防水炮灭火等用水，应按其中用水量最大的一个系统确定）、水幕或冷却分隔用水之和（三者同时开启）。当建筑物室内设有自动喷水灭火系统、水喷雾灭火系统、泡沫灭火系统或固定消防炮灭火系统等一种或两种以上自动水灭火系统全保护时，多层建筑室内消火栓用水量可减少 50%，但不得小于 10L/s。因此，计算上述消防用水总量时，室内消火栓系统用水量可减少至 10L/s。

(3) 市政消火栓的保护半径不应超过 150m，间距不应大于 120m。

(4) 根据《防排烟》第 4. 2. 4 条的规定，划分迪斯科舞厅防烟分区面积时，应考虑到迪斯科舞厅内防烟分区的长边最大长度不应大于 36m。

(5) 除地上建筑的走道或建筑面积小于 500m^2的房间外，设置排烟系统的场所应设置补风系统。

(6) 当采用自然排烟方式时，储烟仓的厚度不应小于空间净高的 20%，当采用机械排烟方式时，不应小于空间净高的 10%，且不应小于 500mm；同时储烟仓底部距地面的高度应大于安全疏散所需的最小清晰高度。自然排烟窗（口）处风速按《防排烟》第 4. 6. 3 条的规定计算。

案例每日一练

【1-8】歌舞娱乐放映游艺场所建筑消防设施配置要点有哪些？

【解析】(1) 应配置室外消火栓给水系统。

(2) 应配置室内消火栓给水系统，层数不超过 5 层或体积不大于 10000m^3 的可不设。

(3) 应配置自动喷水灭火系统，层数在地上一至三层且任一层建筑面积不大于 300m^2 的地上歌舞娱乐放映游艺场所可不设。

(4) 应配置火灾自动报警系统。

(5) 应配置防排烟系统，但层数在地上一至三层且房间面积不大于 100m^2 的可不设。

(6) 应配置安全疏散设施。

(7) 应配置建筑灭火器。

第 2 节　丙类厂房建筑消防设施配置案例分析

助考知识要点

◆室内、室外消火栓给水系统的配置
◆自动喷水灭火系统的配置
◆防排烟系统的配置
◆火灾自动报警系统的配置
◆安全疏散设施的配置
◆建筑灭火器的配置

范例情景描述

某建筑面积为 2000m^2的单层制衣厂房，钢筋混凝土框架结构，建筑长度为 50m，建筑宽度为 40m，建筑高度为 6m。在距该厂房两侧山墙 20m 处各设室外地上式消火栓一个。在厂房内两个长边外墙上各设两个室内消火栓，消火栓间距 25.0m，距山墙 12.5m，消火栓与室内环状消防给水管道相连；该建筑内还设有湿式自动喷水灭火系统，选用标准喷头，喷头间距不大于 3.4m，距墙不大于 1.7m。室内、室外消防给水均由消防泵房供给，泵房内设消火栓泵、喷淋泵各一组，每组供水泵均一用一备，并设 500m^3消防水池一座。该厂房内划分 4 个防烟分区，每个 500m^2。厂房建筑四面外墙上共设净面积为 3m×2m 且具备自然排烟条件的外窗 50 樘。在厂房疏散门上方设有“安全出口”灯光疏散指示标志；在每个消火栓处设置手提式 MF/ABC4 灭火器两具。

内容归纳解剖

2.1　某单层制衣厂房基本参数

根据范例情景描述，某单层制衣厂房的基本参数见表 2.2-1。

表 2.2-1　某单层制衣厂房的基本参数

名称	高度/m	层数	耐火等级	建筑面积/m^2
某制衣厂房	6	1		50×40=2000

（续）

名称	高度/m	层数	耐火等级	建筑面积/m^2
室外地上消火栓	在距两侧山墙 20m 处各设有室外地上消火栓一个			
室内消火栓	厂房内长边外墙各设两个室内消火栓，消火栓间距 25m，距山墙 12.50m，消火栓与室内环状消防给水管道相连			
自动喷水灭火系统	选用标准喷头，喷头间距不大于 3.4m，距墙不大于 1.7m			
室内、室外消防给水	由消防泵房供给，泵房内设消火栓泵、喷淋泵各一组，每组供水泵均一用一备，并设 $500m^3$ 消防水池一座			
自然排烟	厂房四面外墙共设 3m×2m 外窗 50 樘，具备自然排烟条件			
防烟分区	划分防烟分区 4 个，每个 $500m^2$			
疏散指示	厂房疏散门上方设有"安全出口"疏散指示标志灯			
建筑灭火器	在每个消火栓处设置 MF/ABC4 灭火器两具			

2.2 范例问题解答

【2-1】该单层制衣厂室外消火栓配置有何要求？

【解析】（1）根据《建规》第 8.1.2 条的规定，该厂房周围应设置室外消火栓系统。

（2）该建筑体积为 $50m \times 40m \times 6m = 12000m^3$。根据《消规》第 3.3.2 条的规定，丙类厂房在 $5000m^3$ < 建筑体积 ≤ $20000m^3$ 时，其室外消火栓设计流量不应小于 25L/s；根据《消规》第 7.3.2 条的规定，每个室外消火栓的出水量为 10～15L/s。因此，在该厂房周围 150m 范围内设置两个室外消火栓符合规范要求。

【2-2】该单层制衣厂室内消火栓配置有何要求？

【解析】（1）《建规》第 8.2.1 条规定，占地面积大于 $300m^2$ 的厂房应设室内消火栓系统。

（2）《消规》第 3.5.2 条规定，建筑高度小于或等于 24m 且建筑体积大于 $5000m^3$ 的丙类厂房的室内消火栓设计流量不应小于 20L/s，同时使用消防水枪数不应少于 4 支。室内消火栓应采用 DN65 室内消火栓，配置公称直径为 65mm 有内衬里且长度不宜小于 25.0m 的消防水带。室内消火栓的布置应满足同一平面有 2 支消防水枪的 2 股充实水柱同时达到任何部位的要求，室内消火栓的布置间距（宜按直线距离计算）不应大于 30.0m，消火栓栓口动压不应小于 0.35MPa，消防水枪充实水柱应按 13m 计算。室内消火栓应设置在楼梯间及其休息平台和前室、走道等明显易于取用，以及便于火灾扑救的位置；室内消火栓栓口距地面高度宜为 1.1m，其出水方向应便于消防水带的敷设，并宜与设置消火栓的墙面成 90°角或向下。该厂房内四个墙角处不能满足有 2 支消防水枪的 2 股充实水柱同时达到的要求，应增设室内消火栓或调整室内消火栓布局。

【2-3】该单层制衣厂自动喷水灭火系统配置有何要求？

【解析】依据《建规》第 8.3.1.2 条的规定，占地面积大于 $1500m^2$ 或总建筑面积大于 $3000m^2$ 的单层制衣厂房应设自动灭火系统，该建筑应采用自动喷水灭火系统。依据《自喷》的规定，该厂房环境温度在 4～70℃，其自动喷水灭火系统应为湿式系统。灭火系统设置场所的火灾危险等级应为中危险级Ⅱ级，其喷水强度不应小于 8L/（min·m^2），作用面积不应小于 $160m^2$。

【2-4】该单层制衣厂消防水泵的水压和水量有何要求？

【解析】（1）根据《消规》第 3.6.1 条的规定，消防给水一起火灾灭火用水量应按需要同时作用的室内、室外消防给水用水量之和计算。

$$V = V_1 + V_2 = \left[3.6\times25\times3.0+\left(3.6\times20\times3.0+3.6\times\frac{8\times160}{60}\times1.0\right)\right]\text{m}^3 = 562.8\text{m}^3$$

其中：丙类厂房消火栓的火灾延续时间不小于 3h，喷淋系统的火灾延续时间不小于 1 h。

（2）消防水源。该厂房采用消防水池作为消防水源，其有效容积 500m^3 小于 562.8m^3 计算水量，不符合规范要求。

（3）供水设施。该建筑室内外消火栓系统、自动喷水灭火系统等消防给水均由消防泵房内的消防水泵供水。该建筑室内外消火栓系统共用供水泵组（一用一备，各设一台），消火栓泵的设计流量应为室内外消火栓设计流量之和；消火栓泵设计工作压力应满足厂房内消火栓栓口动压不应小于 0.35MPa 的要求，选择消防水泵时其扬程宜大于设计工作压力的 120%。自动喷水灭火系统设喷洒工作泵一台，备用泵一台。

【2-5】该单层制衣厂防排烟系统有何要求？

【解析】根据《建规》第 8.5.2 条的规定，人员或可燃物较多的丙类生产场所，丙类厂房内建筑面积大于 300m^2 且经常有人停留或可燃物较多的地上房间应设置排烟设施。该厂房四周外墙上共设 50 樘净面积为 $3\text{m}\times2\text{m}$ 的外窗，具备自然排烟条件，排烟窗总净面积 $S = 3\text{m}\times2\text{m}\times50 = 300\text{m}^2$。排烟窗面积与厂房占地面积之比 $=300/2000\times100\% = 15\%$，大于规范规定“有效面积不小于该房间建筑面积 2%”的要求。

【2-6】该单层制衣厂火灾自动报警系统有何要求？

【解析】（1）依据《建规》第 8.4.1 条的规定，任一层建筑面积大于 1500m^2 或总建筑面积大于 3000m^2 的制衣厂房应设火灾自动报警系统。

（2）根据《自报》第 3.2.1 条的规定，该厂房火灾自动报警系统应采用集中火灾报警控制系统，并应设置一个消防控制室。系统应由火灾探测器、手动火灾报警按钮、火灾声光警报器、消防应急广播、消防专用电话、消防控制室图形显示装置、火灾报警控制器、消防联动控制器等组成。

【2-7】该单层制衣厂安全疏散设施配置有何要求？

【解析】（1）根据《建规》第 10.3.1 条的规定，人员密集的厂房内的生产场所及疏散走道应设置疏散照明，其地面最低水平照度不应低于 3.0lx；消防控制室、消防水泵房及发生火灾时仍需正常工作的消防设备房应设置备用照明，其作业面的最低照度不应低于正常照明的照度。

（2）根据《建规》第 10.3.5 条的规定，丙类厂房应在疏散门的正上方设置灯光疏散指示标志，并应采用“安全出口”作为指示标志，该厂房所有安全出口或疏散门上方均设置了灯光疏散指示标志，符合规范要求。

【2-8】该单层制衣厂灭火器配置有何要求？

【解析】（1）根据《建规》第 8.1.10 条的规定，厂房（仓库）、储罐（区）、堆场应设置灭火器。

（2）厂房灭火器配置场所的危险等级为中危险级，火灾种类为 A 类火灾。计算单元的最小需配灭火级别计算：$Q=KS/U=0.50\times2000\div75=13.33(A)\approx14(A)$。计算单元中每个灭火器设置点的最小需配灭火级别计算：$Q_E=Q/N=14\div4\approx4(A)$。4kgABC 干粉灭火器 =2A，灭火级别 $2A\times2\times4=16A>14A$；每个灭火器设置点的灭火级别 $2A\times2=4A$ 符合规范要求，但 A 类火灾场所中危险级的手提灭火器最大保护距离为 20m，存在漏保护的地方。因此，在该厂房中点位置设一具 20kgABC 推车式干粉灭火器，最大保护距离 40m，可以覆盖漏保护地方。

案例每日一练

【2-9】任一层建筑面积大于 1500m^2 或总建筑面积大于 3000m^2 的多层制衣厂房建筑消防设施配置要点？

【解析】（1）应配置室外消火栓给水系统。

（2）应配置室内消火栓给水系统。

（3）应配置自动喷水灭火系统。

（4）应配置火灾自动报警系统。

（5）应配置防排烟系统。

（6）应配置安全疏散设施。

（7）应配置建筑灭火器。

第 3 节　多层丙类仓库建筑消防设施配置案例分析

助考知识要点

◆室内、室外消火栓给水系统的配置

◆自动喷水灭火系统的配置

◆防排烟系统的配置

◆火灾自动报警系统的配置

◆安全疏散设施的配置

◆建筑灭火器的配置

范例情景描述

某多层丙类仓库地上 3 层，建筑高度 18m，建筑面积 12000m^2，占地面积 4000m^2，建筑体积 72000m^3，耐火等级二级。储存棉、麻、服装等物品，堆垛储存，堆垛高度不大于 6m。属多层丙类 2 项堆垛储物仓库。该仓库设消防泵房和两个 500m^3 的消防水池，消防设施有室内、室外消火栓给水系统、自动喷水灭火系统、机械排烟系统、火灾自动报警系统、消防应急照明、消防疏散指示标志、建筑灭火器等消防设施及器材。

内容归纳解剖

3.1　某多层丙类仓库基本参数

根据范例情景描述，某多层丙类仓库的基本参数见表 2.3-1。

表 2.3-1　某多层丙类仓库的基本参数

名称	高度/m	层数	耐火等级	类别	建筑面积	占地面积	建筑体积
某多层丙类仓库	18	3	二级	丙 2 项	12000m^2	4000m^2	72000m^3
室内、室外消防给水	设消防泵房和两个 500m^3 的消防水池						

3.2　范例问题解答

【3-1】该多层丙类仓库室外消火栓配置有何要求?

【解析】根据《建规》第 8.1.2 条的规定，该仓库应设室外消火栓给水系统。依据《消规》第 3.3.2 条的规定，室外消火栓水量按同一时间内的火灾次数和一次灭火水量确定，仓库体积为 72000m^3（>50000m^3），其消防用水量不应小于 45L/s，每个室外消火栓 10～15L/s，因此，在该仓库四周 150m 内应设置≥5 个室外消火栓。

【3-2】该多层丙类仓库室内消火栓配置有何要求?

【解析】（1）根据《建规》第 8.1.2 条的规定，占地面积大于 300m^2 的仓库需设置室内消火栓系统。

（2）建筑高度≤24m 且建筑体积大于 5000m^{3}的丙类仓库的室内消火栓设计流量不应小于 25L/s，同时使用消防水枪数不应少于 5 支，每根消防竖管最小流量不应小于 15L/s。室内消火栓应采用 DN65 的室内消火栓，配置公称直径为 65mm 有内衬里且长度不宜小于 25.0m 的消防水带。室内消火栓的布置应满足同一平面有 2 支消防水枪的 2 股充实水柱同时达到任何部位的要求，室内消火栓的布置间距（宜按直线距离计算）不应大于 30.0m，消火栓栓口动压不应小于 0.35MPa，消防水枪充实水柱应按 13m 计算。室内消火栓应设置在楼梯间及其休息平台和前室、走道等明显易于取用，以及便于火灾扑救的位置；室内消火栓栓口距地面高度宜为 1.1m，其出水方向应便于消防水带的敷设，并宜与设置消火栓的墙面成 90°角或向下。室内消防给水管网应布置成环状给水管网，室内消火栓竖管应保证检修管道时关闭停用的竖管不超过 1 根，当竖管超过 4 根时，可关闭不相邻的 2 根。

【3-3】该多层丙类仓库自动喷水灭火系统配置有何要求?

【解析】（1）根据《建规》第 8.3.2 条的规定，每座占地面积大于 1000m^2 的棉、毛、丝、麻、化纤、毛皮及其制品的仓库应设置自动灭火系统，并宜采用自动喷水灭火系统。

（2）依据《自喷》的规定，该堆垛储物仓库火灾危险等级为仓库危险级Ⅱ级，喷水强度不应小于 16L/（min · m^2），作用面积不应小于 200m^2，持续喷水时间不应小于 2h。

【3-4】该多层丙类仓库消防水泵、高位消防水箱和消防水池有何要求?

【解析】（1）室内消火栓、室外消火栓和自动喷水灭火系统分别各设两台消防水泵，一用一备。

（2）高位消防水箱。根据《消规》第 5.2.1 条的规定，设置临时高压消防给水的工业建筑，高位消防水箱的有效容积应满足初期火灾消防用水量的要求，并且不应小于 18m^3（当室内消防给水设计流量小于或等于 25L/s 时，可不小于 12m^3）。高位消防水箱的设置位置应高于其所服务的水灭火设施，其最低有效水位应满足该仓库水灭火设施最不利点的静水压力不低于 0.10MPa。

（3）消防水池。根据《消规》第 4.3.2 条的规定，消防水池有效容积的计算应符合下列规定：当市政给水管网能保证室外消防给水设计流量时，消防水池的有效容积应满足在火灾延续时间内室内消防用水量的要求；当市政给水管网不能保证室外消防给水设计流量时，消防水池的有效容积应满足火灾延续时间内室内消防用水量和室外消防用水量不足部分之和的要求。该仓库全部消防用水量均储存在消防水池内，消防水池容积应大于室内、室外消火栓用水量和自动喷水灭火系统用水量之和，即大于1140m^3，详见表2.3-2。消防水池容积大于500m^3时，应分设成两个能独立使用的消防水池。

表2.3-2　消防水池容积

系统名称	消防用水量/（L/s）	火灾延续时间/h	消防储水量/m^3
室外消火栓系统	45	3	486
室内消火栓系统	25	3	270
自动喷水灭火系统	53.3	2	384
消防水池容积			>1140

【3-5】该多层丙类仓库防排烟系统有何要求？

【解析】（1）根据《建规》第8.5.2条的规定：占地面积大于1000m^2的丙类仓库应设置排烟设施。

（2）根据《防排烟》的规定，该仓库利用下垂高度大于0.6m的结构梁划分防烟分区，每分区面积不应大于1000m^2。机械排烟系统可采用金属管道，当一台排烟风机担负两个以上防烟分区排烟时，建筑空间净高大于6m的场所，应按排烟量最大的一个防烟分区的排烟量计算；建筑空间净高为6m及以下的场所，应按任意两个相邻防烟分区的排烟量之和的最大值计算，风机的设计风量还应以计算风量的1.2倍计算。

（3）任一层建筑面积大于2500m^2的丙类厂房（仓库）当设置机械排烟设施时，还应按《防排烟》第4.4.14～4.4.16条的要求在外墙或屋顶设置固定窗。若每层建筑面积4000m^2，其中建筑的一层和二层只能靠外墙区域设置固定窗，单个固定窗的面积不应小于1.0m^2，且间距不宜大于20m，其下沿距室内地面的高度不宜小于层高的1/2。第三层可设置高侧窗或顶窗，但三层是顶层，因此，其固定窗的总面积不应小于楼地面面积的2%。此处固定窗设置不应跨越防火分区，供消防救援人员进入的窗口面积不计入固定窗面积，但可组合布置。

（4）疏散用的封闭楼梯间靠外墙设置时，应能自然通风和天然采光，且应在最高部位设置面积不小于1.0m^2的可开启外窗或开口；当建筑高度大于10m时，还应在楼梯间的外墙上每5层内设置总面积不小于2.0m^2可开启外窗或开口，且布置间隔不大于3层。

【3-6】该多层丙类仓库火灾自动报警系统有何要求？

【解析】（1）根据《建规》第8.4.1条的规定，每座占地面积大于1000m^2的棉、毛、丝、麻、化纤及其织物的库房应安装火灾自动报警系统。

（2）根据《自报》第3.2.1条的规定，不仅需要报警，同时需要联动自动消防设备，且只设置一台具有集中控制功能的火灾报警控制器和消防联动控制器的保护对象，应采用集中报警系统，并应设置一个消防控制室。集中火灾自动报警控制系统应由火灾探测器、手动火灾报警按钮、火灾声光警报器、消防应急广播、消防专用电话、消防控制室图形显示装置、火灾报警控制器、消防联动控制器等组成。

【3-7】该单层制衣厂应急照明和疏散指示配置有何要求？

【解析】（1）《建规》第 10. 3. 1 条规定，丙类仓库的封闭楼梯间、防烟楼梯间及其前室、消防电梯间的前室或合用前室应设置疏散照明，其地面最低水平照度不应低于 5. 0lx。

（2）《建规》第 10. 3. 3 条规定，消防控制室、消防水泵房、自备发电机房、配电室、防烟与排烟机房以及发生火灾时仍需正常工作的消防设备房应设置备用照明，其作业面最低照度不应低于正常照明的照度。

（3）《建规》第 10. 3. 4 条规定，疏散照明灯应设 置在出口的顶部、墙面的上部或顶棚上，备用照明灯具应设置在墙面的上部或顶棚上。

【3-8】该多层丙类仓库灭火器配置有何要求？

【解析】（1）根据《建规》第 8. 1. 10 条的规定，厂房、仓库、储罐（区）和堆场，应设置灭火器。

（2）该仓库的灭火器配置危险等级为中危险级，火灾种类为 A 类，根据《灭规》第 6. 2. 1 条的规定，A 类火灾场所中危险级单具灭火器最小配置灭火级别不应小于 2A，单位灭火级别最大保护面积 $75m^2/A$。根据《灭规》第 5. 2. 1 条的规定，A 类火灾场所中危险级的手提式灭火器最大保护距离为 20m，推车式灭火器最大保护距离为 40m。根据灭火器最大保护距离，计算出每层灭火器设置点的个数，再求计算单元中的最小需配灭火级别和每个灭火器设置点的最小需配灭火级别，然后依据规范来确定每个设置点灭火器的类型、规格与数量。

案例每日一练

【3-9】自动喷水灭火系统主要有几种类型？预作用喷水灭火系统适用于什么场所？

【解析】自动喷水灭火系统主要有：湿式系统、干式系统、预作用系统、雨淋系统和水幕系统。预作用自动喷水灭火系统适用于不允许有水渍损失的建筑物、构筑物（如不允许出现误喷的重要建筑物内的重要档案、资料、图书，以及珍贵文物储藏室等）。

第 4 节　地下汽车库消防设施配置案例分析

助考知识要点

- ◆地下汽车库的类别
- ◆室外消火栓给水系统配置
- ◆室内消火栓给水系统配置
- ◆自动喷水灭火系统配置
- ◆火灾自动报警系统配置
- ◆火灾应急照明和疏散指示标志配置
- ◆防排烟系统配置
- ◆灭火器配置

范例情景描述

某汽车库，建筑面积 $3999m^2$，位于地下一层，层高 3m。车库可停车 101 辆，划分 1 个防火分区，2 个防烟分区。车库设人员疏散口 2 个，设汽车疏散口 2 个，汽车出入口处均设有防火卷帘。该汽车库消防供电负荷为二级，并设有火灾自动报警系统、自动喷水灭火系统、室内外消火栓系统、机械排烟设施、消防应急照明和疏散指示标志、建筑灭火器等消防设施及器材。

内容归纳解剖

4.1 某汽车库基本参数

根据范例情景描述，某汽车库的基本参数见表 2.4-1。

表 2.4-1 某汽车库的基本参数

名称	ΔH/m	层数	车位数	汽车库类别	建筑面积/m^2
汽车库	<10	-1	101	Ⅲ	3999
防火防烟分区	划分 1 个防火分区，2 个防烟分区				
疏散口	人员疏散口 2 个，汽车疏散口 2 个				
供电负荷	车库消防供电负荷为二级				

4.2 范例问题解答

【4-1】试确定该地下汽车库的类别

【解析】根据《汽修规》第 3.0.1 条的规定，停车数量在 51 ~ 150 辆或 2000m^2 < 总建筑面积≤5000m^2时其防火分类为Ⅲ类。该地下汽车库停车 101 车辆，总面积 3999m^2应为Ⅲ类地下汽车库。

【4-2】该汽车库室外消火栓配置有何要求？

【解析】根据《汽修规》第 7.1.2 条的规定，停车数超过 5 辆的车库应设消防给水系统。该地下汽车库应设室外消火栓给水系统，其室外消防用水量应按消防用水量最大的一座汽车库计算，Ⅲ类车库不应小于 15L/s。室外消火栓的保护半径不应超过 150m，在市政消火栓保护半径 150m 及以内的地下汽车库，可不设置室外消火栓。

【4-3】该汽车库室内消火栓配置有何要求？

【解析】根据《汽修规》第 7.1.8 条的规定，汽车库、修车库应设室内消防给水系统。Ⅰ、Ⅱ、Ⅲ类汽车库的室内消防用水量不应小于 10L/s，且应保证相邻两个消火栓的水枪充实水柱同时达到室内任何部位。消火栓口径应为 65mm，水枪口径应为 19mm。室内消火栓保护半径不应超过 25m，同层相邻室内消火栓的间距不应大于 30m。室内消火栓应设在明显易于取用的地点，栓口离地面高度宜为 1.10m，其出水方向宜与设置消火栓的墙面相垂直。地下汽车库应设消防水泵接合器，其数量应按室内消防用水量计算确定，每个水泵接合器的流量应按 10 ~ 15L/s 计算。

【4-4】某汽车库自动喷水灭火系统配置有何要求？

【解析】根据《汽修规》第 7.2.1 条的规定，停车数超过 10 辆的地下汽车库应设置自动喷水灭火系统。该地下车库自动喷水灭火系统的火灾危险等级为中危险级Ⅱ级，喷水强度不应小于 8L/（min · m^2），作用面积不应小于 160m^2。消防用水量应依据《自喷》的规定，并根据喷头布置情况经计算确定。

【4-5】该汽车库供水设施有何要求？

【解析】根据《汽修规》第7.1.1条的规定，该车库可采用市政给水管道、消防水池和天然水源等消防供水方式。消防总用水量应按室内、室外消防用水量之和计算。车库内设有消火栓、自动喷水、泡沫等灭火系统时，其室内消防用水量应按需要同时开启的灭火系统用水量之和计算。消防给水管网应布置成环状（当室外消防用水量小于或等于15L/s时，室内消火栓不超过10个时可布置成枝状），向环状管网输水的进水管不应少于两条。消防管道均应采用阀门分段，每段内停止使用的消火栓数量不应超过5个。设置临时高压消防给水系统的地下汽车库，应设屋顶消防水箱，其容量不应小于12m^3，并应符合《消规》的有关规定。消防用水与其他用水合用的水箱，应采取保证消防用水不作他用的技术措施。

消防水池容量应满足2h火灾延续时间内室内外消防用水量总量的要求，但自动喷水灭火系统可按火灾延续时间1h计算，泡沫灭火系统可按火灾延续时间0.50h计算；当室外给水管网能确保连续补水时，消防水池的有效容量可减去火灾延续时间内连续补充的水量。消防水池的补水时间不宜超过48h，保护半径不宜大于150m。供消防车取水的消防水池应设取水口或取水井，其水深应保证消防车的消防水泵吸水高度不得超过6m。消防用水与其他用水共用的水池，应采取保证消防用水不作他用的技术措施。寒冷地区的消防水池应采取防冻措施。

【4-6】该汽车库排烟设施有何要求？

【解析】根据《汽修规》第8.2.1条的规定，除敞开式汽车库、建筑面积小于1000m^2的地下一层汽车库和修车库外，汽车库、修车库应设置排烟系统。该地下汽车库设置了机械排烟设施，利用下垂的梁划分防烟分区，每个防烟分区的建筑面积不大于2000m^2。根据《汽修规》第8.2.5条、第8.2.6条的规定，该地下车库层高为3m，每个防烟分区排烟风机的排烟量不应小于30000m^3/h。每个防烟分区应设置排烟口，排烟口宜设在顶棚或靠近顶棚的墙面上；排烟口距该防烟分区内最远点的水平距离不应大于30m。

【4-7】该汽车库火灾自动报警系统有何要求？

【解析】根据《汽规》第9.0.7条的规定，Ⅰ、Ⅱ类地下汽车库以及地下机械式立体汽车库、地下复式汽车库、采用升降梯作汽车疏散出口的地下汽车库，应设置火灾自动报警系统。该地下车库防火分类为Ⅲ类，可不设火灾自动报警系统，但考虑到机械排烟系统联动需要，还是设置了火灾自动报警系统。

【4-8】该汽车库应急照明和疏散指示配置有何要求？

【解析】根据《汽规》第9.0.4条的规定，汽车库内应设置消防应急照明和疏散指示标志。用于疏散走道上的消防应急照明和疏散指示标志，可采用蓄电池作备用电源，但其连续供电时间不应小于30min。消防应急照明灯宜设置在墙面或顶棚上，其地面最低水平照度不应低于1.0lx。安全出口标志宜设置在疏散出口的顶部；疏散指示标志宜设置在疏散通道及其转角处，且距地面高度1m以下的墙面上。通道上的指示标志，其间距不宜大于20m。

【4-9】该汽车库灭火器配置有何要求？

【解析】根据《汽规》第7.2.7条的规定，地下汽车库应配置建筑灭火器。灭火器配置场所火灾种类为B类和A类，危险等级为中危险级。手提式灭火器保护半径为12m，推车式灭火器保护半径为24m。单具灭火器最小配置灭火级别为55B（2A），单位灭火级别最大

保护面积为 $1m^2/B$（$75m^2/A$）。地下汽车库灭火器配置计算应按计算单元进行，计算单元的最小需配灭火级别按公式 $Q=KS/U$ 计算（$K=0.5$，S 为面积）。

规范考点延伸

（1）停车数量少于 10 辆的地下车库可不设置自动喷水灭火系统。

（2）Ⅲ、Ⅳ类地下汽车库可不设置火灾自动报警系统。

案例每日一练

【4-10】某独立设置的地下汽车库，位于地下一层，层高 3.30m，建筑面积 $2300m^2$，停车数为 99 辆，回答下列问题：

（1）该汽车库防火分类？

（2）该汽车库至少应设置哪些消防设施？

（3）该汽车库室内外消防用水量分别不应小于多少 L/s？

【解析】（1）该地下汽车库属于Ⅲ类汽车库。

（2）作为Ⅲ类汽车库，应至少设置室外消火栓系统、室内消火栓系统、自动喷水灭火系统、机械排烟系统、火灾应急照明和疏散指示标志、建筑灭火器等消防设施。

（3）因为该地下汽车库为Ⅲ类汽车库，室外消防用水量不应小于 15L/s，室内消防用水量不应小于 10L/s。

第 5 节　一类高层综合楼建筑消防设施配置案例分析

助考知识要点

◆建筑分类和综合楼定义
◆室外消火栓给水系统配置
◆室内消火栓给水系统配置
◆自动喷水灭火系统配置
◆火灾自动报警系统配置
◆防排烟系统配置
◆消防应急照明与消防疏散指示标志配置
◆建筑灭火器配置
◆消防电梯配置

范例情景描述

某高层商业综合楼地上 10 层、地下 3 层，建筑高度 53.80m，总建筑面积 $67137.48m^2$。其中地下部分建筑面积 $27922.30m^2$，使用性质为停车库及设备用房，共计停车 474 辆；地上建筑面积 $39215.18m^2$，地上一至五层使用性质为零售商业，地上六至十层使用性质为餐饮与休闲娱乐场所。该建筑内设有室内、室外消火栓系统，自动喷水灭火系统，正压送风系统，机械排烟系统，火灾自动报警系统，消防应急照明，消防疏散指示标志，灭火器，消防电梯等消防设施；消防控制室设在地下一层，消防水泵房设置于地下二层。消防用电为一级负荷，电源从两个不同的区域变电站引入；消防供水从环状市政供水管网引入两条 DN300 的进水管，并在地块内形成环路。

内容归纳解剖

5.1　某高层商业综合楼基本参数

根据范例情景描述，某高层商业综合楼的基本参数见表 2.5-1。

表 2.5-1　某高层商业综合楼的基本参数

名称	高度/m	层数/层	车位数	汽车库类别	建筑面积/m^2	
某高层商业综合楼	53.80	10/－3	474	Ⅰ	39215.18（地上）	27922.30（地下）
地上一至五层	使用性质为零售商业					
地上六至十层	使用性质为餐饮与休闲娱乐场所					
地下一层	消防控制室					
地下二层	消防水泵房					

5.2　范例问题解答

【5-1】试确定该高层商业综合楼类别。

【解析】该综合楼高度为 53.80m，超过 50m，根据《建规》第 5.1.1 条的规定，该建筑为一类高层建筑。

【5-2】该高层商业综合楼室外消火栓配置有何要求?

【解析】（1）根据《建规》第 8.1.2 条的规定，高层建筑必须设置室内、室外消火栓系统。

（2）室外消火栓的数量应经计算确定，每个消火栓的用水量应为 10～15L/s。该建筑室外消火栓用水量为 40L/s（$V>50000m^3$），应设置 3～4 个室外消火栓。室外消火栓应沿高层建筑四周均匀布置，建筑消防扑救面一侧的室外消火栓数量不宜少于 2 个，室外消火栓距高层建筑外墙的距离不宜小于 5m。

【5-3】该高层商业综合楼室内消火栓配置有何要求?

【解析】（1）《建规》第 8.2.1 条规定，该高层综合楼应设室内消火栓给水系统。

（2）《消规》第 3.5.2 条规定，室内消火栓设计流量不应小于 40L/s，同时使用消防水枪数 8 支，每根竖管最小流量 15L/s。室内消火栓采用临时高压给水系统，室内消火栓给水管道布置成环状，包括设备层在内的各层均应设置室内消火栓。消火栓应设在走道、楼梯间及其休息平台和前室明显易于取用的地点，消火栓的布置应满足同一平面有 2 支水枪的 2 股充实水柱同时到达任何部位的要求；消火栓栓口动压不应小于 0.35MPa，且水枪充实水柱应按 13m 计算。消火栓的间距不大于 30.0m，消火栓栓口距地面高度为 1.1m，栓口出水方向宜向下或与设置消火栓的墙面相垂直；消火栓栓口的出水压力不应大于 0.50MPa，当大于 0.70MPa 时必须设置减压装置。应采用同一型号、规格的 DN65 室内消火栓，配置公称直径为 65mm 的有内衬里且长度不宜超过 25.0m 的消防水带。消防电梯间前室应设室内消火栓，高层建筑的屋顶应设一个安装有压力显示装置的检查用的消火栓。

【5-4】该高层商业综合楼自动喷水灭火系统配置有何要求？

【解析】（1）根据《建规》第 8. 3. 3 条的规定，该高层建筑内除汽车库以外的其他场所应设置自动灭火系统，并宜采用自动喷水灭火系统。根据《汽修规》第 7. 2. 1 条的规定，停车数超过 10 辆的地下汽车库应设置自动喷水灭火系统。

（2）根据《自喷》的规定，该建筑地下车库及一至五层的商场的火灾危险等级为中危险级Ⅱ级，该建筑其他场所的火灾危险等级为中危险级 Ⅰ级，故该建筑自动喷水灭火系统的设计流量应按照中危险级Ⅱ级确定，其喷水强度不应小于 8L/（min · m^2），作用面积不应小于 160m^2。消防用水量应依据《自喷》的规定，并根据喷头布置情况经计算确定。喷头选用流量系数 $K=80$，公称动作温度宜高于环境最高温度 30℃，即 68℃的红色喷头，厨房区域选取 93℃的绿色喷头。每个湿式报警阀控制喷头数不超过 800 只，该项目总建筑面积 67137. 48m^2，根据《自喷》的规定，中危险Ⅱ级一个喷头的最大保护面积为 11. 50m^2，初步计算至少需要 4167 个喷头；中危险级Ⅰ级部分建筑面积为 67137. 48 − 47922. 30 = 19215. 18（m^2）。中危险级Ⅰ级一个喷头最大保护面积为 12. 5m^2，初步计算需 1537 个喷头。因此，总计需要 5704 个喷头，至少需设 8 个湿式报警阀。

【5-5】某高层商业综合楼市政给水和消防水池有何要求？

【解析】根据《消规》，高层建筑的消防用水总量应按室内、室外消防用水量之和计算；建筑物内设置室内消火栓系统、自动喷水灭火系统、水喷雾灭火系统、泡沫灭火系统、固定消防炮灭火系统、固定冷却水系统等需要同时作用的各种水灭火系统时，其室内消防用水量应为室内消火栓用水、自动灭火用水（包括自动喷水灭火、水喷雾灭火、自动消防水炮灭火等用水，应按其中用水量最大的一个系统确定）、水幕或冷却分隔用水之和（三者同时开启）。消防泵房内分别设置室内消火栓泵和喷洒泵各两台，当市政给水环形干管允许直接吸水时，室内消火栓泵可直接从室外给水管网吸水。直接吸水时，水泵扬程计算应考虑室外给水管网的最低水压，并以室外给水管网的最高水压校核水泵的工作情况。

【5-6】该高层商业综合楼防排烟系统有何要求？

【解析】1. 防烟系统

（1）根据《建规》第 8. 5. 1 条的规定，该建筑高度为 53. 80m，其防烟楼梯间及其前室、消防电梯间前室和合用前室均应设防烟系统。

（2）根据《防排烟》的规定，防烟设施采用机械加压送风防烟方式时，应满足防烟楼梯间与走道之间的余压值为 40 ~ 50Pa，前室、合用前室、消防电梯间前室与走道之间的余压值为 25 ~ 30Pa；当系统余压值超过最大允许压力差时，应采取泄压措施。楼梯间宜每隔 2 ~ 3 层设一个加压送风口，前室的加压送风口应每层设置常闭风口。火灾确认后 15s 内应联动开启风机和加压送风口，且前室的加压送风口应开启着火层及其相邻上下层。机械加压送风机可采用轴流风机或中、低压离心风机，风机位置应根据供电条件，风量分配均衡，新风入口不受火、烟威胁等因素确定。

2. 排烟系统

（1）根据《建规》第 8. 5. 3 条、第 8. 5. 4 条的规定，该高层建筑内长度大于 20m 的疏散走道；建筑面积大于 100m^2且经常有人停留的地上房间；建筑面积大于 300m^2且可燃物较多的地上房间；中庭；设置在一、二、三层且房间建筑面积大于 100m^2和设置在四层及以上楼层、地下或半地下的歌舞娱乐放映游艺场所；总建筑面积大于200m^{2}或一个房间建筑面积大于50m^2，且经常有人停留或可燃物较多的地下或半地下室、地上建筑内的无窗房间，应设置排烟设施。

（2）根据《防排烟》的规定，排烟设施采用机械排烟系统时，除中庭外，一个防烟分区的排烟量，对于建筑空间净空高度为6m及以下的场所，排烟量应按不小于60m^3/（h·m^2）计算。公共建筑、工业建筑中空间净高大于6m的场所，其每个防烟分区排烟量应根据场所内的热释放速率以及《防排烟》第4.6.6条~第4.6.13条的规定计算确定。

（3）根据《汽修规》第8.2.1条的规定，地下汽车库（除建筑面积小于1000m^{2}的地下一层汽车库外）应设置排烟系统。该地下汽车库设置了机械排烟设施，利用下垂的梁划分防烟分区，每个防烟分区的建筑面积不大于2000m^2。根据《汽修规》第8.2.5条~第8.2.7条、第8.2.10条的规定，该地下汽车库每个防烟分区排烟风机的排烟量不应小于31500m^3/h。每个防烟分区应设置排烟口，排烟口宜设在顶棚或靠近顶棚的墙面上；排烟口距该防烟分区内最远点的水平距离不应超过30m。同时还应设置补风系统，且补风量不宜小于排烟量的50%。

【5-7】该高层商业综合楼火灾自动报警系统有何要求？

【解析】(1）根据《建规》的规定，该综合楼应设置火灾自动报警系统。

（2）根据《自报》的规定，不仅需要报警，同时需要联动自动消防设备，且只设置一台具有集中控制功能的火灾报警控制器和消防联动控制器的保护对象，应采用集中报警系统，并应设置一个消防控制室。若设置两个及以上消防控制室的保护对象，或已设置两个及以上集中报警系统的保护对象，应采用控制中心报警系统。控制中心报警系统应由火灾探测器、手动火灾报警按钮、火灾声光警报器、消防应急广播、消防专用电话、消防控制室图形显示装置、火灾报警控制器、消防联动控制器等组成。除厨房、锅炉房、发电机房等不宜安装感烟探测器的场所宜选用点型感温火灾探测器外，汽车库、商场、餐厅、空调机房、疏散走道、娱乐场所等场所均宜选用点型感烟火灾探测器，但上述场所内若有属于大空间等特殊场所的应特殊考虑。

【5-8】某高层商业综合楼应急照明和疏散指示配置有何要求？

【解析】(1）根据《建规》第10.3.1条、第10.3.2条的规定，该建筑的下列部位应设置疏散照明：①防烟楼梯间及其前室、消防电梯间的前室或合用前室，其地面最低水平照度不应低于5.0lx；②观众厅、展览厅、多功能厅和建筑面积大于200m^{2}的营业厅、餐厅、演播室等人员密集的场所，其地面最低水平照度不应低于3.0lx；③建筑面积大于100m^{2}的地下或半地下公共活动场所，其地面最低水平照度不应低于3.0lx；④疏散走道，其地面最低水平照度不应低于1.0lx。

（2）根据《建规》第10.3.3条的规定，配电室、消防控制室、消防水泵房、防烟排烟机房以及发生火灾时仍需正常工作的消防设备房应设置备用照明，其作业面的最低照度不应低于正常照明的照度。

（3）根据《建规》第10.3.5条、第10.3.6条的规定，该高层建筑应设置灯光疏散指示标志。灯光疏散指示标志应设在安全出口和人员密集场所的疏散门的正上方，还应设在疏散走道及其转角处距地面高度1m以下的墙面或地面上。灯光疏散指示标志间距不应大于20m，对于袋形走道，不应大于10m；在走道转角区，不应大于1m。该高层建筑内的总建筑面积大于 5000m^2 的地上商店、歌舞娱乐放映游艺场所应在疏散走道和主要疏散路径的地面上，增设能保持视觉连续的灯光疏散指示标志或蓄光疏散指示标志。

【5-9】该高层商业综合楼灭火器配置有何要求？

【解析】（1）根据《建规》第 8. 1. 10 条的规定，该综合楼应设置建筑灭火器。

（2）根据《灭规》的规定，该建筑各层均应配置建筑灭火器。建筑内建筑面积超过 200m^2 的健身、休闲场所（属于公共娱乐场所）的灭火器配置危险等级为严重危险级，其他场所的灭火器配置危险等级为中危险级；地上商业综合楼及地下设备用房的火灾种类为 A 类火灾，地下汽车库的火灾种类为 B 类和 A 类火灾，均应配置手提式 ABC 型干粉灭火器。根据计算公式 $Q=KS/U$，计算单元中的最小需配灭火级别，再根据计算公式 $Q_e=Q/N$ 计算出每个灭火器设置点的最小需配灭火级别，来确定每个设置点灭火器的类型、规格与数量。灭火器设置点的位置和数量应根据灭火器最大保护距离确定。

【5-10】该高层商业综合消防电梯设置有何要求？

【解析】根据《建规》第 7. 3. 1 条的规定，一类高层公共建筑应设置消防电梯；消防电梯应分别设置在不同防火分区内，且每个防火分区不应少于 1 台。消防电梯载重量不应小于 800kg，行驶速度从首层到顶层的运行时间不应超过 60s；消防电梯内应设消防对讲电话，在首层的消防电梯入口处应设置供消防队员专用的操作按钮；消防电梯动力与控制电缆、电线、控制面板应采取防水措施；消防电梯内部装修应采用不燃材料；消防电梯井底应设排水设施，排水井容量不应小于 2m^3，排水泵的排水量不应小于 10L/s。

规范考点延伸

（1）人员密集的公共建筑、建筑高度大于 100m 的建筑和建筑面积大于 200m^2 的商业服务网点内应设置消防软管卷盘或轻便消防水龙。

（2）建筑面积大于 1000m^2 的餐馆或食堂，其烹饪操作间的排油罩及烹饪部位应设置自动灭火装置，并应在燃气或燃油管道上设置与自动灭火装置联动的自动切断装置。

案例每日一练

【5-11】某电信楼，共 34 层，建筑高度 106m，火灾自动报警系统采用总线制方式布线，其传输线路采用铜芯绝缘导线沿桥架明敷。回答下列问题：

（1）应采用何种火灾自动报警系统形式？

（2）线路敷设方式是否恰当？

（3）设置了火灾警报装置后是否还应设置火灾应急广播装置？

【解析】（1）应采用控制中心报警系统。

（2）火灾自动报警系统采用总线制方式布线时，控制、通信、警报信号与报警信号在同一总线回路上传输，当线路明敷时，应采用金属管或金属线槽保护，并应在金属管或金属线槽上采取防火保护措施或采用经阻燃处理的电缆，可不穿金属管，敷设在电缆竖井或顶棚内有防火保护措施的封闭式线槽内。

（3）应设置火灾应急广播。控制中心报警系统必须设置火灾应急广播。

第 6 节　一类高层商住楼建筑消防设施配置案例分析

助考知识要点

◆室外消火栓给水系统配置
◆室内消火栓给水系统配置
◆自动喷水灭火系统配置
◆火灾自动报警系统配置
◆防排烟系统配置
◆消防应急照明与消防疏散指示标志配置
◆建筑灭火器配置
◆消防电梯配置

范例情景描述

某一类高层商住楼地上 30 层、地下 2 层，总建筑面积 85694.81m^2。地下一层至地上四层为商场（建筑面积 37275.01m^2），地上五层及以上层为普通住宅，地下二层为汽车库（层高 4m）。该商住楼内的防烟楼梯间及其前室、消防电梯间前室和合用前室靠外墙布置，具备自然排烟条件。商住楼建筑高度 96.40m，裙房商场建筑高度 20.70m。该商住楼设有室内外消火栓系统、自动喷水灭火系统、防烟和排烟设施、火灾自动报警系统、消防应急照明和消防疏散指示标志、灭火器等消防设施及器材。

内容归纳解剖

6.1　某高层商住楼基本参数

根据范例情景描述，某高层商住楼的基本参数见表 2.6-1。

表 2.6-1　某高层商住楼的基本参数

名称	高度/m	层数/层	裙房高度	建筑面积/m^2
某高层商住楼	96.40	30/－2	20.70m	85694.81
地下一层至地上四层	商场：37275.01m^2			
地上五层至地上二十层	普通住宅			
地下二层	汽车库			

6.2　范例问题解答

【6-1】该商住楼室外消火栓配置有何要求？

【解析】（1）根据《建规》的规定，高层建筑必须设置室外消火栓给水系统。

（2）该建筑为一类高层商住楼，其室外消防用水量不应小于 40L/s（$V>50000m^3$），室外消火栓的数量应经计算确定，每个室外消火栓的用水量为 10～15L/s，应设置 3～4 个室外消火栓。室外消火栓给水管网应布置成环状，其进水管不宜少于两条。室外消火栓应沿高层建筑均匀布置，距商住楼的距离不宜小于5m，距路边的距离不宜大于2m，与被保护对象的距离不应大于150m。

【6-2】该商住楼室内消火栓配置有何要求？

【解析】（1）根据《建规》第8.2.1条的规定，该高层建筑应设置室内消火栓给水系统。

（2）建筑高度大于50m的商住楼室内消火栓用水量不应小于40L/s，消防管网应布置成环状。商住楼的住宅部分和裙房商场地下车库的各层均应设置室内消火栓，消火栓的间距保证同层任何部分有两个消火栓的水枪充实水柱同时到达，且消火栓的水枪充实水柱不小于13m；因该建筑采用临时高压给水系统，在屋顶应设置储水量不小于36m^3的高位水箱。

【6-3】该商住楼自动喷水灭火系统配置有何要求？

【解析】根据《建规》和《汽规》的规定，商住楼的裙房商场和地下二层汽车库，除不宜用水扑救的部位外，均应设置自动喷水灭火系统。该商住楼的商场和车库自动喷水灭火系统设置场所火灾危险等级均为中危险级Ⅱ级，设计喷水强度不应低于8L/（min·m^2），作用面积不小于160m^2。洒水喷头应选用流量系数$K=80$的标准喷头，每个报警阀组控制的标准喷头数不应超过800个，并应在最不利点喷头处，设置末端试水装置。

【6-4】该商住楼消防给水系统有何要求？

【解析】该商住楼采用临时高压消防给水系统，消防水泵房设在地下二层，其出口直通室外。消防水泵房内设置消火栓泵三台（两用一备），喷淋泵三台（两用一备）。消火栓系统分高、低两个区，用减压阀进行分区。消火栓系统和喷淋系统在室外各设了三个地下式消防水泵接合器。室外消防用水量设计由市政给水管网直接供给。

【6-5】该商住楼防排烟系统有何要求？

【解析】1. 防烟系统设置要求

该商住楼高度为96.40m，其防烟楼梯间及其前室、消防电梯间前室和合用前室的防烟设施均应采用机械加压送风系统。

2. 排烟系统设置要求

（1）根据《建规》第8.5.3条、第8.5.4条的规定，该高层建筑内长度大于20m的疏散走道；建筑面积大于100m^2且经常有人停留的地上房间；建筑面积大于300m^2且可燃物较多的地上房间；中庭；设置在一、二、三层且房间建筑面积大于100m^2和设置在四层及以上楼层、地下或半地下的歌舞娱乐放映游艺场所；总建筑面积大于200m^2或一个房间建筑面积大于50m^2，且经常有人停留或可燃物较多的地下或半地下室、地上建筑内的无窗房间，应设置排烟设施。

（2）根据《防排烟》的规定，排烟设施采用机械排烟系统时，除中庭外，一个防烟分区的排烟量，对于建筑空间净空高度为6m及以下的场所，排烟量应按不小于60m^3/（h·m^2）计算。公共建筑、工业建筑中空间净高大于6m的场所，其每个防烟分区排烟量应根据场所内的热释放速率以及《防排烟》第4.6.6条～第4.6.13条的规定计算确定。

（3）根据《汽修规》第8.2.1条的规定，地下汽车库（除建筑面积小于1000m^2的地下一层汽车库外）应设置排烟系统。该地下汽车库设置了机械排烟设施，利用下垂的梁划分防烟分区，每个防烟分区的建筑面积不大于2000m^2。根据《汽修规》第8.2.5条～第8.2.7

条、第 8.2.10 条的规定，该地下汽车库每个防烟分区排烟风机的排烟量不应小于 31500m^3/h。每个防烟分区应设置排烟口，排烟口宜设在顶棚或靠近顶棚的墙面上；排烟口距该防烟分区内最远点的水平距离不应超过 30m。同时还应设置补风系统，且补风量不宜小于排烟量的 50%。

【6-6】该商住楼火灾自动报警系统有何要求？

【解析】根据《建规》和《汽规》的规定，商住楼地下一层至地上四层商场部分和地下二层汽车库应设置火灾自动报警系统。系统可采用控制中心报警系统。除地下车库和厨房选用感温探测器外，商场等其他部位均选用感烟探测器。消防控制室设在该建筑的首层，采用耐火极限不低于 2h 的隔墙和 1.50h 的楼板与其他部位隔开，并设直通室外的安全出口。

【6-7】该商住楼应急照明和疏散指示配置有何要求？

【解析】（1）根据《建规》的规定，该建筑的下列部位应设置应急照明：楼梯间、防烟楼梯间前室、消防电梯间及其前室、合用前室；配电室、消防控制室、消防水泵房、防烟排烟机房、电话总机房以及发生火灾时仍需坚持工作的其他房间和商业营业厅等人员密集的场所及公共建筑内的疏散走道。消防控制室、消防水泵房、防烟排烟机房、配电室和自备发电机房、电话总机房以及发生火灾时仍需坚持工作的其他房间的应急照明照度，应保证正常照明的照度。

（2）高层建筑的疏散走道和安全出口处应设灯光疏散指示标志，并宜设在墙面上或顶棚上。安全出口标志宜设在出口的顶部；疏散走道的标志宜设在疏散走道及其转角处距地面 1m 以下的墙面上。走道疏散标志灯的间距不应大于 20m。

【6-8】该商住楼灭火器配置有何要求？

【解析】根据《灭规》的规定，该商住楼的商场和住宅的公共活动部位（建筑面积大于 100m^2）及地下汽车库应配置建筑灭火器。灭火器配置场所的火灾种类和危险等级：地下车库为 A 类和 B 类火灾，严重危险级；商场为 A 类火灾，严重危险级；住宅公共活动部位为 A 类火灾，轻危险级。因此在该建筑各层均配置 ABC 干粉灭火器。

【6-9】该商住楼消防电梯设置有何要求？

【解析】根据《建规》第 7.3.1 条的规定，一类高层公共建筑应设置消防电梯；消防电梯应分别设置在不同防火分区内，且每个防火分区不应少于 1 台。消防电梯载重量不应小于 800kg，行驶速度从首层到顶层的运行时间不应超过 60s；消防电梯内应设消防对讲电话，在首层的消防电梯入口处应设置供消防队员专用的操作按钮；消防电梯动力与控制电缆、电线、控制面板应采取防水措施；消防电梯内部装修应采用不燃材料；消防电梯井底应设排水设施，排水井容量不应小于 2m^3，排水泵的排水量不应小于 10L/s。

规范考点延伸

（1）《消规》第 3.6.1 条　消防给水一起火灾灭火用水量应按需要同时作用的室内外消防给水用水量之和计算，两座及以上建筑合用时，应取最大者。

（2）《灭规》第 6.1.3 条　当住宅每层的公共部位建筑面积超过 100m^2时，应配备 1 具 1A 的手提式灭火器；每增加 100m^2时，增配 1 具 1A 的手提式灭火器。

（3）《消规》第 4.3.4 条　当消防水池采用两路消防供水且在火灾情况下连续补水能满足消防要求时，消防水池的有效容积应根据计算确定，但不应小于 100m^3，当仅设有消火栓

系统时不应小于 $50m^3$。

(4)《消规》第 4.3.6 条　消防水池的总蓄水有效容积大于 $500m^3$ 时，宜设两格能独立使用的消防水池；当大于 $1000m^3$ 时，应设置能独立使用的两座消防水池。每格（或座）消防水池应设置独立的出水管，并应设置满足最低有效水位的连通管，且其管径应能满足消防给水设计流量的要求。

(5)《消规》第 4.3.8 条　消防用水与其他用水共用的水池，应采取确保消防用水量不作他用的技术措施。

(6)《消规》第 4.3.9 条　消防水池的出水、排水和水位应符合下列规定：

1）消防水池的出水管应保证消防水池的有效容积能被全部利用。

2）消防水池应设置就地水位显示装置，并应在消防控制中心或值班室等地点设置显示消防水池水位的装置，同时应有最高和最低报警水位。

3）消防水池应设置溢流水管和排水设施，并应采用间接排水。

案例每日一练

【6-10】消防电梯设置要点有哪些?

【解析】(1) 消防电梯前室要求：

1）前室宜靠外墙设置，并应在首层直通室外或经过长度不大于 30m 的通道通向室外。

2）前室的使用面积不应小于 $6.0m^2$。

3）除前室的出入口、前室内设置的正压送风口和规范规定的户门外，前室内不应开设其他门、窗、洞口。

4）前室或合用前室的门应采用乙级防火门，不应设置卷帘。

(2) 消防电梯井、机房与相邻电梯井、机房之间应设置耐火极限不低于 2.00h 的防火隔墙，隔墙上的门应采用甲级防火门。

(3) 消防电梯的井底应设置排水设施，排水井的容量不应小于 $2m^3$，排水泵的排水量不应小于 10L/s。消防电梯间前室的门口宜设置挡水设施。

(4) 消防电梯应符合下列规定：

1）应能每层停靠。

2）电梯的载重量不应小于 800kg。

3）电梯从首层至顶层的运行时间不宜大于 60s。

4）电梯的动力与控制电缆、电线、控制面板应采取防水措施。

5）在首层的消防电梯入口处应设置供消防队员专用的操作按钮。

6）电梯轿厢的内部装修应采用不燃材料。

7）电梯轿厢内部应设置专用消防对讲电话。

第 7 节　高度超过 100m 的综合楼建筑消防设施配置案例分析

助考知识要点

◆室外消火栓给水系统配置

◆室内消火栓给水系统配置
◆自动喷水灭火系统配置
◆水喷雾灭火系统配置
◆消防水泵、管道和消防水池、水箱
◆气体灭火系统配置
◆火灾自动报警系统配置
◆防排烟系统配置
◆消防电梯配置
◆应急照明和疏散指示标志配置
◆建筑灭火器配置

范例情景描述

某综合楼地上 52 层，地下 3 层，建筑高度 231m，总建筑面积为 193159.58m^2。地下部分为车库和设备用房，层高 4m，并设有汽车坡道直通室外地面。地上一至五层的主要使用功能为商场，地上六至十四层的主要使用功能为写字楼，地上十六至三十六层、地上三十八至五十二层的主要使用功能为酒店。每层建筑面积不小于 3000m^2。消防用水分别从两路市政管网各引一路 DN300 的进水管，并在综合楼四周形成环状管网，环状管网上设置室外消火栓系统。综合楼各层均设置室内消火栓系统；变（配）电室、通信机房采用七氟丙烷气体灭火系统，可燃油油浸电力变压器、充可燃油的高压电容器和多油开关室采用水喷雾灭火系统，其他部位均设置湿式自动喷水灭火系统。室内消防给水系统为临时高压给水系统并采用串联消防给水方式供水。在地下二层（室内地面与室外出入口地坪高差为 9m）、地上避难层分别设置消防泵房和中间消防水箱，在顶层设大于 100m^{3}高位消防水箱。该建筑还设有正压送风防烟系统、机械排烟系统、火灾自动报警系统、消防应急照明、消防疏散指示标志、灭火器、消防电梯等消防设施及器材。

内容归纳解剖

7.1　某综合楼基本参数

根据范例情景描述，某综合楼的基本参数见表 2.7-1。

表 2.7-1　某综合楼的基本参数

名称	高度/m	层数/层	类别	建筑面积/m^2
某综合楼	231	52/ -3	一类	193159.58
地下部分	为车库和设备用房			
地上部分	地上一至五层为商场，地上六至十四层为写字楼，地上十六至三十六层、地上三十八至五十二层为酒店，每层建筑面积不小于 3000m^2			
消防水箱	在顶层设大于 100m^3 高位消防水箱			
消防泵房和中间消防水箱	地下二层（高差 9m）、地上避难层设消防泵房和中间消防水箱			
七氟丙烷气体灭火系统	变（配）电室、通信机房			
水喷雾灭火系统	可燃油油浸电力变压器、充可燃油的高压电容器和多油开关室			

7.2 范例问题解答

【7-1】该综合楼室外消火栓配置有何要求？

【解析】(1) 该建筑应设置室外消火栓给水系统。

(2) 该建筑为一类高层综合楼，其室外消防用水量不应小于 40L/s。室外消火栓的数量应经计算确定，每个室外消火栓的用水量为 10 ~ 15L/s，应设 3 ~ 4 个室外消火栓。室外消火栓应沿高层建筑四周均匀布置，建筑消防扑救面一侧的室外消火栓数量不宜少于 2 个，室外消火栓距高层建筑外墙的距离不宜小于 5m。

【7-2】该综合楼室内消火栓配置有何要求？

【解析】(1) 该建筑应设置室内消火栓给水系统。

(2) 该建筑室内消火栓给水系统采用临时高压给水系统，串联供水方式，其用水量为 40L/s。室内消防给水管道布置成环状，引入管为两根，当其中一根发生故障时，其余的进水管或引入管应能保证消防用水量和水压的要求。室内消火栓布置，除无可燃物的设备层外，其他各层均应设置室内消火栓，并符合以下规定：

1) 消火栓应设在走道、楼梯附近等明显易于取用的地点，消火栓的间距应保证同层任何部位有两个消火栓的水枪充实水柱同时到达。

2) 消火栓的水枪充实水柱应通过水力计算确定，且不应小于 13m。

3) 消火栓的间距不应大于 30m；消火栓栓口离地面高度宜为 1.10m，栓口出水方向宜向下或与设置消火栓的墙面相垂直；消火栓栓口的出水压力大于 0.70MPa 时，应采取减压措施。

4) 消火栓应采用同一型号规格，消火栓的栓口直径应为 65mm，水带长度不应超过 25m，水枪喷嘴口径不应小于 19mm，临时高压给水系统的每个消火栓处应设直接启动消防水泵的按钮，并应设有保护按钮的设施。

5) 消防电梯间前室应设消火栓；高层建筑的屋顶应设一个装有压力显示装置的检查用的消火栓。

【7-3】该综合楼自动喷水灭火系统配置有何要求？

【解析】(1) 该高层公共建筑（除游泳池、溜冰场外）及其地下、半地下室应设置自动灭火系统，并宜采用自动喷水灭火系统。停车数超过 10 辆的地下汽车库应设置自动喷水灭火系统。

(2) 该综合楼自动喷水灭火系统设置场所火灾危险等级，商场和地下车库均为中危险级Ⅱ级，办公部分为中危险级Ⅰ级，系统按中危险级Ⅱ级设计。设计喷水强度不应低于 $8L/(min \cdot m^2)$，作用面积不小于 $160m^2$。消防用水量依据《自喷》的规定，并根据喷头布置情况经计算确定。洒水喷头应选用流量系数 $K = 80$ 的标准喷头，每个报警阀组控制的标准喷头数不应超过 800 个。该综合楼总建筑面积 $193159.58m^2$，根据《自喷》的规定，中危险级Ⅱ级一个喷头的最大保护面积为 $11.50m^2$，初步计算该建筑至少需要 16797 个喷头，至少需设湿式报警阀 21 个。

【7-4】该综合楼水喷雾灭火系统配置有何要求？

【解析】根据《建规》的规定，可燃油油浸电力变压器、充可燃油的高压电容器和多油开关室宜设水喷雾或气体灭火系统。水喷雾灭火系统可用于扑救固体火灾和闪点大于 60℃

的液体火灾及电气火灾。该建筑的上述场所和柴油发电机房均采用水喷雾灭火系统。变压器室、开关室和柴油发电机室及其储油间的系统设计喷雾强度为20L/（min·m^2），持续喷雾时间，变压器室、开关室为0.4h；柴油发电机室及其储油间为0.5h。系统应选择水喷雾喷头，工作压力不应小于0.35MPa。消防用水量取决于被保护对象表面积大小，上述被保护对象最大的为变压器室。

【7-5】该综合楼消防水泵、管道和消防水池有何要求？

【解析】根据《消规》第3.6.1条的规定，高层建筑的消防用水总量应按室内、室外消防用水量之和计算，其中室内消防用水量应按需要同时开启的灭火系统用水量之和计算。计算消防水池容量时，其火灾延续时间应按3h计算，其中自动喷水灭火系统可按火灾延续时间1h计算。消防水池的总容量大于500m^3时，宜设两格能独立使用的消防水池。该建筑应设高位消防水箱，储水量不应小于100m^3；高位消防水箱的设置高度应保证最不利点消火栓静水压力，因该工程建筑高度超过100m，最不利点消火栓静水压力不应低于0.15MPa，否则应设增压设施。室内消火栓给水系统和自动喷水灭火系统应设水泵接合器，每个水泵接合器的流量应按10~15L/s计算。附设在建筑物内的消防水泵房，不应设置在地下三层及以下，或室内地面与室外出入口地坪高差大于10m的地下楼层。

【7-6】该综合楼气体灭火系统配置有何要求？

【解析】根据《建规》的规定，通信机房应设置气体灭火系统。该建筑采用七氟丙烷全淹没灭火系统，组合分配形式，设计压力为4.20MPa，设计浓度为8%，喷放时间不大于8s，浸渍时间不小于5min。系统采用自动控制、手动控制和机械应急操作三种启动方式。

【7-7】该综合楼防排烟系统有何要求？

【解析】1. 防烟系统

（1）该建筑的防烟楼梯间及其前室、消防电梯间前室和合用前室、避难层（间）应设置独立的机械加压送风的防烟系统。

（2）根据《防排烟》的规定，防烟设施采用机械加压送风防烟方式时，应满足防烟楼梯间与走道之间的余压值为40~50Pa，前室、合用前室、消防电梯间前室与走道之间的余压值为25~30Pa；当系统余压值超过最大允许压力差时，应采取泄压措施。楼梯间宜每隔2~3层设一个加压送风口，前室的加压送风口应每层设置常闭风口。火灾确认后15s内应联动开启风机和加压送风口，且前室的加压送风口应开启着火层及其相邻上下层。机械加压送风机可采用轴流风机或中、低压离心风机，风机位置应根据供电条件，风量分配均衡，新风入口不受火、烟威胁等因素确定。

2. 排烟系统

（1）根据《建规》第8.5.3条、第8.5.4条的规定，该高层建筑内长度大于20m的疏散走道；建筑面积大于100m^2且经常有人停留的地上房间；建筑面积大于300m^2且可燃物较多的地上房间；中庭；设置在一、二、三层且房间建筑面积大于100m^2和设置在四层及以上楼层、地下或半地下的歌舞娱乐放映游艺场所；总建筑面积大于200m^2或一个房间建筑面积大于50m^2，且经常有人停留或可燃物较多的地下或半地下室、地上建筑内的无窗房间，应设置排烟设施。

（2）根据《防排烟》的规定，排烟设施采用机械排烟系统时，除中庭外，一个防烟分区的排烟量，对于建筑空间净空高度为6m及以下的场所，排烟量应按不小于60m^3/（h·

m^2）计算。公共建筑、工业建筑中空间净高大于6m 的场所，其每个防烟分区排烟量应根据场所内的热释放速率以及《防排烟》第 4. 6. 6 条 ~ 第 4. 6. 13 条的规定计算确定。

（3）根据《汽修规》第 8. 2. 1 条的规定，地下汽车库（除建筑面积小于 1000m^2 的地下一层汽车库外）应设置排烟系统。该地下汽车库设置了机械排烟设施，利用下垂的梁划分防烟分区，每个防烟分区的建筑面积不大于 2000m^2。根据《汽修规》第 8. 2. 5 条 ~ 第 8. 2. 7 条、第 8. 2. 10 条的规定，该地下汽车库每个防烟分区排烟风机的排烟量不应小于 31500m^3/h。每个防烟分区应设置排烟口，排烟口宜设在顶棚或靠近顶棚的墙面上；排烟口距该防烟分区内最远点的水平距离不应超过 30m。同时还应设置补风系统，且补风量不宜小于排烟量的 50%。

【7-8】该综合楼火灾自动报警系统有何要求？

【解析】根据《建规》的规定，建筑高度超过 100m 高层建筑，除游泳池、溜冰场、卫生间外均应设置火灾自动报警系统。系统形式可采用控制中心报警系统。火灾探测器种类的选择：

（1）商场、酒店、办公楼的火灾初期有阴燃阶段，产生大量的烟和少量的热，很少或没有火焰辐射的场所，应选择感烟探测器。

（2）地下车库，变、配电室，开关室，柴油发电机房及其储油间的火灾发展迅速，可产生大量热、烟和火焰辐射的场所，可选择感温探测器、感烟探测器、火焰探测器或其组合。消防控制中心应有消防联动控制功能，并能接收和显示消防应急广播系统、应急照明和疏散指示系统、防排烟系统、防火门及卷帘系统、消火栓系统、各类灭火系统、消防通信系统、电梯等消防系统和设备的动态信息。

【7-9】该综合楼应急照明和疏散指示配置有何要求？

【解析】（1）根据《建规》第 10. 3. 1 条、第 10. 3. 2 条的规定，该建筑的下列部位应设置疏散照明：①防烟楼梯间及其前室、消防电梯间的前室或合用前室，其地面最低水平照度不应低于 5. 0lx；②观众厅、展览厅、多功能厅和建筑面积大于 200m^2 的营业厅、餐厅、演播室等人员密集的场所，其地面最低水平照度不应低于 3. 0lx；③建筑面积大于 100m^2 的地下或半地下公共活动场所，其地面最低水平照度不应低于 3. 0lx；④疏散走道，其地面最低水平照度不应低于 1. 0lx。

（2）根据《建规》第 10. 3. 3 条的规定，配电室、消防控制室、消防水泵房、防烟排烟机房以及发生火灾时仍需正常工作的消防设备房应设置备用照明，其作业面的最低照度不应低于正常照明的照度。

（3）根据《建规》第 10. 3. 5 条、第 10. 3. 6 条的规定，该高层建筑应设置灯光疏散指示标志。灯光疏散指示标志应设在安全出口和人员密集场所的疏散门的正上方，还应设在疏散走道及其转角处距地面高度 1m 以下的墙面或地面上。灯光疏散指示标志间距不应大于 20m，对于袋形走道，不应大于 10m；在走道转角区，不应大于 1m。该高层建筑内的总建筑面积大于 5000m^2 的地上商店、歌舞娱乐放映游艺场所应在疏散走道和主要疏散路径的地面上，增设能保持视觉连续的灯光疏散指示标志或蓄光疏散指示标志。

【7-10】该综合楼灭火器配置有何要求？

【解析】该建筑各层均应配置建筑灭火器。建筑灭火器配置场所危险等级为严重危险级。其中商场、酒店、办公楼部分火灾种类为 A 类火灾；地下车库火灾种类为 A 类和 B 类火灾。因此，该建筑内各层均配备 ABC 干粉灭火器，在变、配电室，开关室，柴油发电机室增配二氧化碳灭火器。

【7-11】该综合楼消防电梯设置有何要求?

【解析】根据《建规》第 7.3.1 条的规定，一类高层公共建筑应设置消防电梯；消防电梯应分别设置在不同防火分区内，且每个防火分区不应少于 1 台。消防电梯载重量不应小于 800kg，行驶速度从首层到顶层的运行时间不应超过 60s；消防电梯内应设消防对讲电话，在首层的消防电梯入口处应设置供消防队员专用的操作按钮；消防电梯动力与控制电缆、电线、控制面板应采取防水措施；消防电梯内部装修应采用不燃材料；消防电梯井底应设排水设施，排水井容量不应小于 $2m^3$，排水泵的排水量不应小于 10L/s。

规范考点延伸

（1）《消规》第 7.4.11 条　消防软管卷盘和轻便水龙的用水量可不计入消防用水总量。

（2）《消规》第 6.2.1 条　符合下列条件时，消防给水系统应分区供水：

1）系统工作压力大于 2.40MPa（当系统的工作压力大于 2.40MPa 时，应采用消防水泵串联或减压水箱分区供水形式）。

2）消火栓栓口处静压大于 1.00MPa。

3）自动喷水灭火系统报警阀处的工作压力大于 1.60MPa 或喷头处工作压力大于 1.20MPa。

（3）《消规》第 6.2.3 条　采用消防水泵串联分区供水时，宜采用消防水泵转输水箱串联供水方式，并应符合下列规定：

1）当采用消防水泵转输水箱串联时，转输水箱的有效储水容积不应小于 $60m^3$，转输水箱可作为高位消防水箱。

2）串联转输水箱的溢流管宜连接到消防水池。

3）当采用消防水泵直接串联时，应采取确保供水可靠性的措施，且消防水泵从低区到高区应能依次顺序启动。

4）当采用消防水泵直接串联时，应校核系统供水压力，并应在串联消防水泵出水管上设置减压型倒流防止器。

（4）《消规》第 6.2.4 条　采用减压阀减压分区供水时应符合下列规定：

1）消防给水所采用的减压阀性能应安全可靠，并应满足消防给水的要求。

2）减压阀应根据消防给水设计流量和压力选择，且设计流量应在减压阀流量压力特性曲线的有效段内，并校核在 150% 设计流量时，减压阀的出口动压不应小于设计值的 65%。

3）每一供水分区应设不少于两组减压阀组，每组减压阀组宜设置备用减压阀。

4）减压阀仅应设置在单向流动的供水管上，不应设置在有双向流动的输水干管上。

5）减压阀宜采用比例式减压阀，当超过 1.20MPa 时，宜采用先导式减压阀。

6）减压阀的阀前阀后压力比值不宜大于 3∶1，当一级减压阀减压不能满足要求时，可采用减压阀串联减压，但串联减压不应大于两级，第二级减压阀宜采用先导式减压阀，阀前后压力差不宜超过 0.40MPa。

7）减压阀后应设置安全阀，安全阀的开启压力应能满足系统安全，且不应影响系统的供水安全性。

（5）《消规》第 6.2.5 条　采用减压水箱减压分区供水时应符合下列规定：

1）减压水箱的有效容积、出水、排水、水位和设置场所，应符合《消规》第 4.3.8 条、第 4.3.9 条、第 5.2.5 条和第 5.2.6 条第 2 款的规定。

2）减压水箱的布置和通气管、呼吸管等，应符合《消规》第 5.2.6 条第 3 款 ~ 第 11 款的规定。

3）减压水箱的有效容积不应小于 $18m^3$，且宜分为两格。

4）减压水箱应有两条进、出水管，且每条进、出水管应满足消防给水系统所需消防用水量的要求。

5）减压水箱进水管的水位控制应可靠，宜采用水位控制阀。

6）减压水箱进水管应设置防冲击和溢水的技术措施，并宜在进水管上设置紧急关闭阀门，溢流水宜回流到消防水池。

案例每日一练

【7-12】手动火灾报警按钮的设置要点？

【解析】（1）每个防火分区应至少布置一只手动火灾报警按钮。

（2）从一个防火分区内的任何位置到最邻近的一个手动火灾报警按钮的距离不应大于 30m。

（3）手动火灾报警按钮宜设置在疏散通道或出入口处。

（4）手动火灾报警按钮宜设置在明显和便于操作的部位，当安装在墙上时，其底边距地高度宜为 1.30 ~ 1.50m，且应有明显的标志。

第 8 节　二类高层旅馆建筑消防设施配置案例分析

助考知识要点

◆室内、室外消防给水系统配置

◆自动喷水灭火系统配置

◆建筑灭火器配置

◆应急照明和疏散指示标志的配置

范例情景描述

某高层旅馆地上 8 层、地下 1 层，建筑高度 32m，总建筑面积 $18000m^2$，每层层高均为 4m，每层建筑面积均为 $2000m^2$，客房数为 161 间。地下一层设置生活给水泵房、消防水泵房、消防水池、配电室等。首层为大堂、多功能厅以及厨房、餐厅等，地上二至八层为旅馆客房，建筑内设置两部符合自然通风条件的封闭楼梯间。该旅馆每层设有 3 个 DN65 室内消火栓，消火栓间距小于 25m；各层均设有自动喷水灭火系统；大堂、多功能厅以及厨房、娱乐室和疏散走道及楼梯间设有消防应急照明和灯光疏散指示标志；各层每个室内消火栓处配置 2 具手提式 ABC 干粉灭火器；距该建筑室外 150m 范围内设有两个室外消火栓。

内容归纳解剖

8.1　某高层旅馆基本参数

根据范例情景描述，该高层旅馆基本参数见表 2. 8-1。

表 2. 8-1　高层旅馆基本参数

名称	高度/m	类别	层数	每层建筑面积/m^2	建筑总面积/m^2
高层旅馆	32	二类	8/ - 1	2000	18000
地下一层	设生活给水泵房、消防水泵房、消防水池、配电间				
首层	大堂、多功能厅以及厨房、娱乐室				
地上二至八层	旅馆客房				

8.2　范例问题解答

【8-1】该高层旅馆室外消防给水系统配置有何要求？

【解析】该高层旅馆为二类高层公共建筑，其室外消防用水量不应小于 40L/s。室外消火栓的数量应经计算确定，每个室外消火栓的用水量为 10 ~ 15L/s，应设 3 ~ 4 个室外消火栓。室外消火栓应沿高层建筑四周均匀布置，建筑消防扑救面一侧的室外消火栓数量不宜少于 2 个，室外消火栓距高层建筑外墙的距离不宜小于 5m。

【8-2】该高层旅馆室内消防给水系统配置有何要求？

【解析】建筑高度≤50m 的高层旅馆，其室内消火栓设计流量不应小于 20L/s，同时使用消防水枪数不应少于 4 支，每根竖管最小流量应为 10L/s。室内消火栓采用临时高压给水系统，给水管道布置成环状，包括设备层在内的各层均应设置室内消火栓。消火栓的布置应满足同一平面有 2 支水枪的 2 股充实水柱同时到达任何部位的要求；消火栓栓口动压不应小于 0. 35MPa，且水枪充实水柱应按 13m 计算。消火栓的间距不大于 30. 0m，消火栓栓口距地面高度宜为 1. 1m，栓口出水方向宜向下或与设置消火栓的墙面相垂直；消火栓栓口的动压不应大于 0. 50MPa，当大于 0. 70MPa 时必须设置减压装置；应采用同一型号、规格的 DN65 室内消火栓，配置公称直径 65mm、有内衬里且长度不宜超过 25. 0m 的消防水带。消防电梯间前室应设室内消火栓，高层建筑的屋顶应设一个装有压力显示装置的检查用的消火栓。

【8-3】该高层旅馆自动喷水灭火系统配置有何要求？

【解析】（1）二类高层旅馆的公共活动用房、走道、办公室和旅馆的客房、自动扶梯底部、可燃物品仓库等部位应设自动喷水灭火系统。

（2）该高层旅馆设置场所火灾危险为中危险级 Ⅰ 级。设计喷水强度不应小于 6L/（min · m^2），作用面积不应小于 160m^2。该高层旅馆客房采用边墙型喷头，地下室采用直立型喷头，办公、走道等部位采用吊顶型喷头；除厨房操作间采用喷头动作温度 93℃ 外，其余选用喷头动作温度为 68℃ 的标准喷头。每个湿式报警阀控制喷头数不超过 800 个。

【8-4】该高层旅馆建筑灭火器配置有何要求？

【解析】（1）该高层旅馆各层均应配置建筑灭火器。

（2）旅馆建筑首层的多功能厅和厨房及公共活动用房的灭火器配置场所危险等级应为

严重危险级，地下一层配电室的灭火器配置场所危险等级应为中危险级，客房及其他设备用房的灭火器配置场所危险等级应为轻危险级。

（3）二至八层每层计算单元的最小需配灭火级别：

$$Q=\frac{0.5\times 200}{100}=10\ \text{(A)}$$

（4）二至八层每层计算单元中每个灭火器设置点的最小需配灭火级别：

$$Q_{e}=\frac{10}{3}=3.33\ \text{(A)}$$

（5）在客房各层每个灭火器设置点应配置 4kg 手提式 ABC 干粉灭火器 2 具。同理，也可以计算出其他楼层每个灭火器设置点的最小需配灭火级别（A）。

【8-5】该高层旅馆应急照明和疏散指示标志的配置有何要求？

【解析】（1）该高层旅馆的下列部位应设置疏散照明：

1）封闭楼梯间，其地面最低水平照度不应低于 5.0lx。

2）大堂、多功能厅和建筑面积大于 200m² 的营业厅、餐厅等人员密集的场所，其地面最低水平照度不应低于 3.0lx；疏散走道，其地面最低水平照度不应低于 1.0lx。

（2）配电室、消防控制室、消防水泵房、防烟排烟机房以及发生火灾时仍需正常工作的消防设备房应设置备用照明，其作业面的最低照度不应低于正常照明的照度。

（3）该高层旅馆应设置灯光疏散指示标志。灯光疏散指示标志应设在安全出口和人员密集场所的疏散门的正上方，还应设在疏散走道及其转角处距地面高度 1m 以下的墙面或地面上；疏散走道处的灯光疏散指示标志的间距不应大于 20m，对于袋形走道，不应大于 10m；在走道转角区，不应大于 1.0m。

规范考点延伸

（1）《建规》第 8.4.1.11 条　二类高层公共建筑内建筑面积大于 50m² 的可燃物品库房和建筑面积大于 500m² 的营业厅应设置火灾自动报警系统，其他场所可不设置火灾自动报警系统。

（2）《建规》第 6.4.2 条　封闭楼梯间应符合下列规定：

1）不能自然通风或自然通风不能满足要求时，应设置机械加压送风系统或采用防烟楼梯间。

2）除楼梯间的出入口和外窗外，楼梯间的墙上不应开设其他门、窗、洞口。

3）高层建筑，人员密集的公共建筑，人员密集的多层丙类厂房，甲、乙类厂房，其封闭楼梯间的门应采用乙级防火门，并应向疏散方向开启；其他建筑，可采用双向弹簧门。

4）楼梯间的首层可将走道和门厅等包括在楼梯间内形成扩大的封闭楼梯间，但应采用乙级防火门等与其他走道和房间分隔。

（3）《建规》第 7.3.1 条　下列建筑应设置消防电梯：

1）建筑高度大于 33m 的住宅建筑。

2）一类高层公共建筑和建筑高度大于 32m 的二类高层公共建筑、5 层及以上且总建筑面积大于 3000m²（包括设置在其他建筑内五层及以上楼层）的老年人照料设施。

3）设置消防电梯的建筑的地下或半地下室，埋深大于 10m 且总建筑面积大于 3000m²

的其他地下或半地下建筑（室）。

（4）《建规》第 7.3.2 条　消防电梯应分别设置在不同防火分区内，且每个防火分区不应少于 1 台。

案例每日一练

【8-6】二类高层公共建筑哪些部位应设自动喷水灭火系统？

【解析】二类高层公共建筑的公共活动用房、走道、办公室和旅馆的客房、自动扶梯底部、可燃物品库房应设自动喷水灭火系统。

第 9 节　甲、乙、丙类液体储罐区消防设施配置案例分析

助考知识要点

◆储存物品的火灾危险性分类

◆低倍数泡沫灭火系统配置

◆消防给水系统配置

◆建筑灭火器配置

范例情景描述

9.1　主要理化性能

某占地 80hm^2（公顷）工厂厂区内设置储罐区，储存有正丙醇、正丁醇、乙醇、二甘醇、环己酮、异丙醇、丙二醇、乙二醇和轻柴油，均为钢制单盘式内浮顶储罐。罐区储存物主要理化性能见表 2.9-1。

表 2.9-1　罐区储存物主要理化性能

储存物质	闪点/℃	分类	水溶性	单罐容积/m^3	储存物质	闪点/℃	分类	水溶性	单罐容积/m^3
正丙醇	15	甲	是	1200	异丙醇	12	甲	是	500
正丁醇	35	乙	是	1200	丙二醇	99	丙	是	500
乙醇	12	甲	是	100	乙二醇	111.10	丙	是	1200
二甘醇	124	丙	是	500	轻柴油	65	丙	否	500
环己酮	43	乙	否	500					

内容归纳解剖

9.2　范例问题解答

【9-1】确定储罐区火灾危险性分类

【解析】正丙醇、乙醇、异丙醇储罐储存物品闪点小于 28℃，火灾危险性分类为甲类；正丁醇、环己酮储罐储存物品闪点大于或等于 28℃，但小于 60℃，火灾危险性分类为乙类；

乙二醇、二甘醇、丙二醇和轻柴油储罐储存物品闪点大于或等于 60℃，火灾危险性分类为丙类。上述储存物品除环己酮、轻柴油外均为水溶性物质。

【9-2】该储罐区室外消火栓如何设置？

【解析】(1) 根据《建规》第 8.1.2 条的规定，该储罐区应设室外消火栓系统。

(2) 储罐区室外消防用水量，应按同一时间内火灾起数和一起火灾灭火所需室外消防用水量确定。

(3) 工厂、堆场和储罐区等，当占地面积小于或等于 $100hm^2$，且附有居住区人数≤1.5 万人时，同一时间内的火灾起数应按一起确定。

(4) 一起火灾灭火所需消防用水的设计流量，应由室外消火栓系统、泡沫灭火系统、固定冷却水系统等需要同时作用的各种水灭火系统的设计流量组成。

(5) 甲、乙、丙类可燃液体储罐的消防给水设计流量应按最大罐组确定，并应按泡沫灭火系统设计流量、固定冷却水系统设计流量与室外消火栓设计流量之和确定。

【9-3】该储罐区泡沫灭火系统如何设置？

【解析】(1) 根据《建规》第 8.3.10 条的规定，该储罐区应设置固定泡沫灭火系统。

(2) 根据《泡规》第 4.1.2 条和 4.1.3 条的规定，水溶性甲、乙、丙类液体内浮顶储罐必须选用抗溶性泡沫灭火剂，且应采用低倍数固定式液上喷射系统。储罐区泡沫灭火系统扑救一次火灾所需泡沫混合液设计用量，应按罐内用量、罐内辅助泡沫枪用量、管道剩余量三者之和最大的储罐确定。

【9-4】该储罐区建筑灭火器如何配置？

【解析】根据《灭规》的规定，该甲、乙、丙类液体储罐（区）应配置建筑灭火器。灭火器配置场所火灾种类为 B 类，闪点小于 60℃的可燃液体危险等级为严重危险级；闪点大于或等于 60℃的液体为中危险级。应配置泡沫或干粉灭火器，灭火器配置设计的计算单元应按储罐的占地面积计算。

规范考点延伸

(1)《泡规》第 4.1.2 条　储罐区低倍数泡沫灭火系统的选择，应符合下列规定：

1) 非水溶性甲、乙、丙类液体固定顶储罐，应选用液上喷射、液下喷射或半液下喷射系统。

2) 水溶性甲、乙、丙类液体和其他对普通泡沫有破坏作用的甲、乙、丙类液体固定顶储罐，应选用液上喷射系统或半液下喷射系统。

3) 外浮顶和内浮顶储罐应选用液上喷射系统。

4) 非水溶性液体外浮顶储罐、内浮顶储罐、直径大于 18m 的固定顶储罐及水溶性甲、乙、丙类液体立式储罐，不得选用泡沫炮作为主要灭火设施。

5) 高度大于 7m 或直径大于 9m 的固定顶储罐，不得选用泡沫枪作为主要灭火设施。

(2)《泡规》第 4.1.3 条　储罐区泡沫灭火系统扑救一次火灾的泡沫混合液设计用量，应按罐内用量、该罐辅助泡沫枪用量、管道剩余量三者之和最大的储罐确定。水溶性可燃液体储罐不能采用液下喷射泡沫灭火系统。

(3)《泡规》第 4.3.1 条　钢制单盘式与双盘式外浮顶储罐的保护面积，应按罐壁与泡沫堰板间的环形面积确定。

案例每日一练

【9-5】某储罐区，设有 4 个内浮顶汽油储罐，单罐容积为 2000m^3。问：

（1）该储存物品的火灾危险类别是什么？

（2）该储罐应采用何种泡沫灭火系统？

（3）泡沫消防泵启动后，将泡沫液或泡沫混合液输送到最远储罐的时间不应大于多少 min？

【解析】（1）属于甲类。

（2）应采用固定式低倍数或中倍数泡沫灭火系统。

（3）不应大于 5min。

【9-6】某储罐区设有 2 个固定顶储罐，单罐容积 10000m^3，直径 36m，储存物质为乙醇。问：

（1）设置泡沫灭火系统时是否可以选用液下喷射泡沫灭火系统？为什么？

（2）应选择何种泡沫液？

（3）如果将泡沫炮和泡沫枪作为上述储罐的主要灭火设施是否符合要求？为什么？

【解析】（1）采用液下喷射泡沫灭火系统是不可以的。因为水溶性甲、乙、丙类液体的固定顶罐，应选用液上喷射泡沫灭火系统或半液下喷射泡沫灭火系统。

（2）选择抗溶性泡沫液。

（3）不符合。水溶性液体的立式储罐，不应用泡沫炮作为主要灭火设施。直径大于 9m，高度大于 7m 的固定顶储罐，不应用泡沫枪作为主要灭火设施。

第 10 节　大型多层展览建筑消防设施配置案例分析

助考知识要点

◆室外消火栓给水系统配置
◆室内消火栓给水系统配置
◆自动喷水灭火系统
◆气体灭火系统配置
◆火灾自动报警系统配置
◆防烟排烟系统配置
◆消防应急照明和疏散指示标志的配置
◆建筑灭火器配置

范例情景描述

某博物馆占地面积 7.63hm^2，地上 2 层，每层建筑面积 2893.25m^2，地下 1 层，建筑面积 4085m^2，该建筑每层层高均为 6m，总建筑面积 9871.5m^2，建筑高度 12m。该博物馆为钢筋混凝土框架结构，耐火等级为一级。地下一层主要功能为文物出入区及博物馆辅助用房、会议室等，其中地下一层有一个防火分区与首层中庭景观水池连通，火灾时利用防火卷帘与其他分区分隔；地上一层主要功能为门厅、共享中庭、临时展厅、书店、茶座、贵宾接待厅等；地上二层为常设展厅。该博物馆设有室内外消火栓系统、自动喷水灭火系统、超细干粉灭火系统、气体灭火系统、防烟排烟系统、火灾自动报警系统、消防应急照明、消防疏散指示标志和建筑灭火器等消防设施及器材。

内容归纳解剖

10.1 某博物馆基本参数

根据范例情景描述，某博物馆基本参数见表 2.10-1。

表 2.10-1 某博物馆基本参数

名称	高度/m	耐火等级	层数/层	总建筑面积/m^2	地上每层建筑面积/m^2	地下建筑面积/m^2
某博物馆	12	一级	2/－1	9871.5	2893.25	4085
地下一层	主要功能为文物出入区及博物馆辅助用房					
首层	门厅、共享中庭、临时展厅、书店、茶座、贵宾接待厅等					
地上二层	常设展厅					

10.2 范例问题解答

【10-1】该博物馆室外消防给水系统如何配置？

【解析】该博物馆体积为 $2893.25\times12+4085\times6=59229$（$m^3$），其室外消防用水量不应小于 40L/s。每个室外消火栓流量在 10～15L/s，因此，在该博物馆四周 150m 内应有 3～4 个室外消火栓。

【10-2】该博物馆室内消防给水系统如何配置？

【解析】展览馆建筑体积大于 50000m^3，其室内消火栓设计流量不应小于 20L/s，同时使用消防水枪数不应少于 4 支，每根竖管最小流量应为 15L/s。室内消火栓采用临时高压给水系统，室内消火栓给水管道布置成环状，各层均应设置室内消火栓。消火栓应设在走道、楼梯间及其休息平台和前室明显易于取用的地点，消火栓的布置应满足同一平面有 2 支水枪的 2 股充实水柱同时到达任何部位的要求；消火栓栓口动压不应小于 0.25MPa，且水枪充实水柱应按 10m 计算。消火栓的间距不大于 30.0m，消火栓栓口距地面宜为 1.1m，栓口出水方向宜向下或与设置消火栓的墙面相垂直；消火栓栓口的动压不应大于 0.50MPa，当大于 0.70MPa 时必须设置减压装置；应采用同一型号、规格的 DN65 室内消火栓，配置公称直径 65mm、有内衬里且长度不宜超过 25.0m 的消防水带。

【10-3】该博物馆自动喷水灭火系统如何配置？

【解析】（1）该展览建筑应设自动喷水灭火系统。

（2）根据《自喷》的规定，展览馆建筑环境温度不低于 4℃，且不高于 70℃的应采用湿式系统。自动喷水灭火系统设置场所火灾危险等级为中危险级 Ⅰ 级，喷水强度不应小于 6L/(min · m^2)，作用面积不应小于 160m^2。系统最不利点喷头的压力按不低于 0.05MPa 设计。本工程采用流量系数 $K=80$ 的标准喷头，喷头动作温度为 68℃。有吊顶的部位应采用吊顶型喷头，地下室无吊顶场所应采用直立型喷头；每个湿式报警阀控制喷头数不超过 800 个。

【10-4】该博物馆气体灭火系统如何配置？

【解析】（1）大、中型博物馆内的珍品库、藏品库和特殊重要设备室及通信机房等部位，应设置自动灭火系统，且宜采用气体灭火系统。

（2）根据《气规》的规定，该建筑采用七氟丙烷全淹没灭火系统，组合分配形式，设计压力为 4. 20MPa，设计浓度为 8%，喷放时间不大于 8s，浸渍时间不小于 5min。系统采用自动控制、手动控制和机械应急操作三种启动方式。

【10-5】该博物馆火灾自动报警系统如何配置？

【解析】（1）该展览建筑应设置火灾自动报警系统。

（2）设计采用控制中心报警系统。对展厅、办公、会议、文博书店、茶座、贵宾接待厅等场所，应选择感烟探测器。中庭等无遮挡大空间或有特殊要求的场所宜选择线型光束感烟火灾探测器。每个防火分区至少设置一个手动火灾报警按钮和消防对讲电话插口及声光报警装置。火灾报警按钮至所在防火分区边缘的距离不应大于 30m。在消防控制室内除应设置集中火灾报警控制器及其联动控制设备外，还应设置应急广播和消防专用直通对讲电话总机，消防水泵房、备用发电机房、配变电室、主要通风和空调机房、排烟机房、消防电梯机房及其他与消防联动控制有关的且经常有人值班的机房等场所应设有消防专用电话分机。

【10-6】该博物馆防排烟系统如何配置？

【解析】（1）该展览馆建筑内长度大于 20m 的疏散走道；建筑面积大于 $100m^2$ 且经常有人停留的地上房间；建筑面积大于 $300m^2$ 且可燃物较多的地上房间；中庭；总建筑面积大于 $200m^2$ 或一个房间建筑面积大于 $50m^2$，且经常有人停留或可燃物较多的地下或半地下室、地上建筑内的无窗房间应设置排烟设施。

（2）空间净高大于 3m 小于 6m 的区域每个防烟分区的建筑面积不宜超过 $1000m^2$，且防烟分区不应跨越防火分区。展览厅、办公室、会议室、书店、茶座等场所，利用可开启外窗进行自然排烟，排烟窗的有效面积不应小于地面面积的 2%。中庭周围场所设有排烟系统时，中庭采用机械排烟系统的，中庭排烟量应按周围场所防烟分区中最大排烟量的倍数值计算，且不应小于 $107000m^3/h$。疏散走道、地下室等不能利用外窗进行自然排烟的必要场所，应设机械排烟设施，其排烟风机的风量，净空高度小于 6m 的区域，一个防烟分区的排烟量应不小于 $60m^3/(h \cdot m^2)$（单台风机最小排烟量不应小于 $7200m^3/h$）。当一台风机担负两个或两个以上防烟分区排烟时，对于建筑空间净高大于 6m 的场所，应按排烟量最大的一个防烟分区的排烟量计算；对于建筑空间净高为 6m 及以下的场所，应按任意两个相邻防烟分区的排烟量之和的最大值计算。另外，该建筑中不能直接天然采光和自然通风的封闭楼梯间应设置机械加压送风系统，或采用防烟楼梯间设计。

【10-7】该博物馆应急照明和疏散指示标志如何配置？

【解析】（1）该建筑的下列部位应设置疏散照明：

1）防烟楼梯间及其前室、消防电梯间的前室或合用前室，其地面最低水平照度不应低于 5. 0lx。

2）观众厅、展览厅、多功能厅和建筑面积大于 $200m^2$ 的营业厅、餐厅、演播室等人员密集的场所，其地面最低水平照度不应低于 3. 0lx。

3）建筑面积大于 $100m^2$ 的地下或半地下公共活动场所，其地面最低水平照度不应低于 3.0lx。

4）疏散走道，其地面最低水平照度不应低于 1.0lx。

（2）根据《建规》第 10.3.3 条的规定，配电室、消防控制室、消防水泵房、防烟排烟机房以及发生火灾时仍需正常工作的消防设备房应设置备用照明，其作业面的最低照度不应低于正常照明的照度。

（3）根据《建规》第 10.3.5 条、第 10.3.6 条的规定，该高层建筑应设置灯光疏散指示标志。灯光疏散指示标志应设在安全出口和人员密集场所的疏散门的正上方，还应设在疏散走道及其转角处距地面高度 1m 以下的墙面或地面上。灯光疏散指示标志间距不应大于 20m，对于袋形走道，不应大于 10m；在走道转角区，不应大于 1m。

【10-8】该博物馆建筑灭火器如何配置？

【解析】该博物馆每层均应配置灭火器。配置场所为严重危险级，火灾种类为 A 类火灾，配置 ABC 型干粉灭火器。

规范考点延伸

（1）《建规》第 10.1.6 条　消防用电设备应采用专用的供电回路，当建筑内的生产、生活用电被切断时，应仍能保证消防用电。备用消防电源的供电时间和容量，应满足该建筑火灾延续时间内各消防用电设备的要求。

（2）《建规》第 10.1.7 条　消防配电干线宜按防火分区划分，消防配电支线不宜穿越防火分区。

（3）《建规》第 10.1.8 条　消防控制室、消防水泵房、防烟和排烟风机房的消防用电设备及消防电梯等的供电，应在其配电线路的最末一级配电箱处设置自动切换装置。

（4）《建规》第 10.1.9 条　按一、二级负荷供电的消防设备，其配电箱应独立设置；按三级负荷供电的消防设备，其配电箱宜独立设置。

案例每日一练

【10-9】某综合楼，高度 23.8m，总建筑面积 14000m^2，地下 1 层，地上 4 层。地下一层为车库，停车位 120 辆，一至三层为展览厅，四层为办公室，设有自动灭火系统。问：

（1）该建筑室内消防水枪的充实水柱应为多少 m？

（2）该建筑应选择哪种形式的火灾自动报警系统？

【解析】（1）消防水枪的充实水柱不应小于 10m。

（2）可选择集中报警系统或控制中心报警系统。

第 11 节　室内消火栓系统检测与验收案例分析

助考知识要点

◆消防泵组的进出水管及附件设置和泵组向环网供水的技术要求

◆室内消防环状管网上阀门的设置应符合规范要求

◆室内消火栓选型和安装应符合规范要求

范例情景描述

某耐火等级二级的综合楼，地上 6 层，建筑高度 22. 70m；地上一层为商铺、地上二至四层为办公，地上五、六层为旅馆。该建筑内设有室内外消火栓系统、火灾自动报警系统、消防应急照明、消防疏散指示标志、灭火器等消防设施及器材。室内消火栓系统如图 2. 11-1 所示。

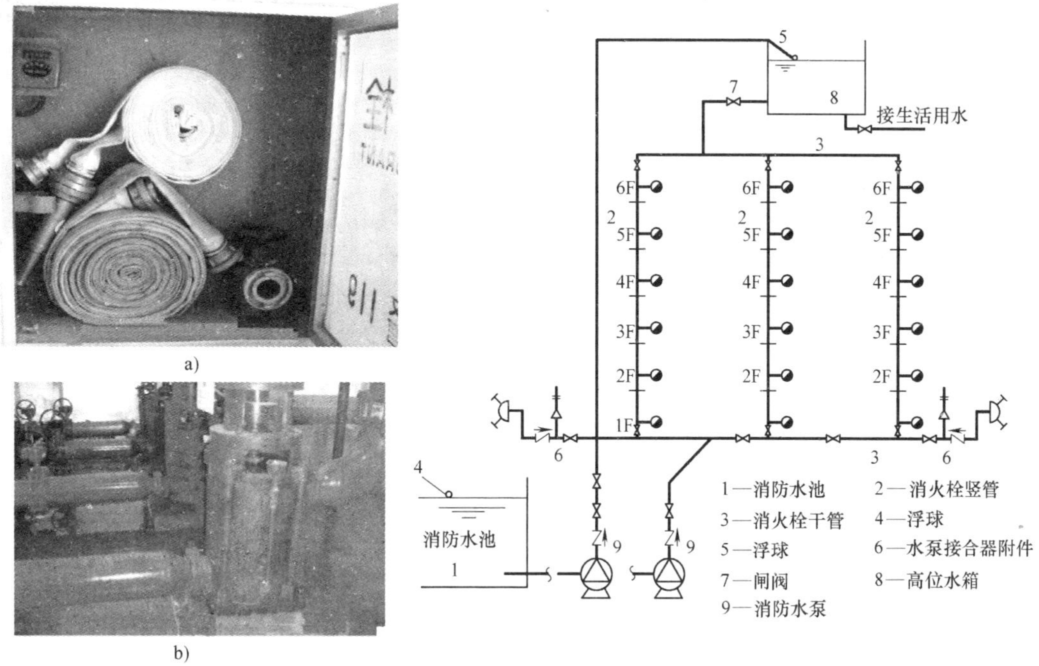

图 2. 11-1　某建筑室内消火栓系统图及现场安装图

a）室内消火栓箱安装图　b）消火栓泵及其附件安装图

该建筑室内消火栓系统，采用临时高压给水系统。检测和验收时发现：设有符合要求的消防水池一座，两台符合要求的消防水泵从池中取水供给高位消防水箱和消火栓系统，系统设有三条竖管和一个环网向 18 个消火栓供水，消火栓系统管网上设有两组水泵接合器，室内消火栓安装在走道上，室内消火栓间距不大于 30m。室外消火栓给水系统流量为 20L/s，室内消火栓给水系统流量为 15L/s，室内同时动用水枪数为 2 支，竖管最小流量 10L/s，消火栓竖管直径 DN80，办公区室内消火栓采用 DN50 单阀单栓。商业和旅馆区室内消火栓采用 DN65 单阀单栓。消火栓箱内配置软管卷盘。消火栓箱内安装有报警按钮，按动后红灯点亮，并向消防控制中心报警，消防控制中心以硬线点对点的控制方式手动直接控制消火栓泵的启停。现场检测时拍摄的部分照片如图 2. 11-1 所示。

内容归纳解剖

11. 1　范例问题解答

【11-1】本案例情景描述和室内消火栓系统图有哪些错误？

【解析】（1）一组消防水泵的供水应设不少于两条供水管与消防给水环网连接，当其中一条检修时，其余供水管仍应能供应全部消防给水设计流量。

（2）本案例中的消火栓给水系统应设置备用消防水泵，消防水泵的供水只能供向消防系统管网，不可直接供给高位消防水箱。

（3）消防水泵的进出水管上缺少真空压力表，出水管上缺少 DN65 的试验放水阀，消防水泵的吸水管上缺少阀门。

（4）消火栓环网上阀门数量不足，无法保证环网任一段检修时关闭的竖管不超过1 条。

（5）屋顶上未设置室内消火栓和试验检查消火栓。

（6）办公区不应采用 DN50 的室内消火栓。根据《消规》第 7. 4. 2 条的规定，室内消火栓应采用 DN65 室内消火栓。

（7）临时高压消防给水系统中由消防水泵供给的消防用水不应进入高位消防水箱中。

（8）高位消防水箱到室内管网要设置止回阀。

（9）当高位消防水箱与生活用水合用时，要有保证消防用水不被挪用的措施。

（10）消防竖管直径不应小于 DN100。

【11-2】图 2. 11-1 中有哪些错误?

【解析】（1）图 2-11-1a 中消火栓栓口设置在箱门轴侧，箱内为一栓二带，且未正常挂起。

（2）图 2-11-1b 中立式消火栓水泵未按标准图固定在合格的基础上，吸入管上采用了同心异径接头，而且直接焊在法兰上，吸入管上未安装真空压力表。

11. 2　规范考点延伸

（1）《消规》第 8. 1. 2 条　下列消防给水应采用环状给水管网：

1）向两栋或两座及以上建筑供水时。

2）向两种及以上水灭火系统供水时。

3）采用设有高位消防水箱的临时高压消防给水系统时。

4）向两个及以上报警阀控制的自动水灭火系统供水时。

（2）《消规》第 8. 1. 3 条　向室外、室内环状消防给水管网供水的输水干管不应少于两条，当其中一条发生故障时，其余的输水干管应仍能满足消防给水设计流量。

（3）《消规》第 8. 1. 4 条　室外消防给水管网应符合下列规定：

1）室外消防给水采用两路消防供水时应采用环状管网，但当采用一路消防供水时可采用枝状管网。

2）管道的直径应根据流量、流速和压力要求经计算确定，但不应小于 DN100。

3）消防给水管道应采用阀门分成若干独立段，每段内室外消火栓的数量不宜超过 5 个。

（4）《消规》第 8. 1. 5 条　室内消防给水管网应符合下列规定：

1）室内消火栓系统管网应布置成环状，当室外消火栓设计流量不大于 20L/s，且室内消火栓不超过 10 个时，除规范第 8. 1. 2 条外，可布置成枝状。

2）当由室外生产生活消防合用系统直接供水时，合用系统除应满足室外消防给水设计流量以及生产和生活最大小时设计流量的要求外，还应满足室内消防给水系统的设计流量和压力要求。

3）室内消防管道管径应根据系统设计流量、流速和压力要求经计算确定；室内消火栓竖管管径应根据竖管最低流量经计算确定，但不应小于DN100。

（5）《消规》第5.1.10条　消防水泵应设置备用泵，其性能应与工作泵性能一致，但下列建筑除外：

1）建筑高度小于54m的住宅和室外消防给水设计流量小于等于25L/s的建筑。

2）室内消防给水设计流量小于等于10L/s的建筑。

（6）《消规》第5.1.11条　每台消防水泵出水管上应设置DN65的试水管，并应采取排水措施。

（7）《消规》第5.1.13条　离心式消防水泵吸水管、出水管和阀门等，应符合下列规定：

1）一组消防水泵，吸水管不应少于两条，当其中一条损坏或检修时，其余吸水管应仍能通过全部消防给水设计流量。

2）消防水泵吸水管布置应避免形成气囊。

3）一组消防水泵应设不少于两条的输水干管与消防给水环状管网连接，当其中一条输水管检修时，其余输水管应仍能供应全部消防给水设计流量。

4）消防水泵吸水口的淹没深度应满足消防水泵在最低水位运行安全的要求，吸水管喇叭口在消防水池最低有效水位下的淹没深度应根据吸水管喇叭口的水流速度和水力条件确定，但不应小于600mm。当采用旋流防止器时，淹没深度不应小于200mm。

5）消防水泵的吸水管上应设置明杆闸阀或带自锁装置的蝶阀，但当设置暗杆阀门时应设有开启刻度和标志；当管径超过DN300时，宜设置电动阀门。

6）消防水泵的出水管上应设止回阀、明杆闸阀；当采用蝶阀时，应带有自锁装置；当管径大于DN300时，宜设置电动阀门。

（8）《消规》第5.1.17条　消防水泵吸水管和出水管上应设置压力表，并应符合下列规定：

1）消防水泵出水管压力表的最大量程不应低于其设计工作压力的2倍，且不应低于1.60MPa。

2）消防水泵吸水管宜设置真空表、压力表或真空压力表，压力表的最大量程应根据工程具体情况确定，但不应低于0.70MPa，真空表的最大量程宜为-0.10MPa。

3）压力表的直径不应小于100mm，应采用直径不小于6mm的管道与消防水泵进出口管相接，并应设置关断阀门。

（9）《消规》第7.4.2条　室内消火栓的配置应符合下列要求：

1）应采用DN65室内消火栓，并可与消防软管卷盘或轻便水龙设置在同一箱体内。

2）应配置公称直径65mm有内衬里的消防水带，长度不宜超过25.0m；消防软管卷盘应配置内径不小于19mm的消防软管，其长度宜为30.0m；轻便水龙应配置公称直径25mm有内衬里的消防水带，长度宜为30.0m。

3）宜配置当量喷嘴直径16mm或19mm的消防水枪，但当消火栓设计流量为2.5L/s时宜配置当量喷嘴直径11mm或13mm的消防水枪；消防软管卷盘和轻便水龙应配置当量喷嘴直径6mm的消防水枪。

（10）《消规》第7.4.3条　设置室内消火栓的建筑，包括设备层在内的各层均应设置消火栓。

（11）《消规》第7.4.9条　设有室内消火栓的建筑应设置带有压力表的试验消火栓，其设置位置应符合下列规定：

1）多层和高层建筑应在其屋顶设置，严寒、寒冷等冬季结冰地区可设置在顶层出口处或水箱间内等便于操作和防冻的位置。

2）单层建筑宜设置在水力最不利处，且应靠近出入口。

（12）《消规》第8.1.6条　室内消火栓环状给水管道检修时应符合下列规定：

1）室内消火栓竖管应保证检修管道时关闭停用的竖管不超过1根，当竖管超过4根时，可关闭不相邻的2根。

2）每根竖管与供水横干管相接处应设置阀门。

（13）《消规》第12.3.2条　消防水泵的安装应符合下列要求：

1）消防水泵吸水管上的控制阀应在消防水泵固定于基础上后再进行安装，其直径不应小于消防水泵吸水口直径，且不应采用没有可靠锁定装置的控制阀，控制阀应采用沟槽式或法兰式阀门。

2）当消防水泵和消防水池位于独立的两个基础上且相互为刚性连接时，吸水管上应加设柔性连接管。

3）吸水管水平管段上不应有气囊和漏气现象。变径连接时，应采用偏心异径管件并应采用管顶平接。

4）消防水泵出水管上应安装消声止回阀、控制阀和压力表；系统的总出水管上还应安装压力表和压力开关；安装压力表时应加设缓冲装置。压力表和缓冲装置之间应安装旋塞；压力表量程在没有设计要求时，应为系统工作压力的2~2.5倍。

（14）《消规》第12.3.9条　室内消火栓及消防软管卷盘或轻便水龙的安装应符合下列规定：

1）室内消火栓及消防软管卷盘和轻便水龙的选型、规格应符合设计要求。

2）同一建筑物内设置的消火栓、消防软管卷盘和轻便水龙应采用统一规格的栓口、消防水枪和水带及配件。

3）试验用消火栓栓口处应设置压力表。

4）当消火栓设置减压装置时，应检查减压装置符合设计要求，且安装时应有防止砂石等杂物进入栓口的措施。

5）室内消火栓及消防软管卷盘和轻便水龙应设置明显的永久性固定标志，当室内消火栓因美观要求需要隐蔽安装时，应有明显的标志，并应便于开启使用。

6）消火栓栓口出水方向宜向下或与设置消火栓的墙面成90°角，栓口不应安装在门轴侧。

7）消火栓栓口中心距地面应为1.1m，特殊地点的高度可特殊对待，允许偏差±20mm。

案例每日一练

【11-3】简述高位消防水箱设置要求。

【解析】（1）根据《消规》第 6.1.9 条的规定，室内采用临时高压消防给水系统时，高位消防水箱的设置应符合下列规定：

1）高层民用建筑、总建筑面积大于 $10000m^2$ 且层数超过 2 层的公共建筑和其他重要建筑，必须设置高位消防水箱。

2）其他建筑应设置高位消防水箱，但当设置高位消防水箱确有困难，且采用安全可靠的消防给水形式时，可不设高位消防水箱，但应设稳压泵。

3）当市政供水管网的供水能力在满足生产、生活最大小时用水量后，仍能满足初期火灾所需的消防流量和压力时，市政直接供水可替代高位消防水箱。

依据题意，该综合楼采用临时高压消防给水系统，符合规范要求。

（2）根据《消规》第 5.2.1 条的规定，临时高压消防给水系统的高位消防水箱的有效容积应满足初期火灾消防用水量的要求，并应符合下列规定：

1）一类高层公共建筑，不应小于 $36m^3$，但当建筑高度大于 100m 时，不应小于 $50m^3$，当建筑高度大于 150m 时，不应小于 $100m^3$。

2）多层公共建筑、二类高层公共建筑和一类高层住宅，不应小于 $18m^3$，当一类高层住宅建筑高度超过 100m 时，不应小于 $36m^3$。

依据题意，该综合楼为多层公共建筑，消防水箱的有效容积不应小于 $18m^3$。

（3）根据《消规》第 5.2.2 条的规定，高位消防水箱的设置位置应高于其所服务的水灭火设施，且最低有效水位应满足水灭火设施最不利点处的静水压力，并应按下列规定确定：

1）一类高层公共建筑，不应低于 0.10MPa，但当建筑高度超过 100m 时，不应低于 0.15MPa。

2）高层住宅、二类高层公共建筑、多层公共建筑，不应低于 0.07MPa，多层住宅不宜低于 0.07MPa。

3）工业建筑不应低于 0.10MPa，当建筑体积小于 $20000m^3$ 时，不宜低于 0.07MPa。

4）自动喷水灭火系统等自动水灭火系统应根据喷头灭火需求压力确定，但最小不应小于 0.10MPa。

5）当高位消防水箱不能满足本条第 1 款～第 4 款的静压要求时，应设稳压泵。

依据题意，该综合楼为多层公共建筑，高位消防水箱的设置位置应保证水灭火设施最不利点处的静水压力不应低于 0.07MPa，自动喷水灭火系统喷头压力不应小于 0.10MPa，当高位消防水箱不能满足要求时，应设稳压泵。

（4）根据《消规》第 5.2.4 条的规定，高位消防水箱的设置应符合下列规定：

1）当高位消防水箱在屋顶露天设置时，水箱的人孔以及进出水管的阀门等应采取锁具或阀门箱等保护措施。

2）严寒、寒冷等冬季冰冻地区的消防水箱应设置在消防水箱间内，其他地区宜设置在室内，当必须在屋顶露天设置时，应采取防冻隔热等安全措施。

3）高位消防水箱与基础应牢固连接。

（5）根据《消规》第 5.2.5 条的规定，高位消防水箱间应通风良好，不应结冰，当必须设置在严寒、寒冷等冬季结冰地区的非采暖房间时，应采取防冻措施，环境温度或水温不应低于 5℃。

（6）根据《消规》第 5. 2. 6 条的规定，高位消防水箱应符合下列规定：

1）高位消防水箱的最低有效水位应根据出水管喇叭口和防止旋流器的淹没深度确定，当采用出水管喇叭口时，应符合规范第 5. 1. 13 条第 4 款的规定；当采用防止旋流器时应根据产品确定，且不应小于 150mm 的保护高度。

2）高位消防水箱的通气管、呼吸管等应符合本规范第 4. 3. 10 条的规定。

3）高位消防水箱外壁与建筑本体结构墙面或其他池壁之间的净距，应满足施工或装配的需要，无管道的侧面，净距不宜小于 0. 7m；安装有管道的侧面，净距不宜小于 1. 0m，且管道外壁与建筑本体墙面之间的通道宽度不宜小于 0. 6m，设有人孔的水箱顶，其顶面与其上面的建筑物本体板底的净空不应小于 0. 8m。

4）进水管的管径应满足消防水箱 8h 充满水的要求，但管径不应小于 DN32，进水管宜设置液位阀或浮球阀。

5）进水管应在溢流水位以上接入，进水管口的最低点高出溢流边缘的高度应等于进水管管径，但最小不应小于 100mm，最大不应大于 150mm。

6）当进水管为淹没出流时，应在进水管上设置防止倒流的措施或在管道上设置虹吸破坏孔和真空破坏器，虹吸破坏孔的孔径不宜小于管径的 1/5，且不应小于 25mm。但当采用生活给水系统补水时，进水管不应淹没出流。

7）溢流管的直径不应小于进水管直径的 2 倍，且不应小于 DN100，溢流管的喇叭口直径不应小于溢流管直径的 1. 5 ~2. 5 倍。

8）高位消防水箱出水管管径应满足消防给水设计流量的出水要求，且不应小于 DN100。

9）高位消防水箱出水管应位于高位消防水箱最低水位以下，并应设置防止消防用水进入高位消防水箱的止回阀。

10）高位消防水箱的进、出水管应设置带有指示启闭装置的阀门。

第 12 节　自动喷水灭火系统检测与验收案例分析

助考知识要点

◆格栅式通透性顶棚内喷头的布置与安装

◆集热挡水板的正确使用

◆消防系统增压设施的设置

◆末端试水装置的正确设置

范例情景描述

某大型商业建筑，建筑高度 23. 50m，地上 4 层，地下 1 层，按规定设置了自动喷水灭火系统。其中地上商业均采用格栅类通透顶棚，地下车库均不吊顶，该商业建筑在地下一层设有 288m^3 的消防和生活合用的消防水池一座，并分成能独立使用的两个水池，水池的有效容积和补水时间均符合要求。在屋面设有消防气压给水设备配合 18m^3 消防水箱增压，现场验收检查的照片如图 2. 12-1 ~ 图 2. 12-5 所示。

图 2. 12-1　湿式报警阀组安装

图 2. 12-2　隐蔽式喷头安装在格栅条之间

图 2. 12-3　集热罩补偿与顶棚超距

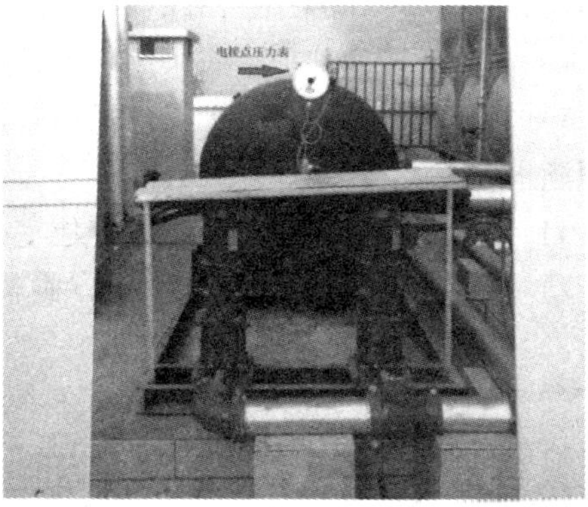

图 2. 12-4　卧式隔膜式消防气压罐

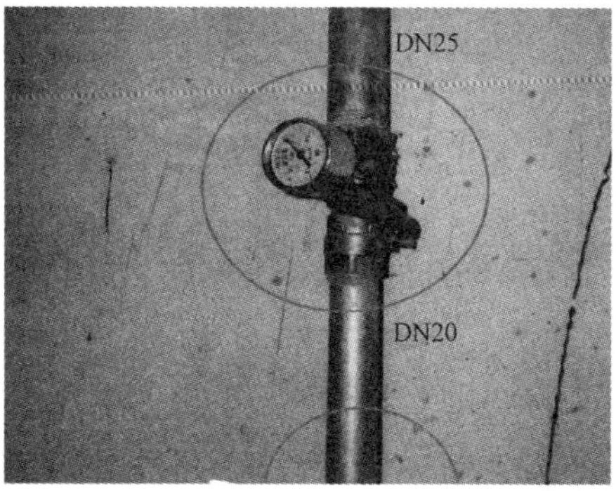

图 2. 12-5　系统的末端试水装置

内容归纳解剖

12. 1　范例问题解答

【12-1】指出本范例图 2. 12-1 ~ 图 2. 12-5 中错误点。

【解析】(1) 湿式报警阀的上、下腔压力表的规格型号、表径和量程均不一致。

(2) 通透性格栅顶棚的喷头不应采用隐蔽式吊顶型喷头。

(3) 通透性格栅顶棚内的喷头不应安装在格栅之间和格栅的锯口上。

(4) 气压给水设备只设一只电接点压力表，只能控制稳压泵启停，不能发出启动喷淋泵的信号，根据《消规》第 5. 3. 3 条的规定，稳压泵的设计压力应满足系统自动启动的要求。

(5) 不应采用集热挡水板补偿喷头溅水盘与顶板之间的距离。

（6）末端试水装置的排水为暗排方式，没有试水接头和漏斗，而且采用了 DN20 的试水阀和排水管，压力表表面不正，不便读值，而且压力表在试水阀上游，不符合《自喷》第 6.5.2 条的规定。

【12-2】本范例在系统验收时属于 A 级缺陷的检验项目有哪些？

【解析】（1）消防水箱和消防水池的容量，室外给水管网的供水能力。

（2）管道材质、管径、接头、连接方式、防腐防冻措施。

（3）系统流量和压力检测合格。

12.2　规范考点延伸

（1）《自喷》第 6.1.3 条　湿式系统的喷头选型应符合下列规定：

1）不吊顶的场所，当配水支管布置在梁下时，应采用直立型喷头。

2）顶棚下布置的喷头，应采用下垂型喷头或吊顶型喷头。

3）顶板为水平面的轻危险级、中危险级Ⅰ级住宅建筑、宿舍、旅馆建筑客房、医疗建筑病房和办公室，可采用边墙型洒水喷头。

4）易受碰撞的部位，应采用带保护罩的洒水喷头或吊顶型洒水喷头。

5）顶板为水平面，且无梁、通风管道等障碍物影响喷头洒水的场所，可采用扩大覆盖面积洒水喷头。

6）住宅建筑和宿舍、公寓等非住宅类居住建筑宜采用家用喷头。

7）不宜选用隐蔽式洒水喷头；确需采用时，应仅适用于轻危险级和中危险级Ⅰ级场所。

（2）《自喷》第 6.1.4 条　干式系统、预作用系统应采用直立型洒水喷头或干式下垂型洒水喷头。

（3）《自喷》第 6.1.7 条　下列场所宜采用快速响应洒水喷头。当采用快速响应洒水喷头时，系统应为湿式系统。

1）公共娱乐场所、中庭环廊。

2）医院、疗养院的病房及治疗区域，老年、少儿、残疾人的集体活动场所。

3）超出消防水泵接合器供水高度的楼层。

4）地下商业场所。

（4）《自喷》第 6.1.8 条　同一隔间内应采用相同热敏性能的洒水喷头。

（5）《自喷》第 6.1.10 条　自动喷水灭火系统应有备用洒水喷头，其数量不应少于总数的 1%，且每种型号均不得少于 10 只。

（6）《自喷》第 7.1.1 条　喷头应布置在顶板或顶棚下易于接触到火灾热气流并有利于均匀布水的位置。

（7）《自喷》第 7.1.6 条　除吊顶型洒水喷头及顶棚下设置的洒水喷头外，直立型、下垂型标准覆盖面积洒水喷头和扩大覆盖面积洒水喷头溅水盘与顶板的距离应为 75～150mm，并应符合下列规定：

1）当在梁或其他障碍物底面下方的平面上布置洒水喷头时，溅水盘与顶板的距离不应大于 300mm，同时溅水盘与梁等障碍物底面的垂直距离应为 25～100mm。

2）当在梁间布置洒水喷头时，洒水喷头与梁的距离应符合本规范第 7.2.1 条的规定。

确有困难时，溅水盘与顶板的距离不应大于 550mm。梁间布置的洒水喷头，溅水盘与顶板距离达到 550mm 仍不能符合本规范第 7.2.1 条的规定时，应在梁底面的下方增设洒水喷头。

3）密肋梁板下方的洒水喷头，溅水盘与密肋梁板底面的垂直距离应为 25～100mm。

4）无吊顶的梁间洒水喷头布置可采用不等距方式。

（8）《自喷》第 7.2.3 条　当梁、通风管道、成排布置的管道、桥架等障碍物的宽度大于 1.2m 时，其下方应增设喷头；采用早期抑制快速响应喷头和特殊应用喷头的场所，当障碍物宽度大于 0.6m 时，其下方应增设喷头。

（9）《自喷》第 7.2.6 条　边墙型标准覆盖面积洒水喷头正前方 1.2m 范围内，边墙型扩大覆盖面积洒水喷头和边墙型家用喷头正前方 2.4m 范围内，顶板或顶棚下不应有阻挡喷水的障碍物。

（10）《自喷验规》第 5.2.1 条　喷头安装必须在系统试压、冲洗合格后进行。

（11）《自喷验规》第 5.2.2 条　喷头安装时，不应对喷头进行拆装、改动，并严禁给喷头、隐蔽式喷头的装饰盖板附加任何装饰性涂层。

（12）《自喷验规》第 5.2.3 条　喷头安装应使用专用扳手，严禁利用喷头的框架施拧；喷头的框架、溅水盘产生变形或释放原件损伤时，应采用规格、型号相同的喷头更换。

（13）《自喷验规》第 5.2.4 条　安装在易受机械损伤处的喷头，应加设喷头防护罩。

（14）《自喷验规》第 5.2.7 条　当喷头的公称直径小于 10mm 时，应在配水干管或配水管上安装过滤器。

（15）《自喷》第 6.2.6 条　报警阀组宜设在安全及易于操作的地点，报警阀距地面的高度宜为 1.2m。安装报警阀的部位应设有排水设施。

（16）《自喷》第 6.2.7 条　连接报警阀进出口的控制阀应采用信号阀。当不采用信号阀时，控制阀应设锁定阀位的锁具。

（17）《自喷》第 6.5.1 条　每个报警阀组控制的最不利点喷头处，应设末端试水装置，其他防火分区、楼层均应设直径为 25mm 的试水阀。末端试水装置和试水阀应便于操作，且应有足够排水能力的排水设施。

（18）《自喷》第 6.5.2 条　末端试水装置应由试水阀、压力表以及试水接头组成。试水接头出水口的流量系数，应等同于同楼层或防火分区内的最小流量系数喷头。末端试水装置的出水，应采取孔口出流的方式排入排水管道。

（19）《自喷验规》第 5.3.1 条　报警阀组的安装应在供水管网试压、冲洗合格后进行。安装时应先安装水源控制阀、报警阀，然后进行报警阀辅助管道的连接。水源控制阀、报警阀与配水干管的连接，应使水流方向一致。报警阀组安装的位置应符合设计要求；当设计无要求时，报警阀组应安装在便于操作的明显位置，距室内地面高度宜为 1.2m；两侧与墙的距离不应小于 0.5m；正面与墙的距离不应小于 1.2m；报警阀组凸出部位之间的距离不应小于 0.5m。安装报警阀组的室内地面应有排水设施。

案例每日一练

【12-3】简述本范例自动喷水灭火系统质量验收是否合格？

【解析】根据《自喷》第 8.0.13 条的规定，系统工程质量验收判定条件：

（1）系统工程质量缺陷划分为：严重缺陷项（A），重缺陷项（B），轻缺陷项（C）。

（2）系统验收合格判定应为：A =0，且 B≤2，且 B + C≤6 为合格，否则为不合格。

根据题意，该工程喷头设置场所不符合要求，属于严重缺陷项（A），报警阀组组件不符合要求，属重缺陷项（B），综合评定，该工程质量验收为不合格。

第 13 节　气体灭火设施检测与验收案例分析

助考知识要点

◆气瓶检验周期：盛装惰性气体的气瓶定期检验期为 5 年

◆钢瓶检测内容：充装灭火剂时，需对钢瓶进行无损探伤、水压试验和密封试验

◆模拟喷气试验：选择试验防护区各 1 ~3 个储存容器，使用氮气介质

范例情景描述

某发电厂气体灭火系统主要分布于 1#、2#机组的集控室、电子间、工程师站、电缆夹层、380V 母线室和 6kV 母线室等关键部位。该气体灭火系统选择组合分配设置的 IG541 全淹没的灭火方式，药剂瓶组 42 瓶。该系统竣工距今已使用 10 多年。

内容归纳解剖

13.1　范例问题解答

【13-1】某发电厂盛装惰性气体的气瓶距今已使用 10 多年而未检测，是否符合要求？

【解析】根据《气瓶安全技术监察规程》（TSGR0006—2014）第 7.4.1.1 条的规定，盛装惰性气体的气瓶每五年检验 1 次。该电厂机组充装气体的瓶组使用年限均已超过五年，压力普遍不足，无法达到系统设计的要求，需重新充装灭火剂及补压。在充装灭火剂时，需要按照规程对钢瓶进行无损探伤、水压试验和密封试验等。

【13-2】对该电厂的灭火剂输送管道、管道连接件的外观质量进行检查时发现，其镀锌层有脱落、破损等缺陷，该发电厂气动驱动装置的水平管道有部分转弯处没有防晃支架。如何处理？

【解析】需要对气体灭火系统的灭火剂输送管道、管道连接件进行重新换装。同时，在水平管道转弯处增设防晃支架。

【13-3】对该气体灭火系统进行模拟喷气试验时，选择试验防护区的各 1 ~2 只储存容器，使用氮气介质，是否符合要求？

【解析】根据《气验规》第 E.3.1 条，模拟喷气试验的条件应符合下列规定：

（1）IG541 混合气体灭火系统及高压二氧化碳灭火系统应采用其充装的灭火剂进行模拟喷气试验。试验采用的储存容器数应为选定试验的防护区或保护对象设计用量所需容器总数的 5%，且不得少于 1 个。

（2）低压二氧化碳应采用二氧化碳灭火剂进行模拟喷气试验。试验应选定输送管道最长的防护区或保护对象进行，喷放量应不小于设计用量的 10%。

（3）卤代烷灭火系统模拟喷气试验不应采用卤代烷灭火剂，宜采用氮气进行。氮气或

压缩空气储存容器与被试验的防护区或保护对象用的灭火剂储存容器的结构、型号、规格应相同，连接与控制方式应一致，氮气或压缩空气的充装压力按设计要求执行。氮气或压缩空气储存容器数不应少于灭火剂储存容器数的 20%，且不得少于一个。

（4）模拟喷气试验宜采用自动启动方式。

该发电厂气体灭火系统选择组合分配方式的 IG541 全淹没的灭火系统，药剂瓶组 42 瓶。因此应采用其充装的灭火剂进行模拟喷气试验，可以使用氮气介质。试验采用的储存容器数应为选定试验的防护区或保护对象设计用量所需容器总数的 5%，即 $5\% \times 42 \approx 3$（个），且不得少于 1 个。

13.2　规范考点延伸

（1）《气规》第 5.0.2 条　管网灭火系统应设自动控制、手动控制和机械应急操作三种启动方式。预制灭火系统应设自动控制和手动控制两种启动方式。

（2）《气规》第 5.0.3 条　采用自动控制启动方式时，根据人员安全撤离防护区的需要，应有不大于 30s 的可控延迟喷射；对于平时无人工作的防护区，可设置为无延迟的喷射。

（3）《气规》第 5.0.3 条　自动控制装置应在接到两个独立的火灾信号后才能启动。手动控制装置和手动与自动转换装置应设在防护区疏散出口的门外便于操作的地方，安装高度为中心点距地面 1.5m。机械应急操作装置应设在储瓶间内或防护区疏散出口门外便于操作的地方。

（4）《气规》第 5.0.9 条　组合分配系统启动时，选择阀应在容器阀开启前或同时打开。

（5）《气规》第 6.0.1 条　防护区应有保证人员在 30s 内疏散完毕的通道和出口。

（6）《气规》第 6.0.3 条　防护区的门应向疏散方向开启，并能自行关闭；用于疏散的门必须能从防护区内打开。

（7）《气规》第 6.0.4 条　灭火后的防护区应通风换气，地下防护区和无窗或设固定窗扇的地上防护区，应设置机械排风装置，排风口宜设在防护区的下部并应直通室外。

（8）《气规》第 6.0.6 条　经过有爆炸危险及变电、配电室等场所的管网、壳体等金属件应设防静电接地。

（9）《气规》第 6.0.9 条　灭火系统的手动控制与应急操作应有防止误操作的警示显示与措施。

（10）《气验规》第 8.0.6 条　每月检查应符合下列要求：

1）低压二氧化碳灭火系统储存装置的液位计检查，灭火剂损失 10 % 时应及时补充。

2）高压二氧化碳灭火系统、七氟丙烷管网灭火系统及 IG541 灭火系统等系统的检查内容及要求应符合下列规定：

①灭火剂储存容器及容器阀、单向阀、连接管、集流管、安全泄放装置、选择阀、阀驱动装置、喷嘴、信号反馈装置、检漏装置、减压装置等全部系统组件应无碰撞变形及其他机械性损伤，表面应无锈蚀，保护涂层应完好，铭牌和保护对象标志牌应清晰，手动操作装置的防护罩、铅封和安全标志应完整。

②灭火剂和驱动气体储存容器内的压力，不得小于设计储存压力的 90%。

（11）《气验规》第 8. 0. 8 条　每年应按规范的规定，对每个防护区进行 1 次模拟启动试验，并应按规范规定进行 1 次模拟喷气试验。

案例每日一练

【13-4】气体灭火系统的功能验收一般包括哪些步骤？

【解析】根据《气验规》第 7. 4. 1 ~7. 4. 4 条的规定，系统功能验收包括以下几项内容：

（1）应进行模拟启动试验，并合格。按防护区或保护对象总数（不足 5 个按 5 个计）的 20% 检查。

（2）应进行模拟喷气试验，并合格。检查组合分配系统应不少于 1 个防护区或保护对象，柜式气体灭火装置、热气溶胶灭火装置等预制灭火系统应各取 1 套。

（3）应对设有灭火剂备用量的系统进行模拟切换操作试验，并合格，全数检查。

（4）应对主、备用电源进行切换试验，并合格。

【13-5】请指出本案例照片（图 2. 13-1，图 2. 13-2）反映的问题？

图 2. 13-1　容器阀

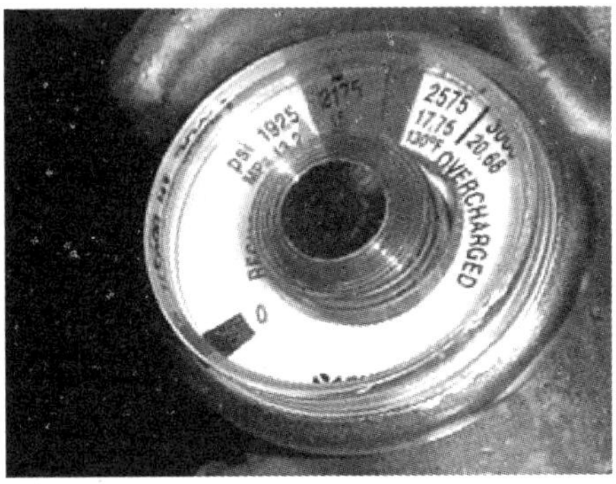

图 2. 13-2　压力表

【解析】（1）图 2. 13-1 容器阀存在问题：容器阀被腐蚀（钢瓶顶部也有锈蚀），为保证灭火系统的安全运行，应当重新评估运行环境，并采取防护措施。

（2）图 2. 13-2 压力表存在问题：储气瓶的压力指示器已显示储气瓶压力明显不足，应当尽快维修，并查明原因。

第 14 节　防烟和排烟设施检测与验收案例分析

范例情景描述

某商业建筑，建筑总高度 26m，总建筑面积 137519m^2。其地下一层为地下汽车库、人防、设备用房和建筑面积为 10000m^2 的地下商业。地下汽车库停车数 499 辆，建筑层高 3. 70m，净高 2. 30m，主梁高 0. 90m，车库防火分区面积均小于 4000m^2，防烟分区面积不大于 2000m^2，机械排烟系统按防火分区设置，并按排风与排烟兼容的模式工作，且排风口与排烟口分开设置，系统排烟量按 6 次/h 换气次数计算，其中最大的一个机械排烟系统为 PY（F）-B1-3 系统，为防烟分区Ⅰ（面积 1426m^2），防烟分区Ⅱ（面积 1726m^2）和防烟分区Ⅲ（面积 2000m^2）服务，其排烟风机的排烟量为 90000m^3/h，系统构成如图 2. 14-1 所示。

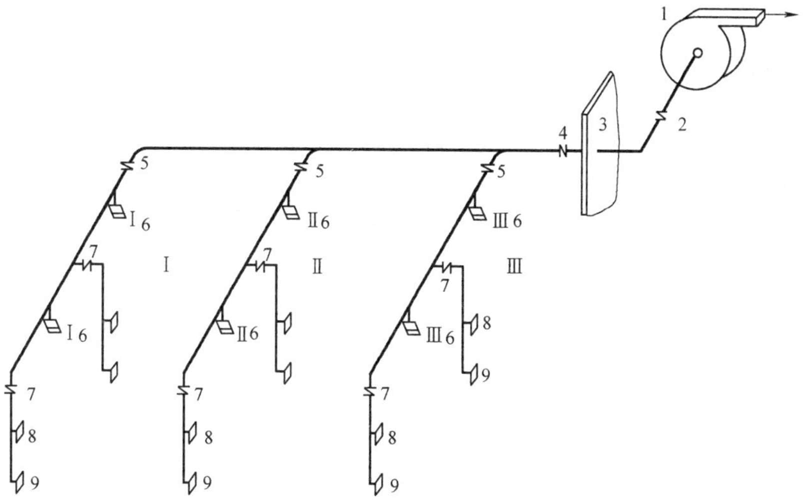

图 2.14-1　排风与排烟兼容系统（排风口与排烟口分开设置）
1—排烟风机　2—排烟防火阀（280℃）　3—风机房隔墙　4—排烟防火阀　5—排烟防火阀（280℃）
6—排烟口（带阀）　7—防火阀（70℃）　8—上排风口　9—下排风口

该系统的主排烟风管上壁贴主梁底敷设，每个防烟分区接出一排烟支管，支管从主管接出处设有排烟防火阀。在每条支管的适当位置上设有两个排烟口，均设在风管下壁，每个百叶排烟口均带排烟阀，具有手柄启动和电信号自动控制功能，平时常闭，每个排烟口距防烟分区最远距离不大于 30m。另外在每条支管的适当位置上接出两条排风竖管，在接出处设 70℃防火阀，平时常开，在温度达到 70℃时，能自动关闭，在竖管上还设有上下两个常开百叶风口，上部和下部排风口各按比例排除汽车尾气。主排烟风管进入风机房后与正压送风机保持 3m 远距离，并在接入排烟风机前设置 280℃自动关闭的总防火阀，该阀动作后能联动排烟风机停运。该系统所服务的区域设有机械补风系统，补风量按风机排烟量的 50%确定。

该地下汽车库设有与地上商业共用的防烟楼梯间并设有正压送风系统，采用楼梯间竖向井道加压送风，前室不送风方式，风口为常开百叶风口，风口按“每隔二到三层设一个风口的原则”布置在地上一、三、五层，加压送风量按规范规定在计算值与规定值中取较大值确定，能满足门洞风速的要求。

该系统在消防检测时模拟火灾，现场触发同一防烟分区内两个独立的火灾探测器，建筑内所有通风空调系统的电源自动切断，火灾确认信号自动启动排烟风机运行，并联动打开着火防烟分区的排烟口，当排烟风机前的总排烟防火阀（280℃）自动关闭时排烟风机联动停运。当进入排风支管的烟温达到 70℃时，支管上的电动防火阀自动关闭，并联动排烟风机停运。排烟风机自动转入排烟工况，并联动开启系统上的 6 个排烟口，随后检测人员用风速仪检测排烟口风速分别为 7m/s、8m/s、8.5m/s、9m/s、9.5m/s、10m/s，检测防烟系统各送风口风速在 5～7m/s；防烟楼梯间及其前室的余压值分别为 45Pa 和 35Pa。

内容归纳解剖

14.1 范例问题解答

【14-1】指出该案例情景描述中存在的主要问题，并简要分析。

（1）排烟阀具有手柄启动和电信号自动控制功能。

【解析】排烟阀具有“手柄启动和电信号控制功能”是错的，手动开启装置不是指手柄启动，自动开启装置不是自动控制装置。

（2）排烟口均设在风管下壁。

【解析】排烟口不能朝下，而应在风管的上部，否则排烟口就低于主梁（看作挡烟垂壁）而不在储烟仓内。

（3）排烟支管上设置了普通排烟防火阀。

【解析】排烟支管上的排烟防火阀应具有280℃能自动关闭的功能。

（4）排风支管上的70℃防火阀，平时常开，在温度达到70℃时，能自动关闭。

【解析】排风支管上的70℃防火阀应具有在火灾报警信号打开排烟口时联动关闭的功能。

（5）排风支管的烟温达70℃时，支管上的防火阀自动关闭，并联动排烟风机停运。

【解析】排风支管上的电动防火阀（70℃），在感温关闭后不应联动关闭排烟风机。

（6）火灾确认信号自动启动排烟风机运行并联动打开起火防烟分区的排烟口。

【解析】应当明确以下联动控制关系：火灾确认后，当着火防烟分区的任一排烟口打开时，应联动启动排烟风机，并将所有动作信号反馈消防中心。担负两个及以上防烟分区的排烟系统，应仅打开着火防烟分区的排烟阀或排烟口，其他防烟分区的排烟阀或排烟口应呈关闭状态。

（7）风口按“每隔二到三层设一个风口的原则”布置在地上一、三、五层，地下汽车库的防烟楼梯间未设送风口。

【解析】地下汽车库的防烟楼梯间应设送风口，因为在楼梯间首层设有隔断设施将地下和地上楼梯隔断。

（8）发生火灾时建筑内所有通风空调系统的电源自动切断。

【解析】发生火灾时建筑内所有通风空调系统的电源自动切断做法错误，正确做法应为当火灾确认后，可以自动也可以手动切断起火防火分区的非消防电源。

（9）火灾确认后启动排烟风机运行。

【解析】火灾确认后启动排烟风机运行错误，应为系统中任一排烟口打开后排烟风机启动。

【14-2】简述消防验收时，风口对软纸条没有吸力的原因。

【解析】（1）原设计采用火灾确认信号打开排烟风机，并联动打开排烟口，所以施工单位联动编程时，采用“温探信号＋手报信号”的“与”信号来连锁整个系统的6个排烟口，在3个防烟分区内同时排烟。而计算排烟量是按2000m^2的换气次数确定的，但排烟却在三个防烟分区同时进行，所以排烟量不够。

（2）由于70℃防火阀不具有随排烟口打开而联动关闭的功能，因此系统中12个排风口敞开并排风，从而降低了排烟口的效率，造成排烟口对纸没有吸力。

【14-3】若本案例采用排风与排烟合并设置的兼用系统，请提出系统设置和联动控制的最佳建议。

【解析】当本案例采用排风与排烟合并设置的兼用系统时，由于各防烟分区上的排烟防火阀、排风排烟口的状态要从同一状态转换为不同状态，并与现场手动配合实现，是很困难的，所以建议机械排烟系统按防烟分区设 3 套兼用系统，每套系统为一个防烟分区服务，每套系统设一个手报按钮，其动作信号用于使风机由排风工况转变为排烟工况，并停止非起火防烟分区的排烟系统运行，联动防火分区的补风机运行。这样做既能实现仅在起火的防烟分区排烟，而且能实现以排烟口为中心的联动控制，使系统简化。

【14-4】为什么高层建筑防烟楼梯间及其前室不能设机械排烟系统?

【解析】(1) 高层建筑楼梯间是高层建筑中由楼底通向楼顶的典型的竖井，高层建筑内发生火灾时，由于建筑物内所产生的“烟囱效应”，起火房间燃烧生成的高温烟气，沿着疏散通道，直奔楼梯间，于是有可能把楼梯间变成大楼的烟囱。

(2) 如果在防烟楼梯间及其前室再设机械排烟系统，无异于进一步强化了楼梯间的“烟囱效应”，为保证疏散通道的安全，人们向楼梯间及其前室或与电梯间的合用前室采用机械送风。

14.2　规范考点延伸

(1)《建规》第 8.1.5 条　建筑的下列场所或部位应设置防烟设施:

1) 防烟楼梯间及其前室。

2) 消防电梯间前室或合用前室。

3) 避难走道的前室、避难层 (间)。

(2)《建规》第 8.1.5 条　建筑高度不大于 50m 的公共建筑、厂房、仓库和建筑高度不大于 100m 的住宅建筑，当其防烟楼梯间的前室或合用前室符合下列条件之一时，楼梯间可不设置防烟系统:

1) 前室或合用前室采用敞开的阳台、凹廊。

2) 前室或合用前室具有不同朝向的可开启外窗，且可开启外窗的面积满足自然排烟口的面积要求。

(3)《建规》第 8.1.5 条　民用建筑的下列场所或部位应设置排烟设施:

1) 设置在一、二、三层且房间建筑面积大于 $100m^2$ 的歌舞娱乐放映游艺场所，设置在四层及以上楼层、地下或半地下的歌舞娱乐放映游艺场所。

2) 中庭。

3) 公共建筑内建筑面积大于 $100m^2$ 且经常有人停留的地上房间。

4) 公共建筑内建筑面积大于 $300m^2$ 且可燃物较多的地上房间。

5) 建筑内长度大于 20m 的疏散走道。

(4)《建规》第 8.5.4 条　地下或半地下建筑 (室)、地上建筑内的无窗房间，当总建筑面积大于 $200m^2$ 或一个房间建筑面积大于 $50m^2$，且经常有人停留或可燃物较多时，应设置排烟设施。

(5)《建规》第 9.3.11 条　通风、空气调节系统的风管在下列部位应设置公称动作温度为70℃的防火阀：

1）穿越防火分区处。

2）穿越通风、空气调节机房的房间隔墙和楼板处。

3）穿越重要或火灾危险性大的场所的房间隔墙和楼板处。

4）穿越防火分隔处的变形缝两侧。

5）竖向风管与每层水平风管交接处的水平管段上。

6）当建筑内每个防火分区的通风、空气调节系统均独立设置时，水平风管与竖向总管的交接处可不设置防火阀。

（6）《自报》第4.5.1条　防烟系统的联动控制方式应符合下列规定：

1）应由加压送风口所在防火分区内的两只独立的火灾探测器或一只火灾探测器与一只手动火灾报警按钮的报警信号，作为送风口开启和加压送风机启动的联动触发信号，并应由消防联动控制器联动控制相关层前室等需要加压送风场所的加压送风口开启和加压送风机启动。

2）应由同一防烟分区内且位于电动挡烟垂壁附近的两只独立的感烟火灾探测器的报警信号，作为电动挡烟垂壁降落的联动触发信号，并应由消防联动控制器联动控制电动挡烟垂壁的降落。

（7）《自报》第4.5.2条　排烟系统的联动控制方式应符合下列规定：

1）应由同一防烟分区内的两只独立的火灾探测器的报警信号，作为排烟口、排烟窗或排烟阀开启的联动触发信号，并应由消防联动控制器联动控制排烟口、排烟窗或排烟阀的开启，同时停止该防烟分区的空气调节系统。

2）应由排烟口、排烟窗或排烟阀开启的动作信号，作为排烟风机启动的联动触发信号，并应由消防联动控制器联动控制排烟风机的启动。

（8）《自报》第4.5.3条　防烟系统、排烟系统的手动控制方式，应能在消防控制室内的消防联动控制器上手动控制送风口、电动挡烟垂壁、排烟口、排烟窗、排烟阀的开启或关闭及防烟风机、排烟风机等设备的启动或停止，防烟、排烟风机的启动、停止按钮应采用专用线路直接连接至设置在消防控制室内的消防联动控制器的手动控制盘，并应直接手动控制防烟、排烟风机的启动、停止。

（9）《自报》第4.5.4条　送风口、排烟口、排烟窗或排烟阀开启和关闭的动作信号，防烟、排烟风机启动和停止及电动防火阀关闭的动作信号，均应反馈至消防联动控制器。

（10）《自报》第4.5.5条　排烟风机入口处的总管上设置的280℃排烟防火阀在关闭后应直接联动控制风机停止，排烟防火阀及风机的动作信号应反馈至消防联动控制器。

（11）《汽修规》第8.2.1条　除敞开式汽车库、建筑面积小于$1000m^2$的地下一层汽车库和修车库外，汽车库、修车库应设置排烟系统，并应划分防烟分区。

（12）《汽修规》第8.2.2条　防烟分区的建筑面积不宜大于$2000m^2$，且防烟分区不应跨越防火分区。防烟分区可采用挡烟垂壁、隔墙或从顶棚下凸出不小于0.5m的梁划分。

（13）《汽修规》第8.2.6条　每个防烟分区应设置排烟口，排烟口宜设在顶棚或靠近顶棚的墙面上。排烟口距该防烟分区内最远点的水平距离不应大于30m。

（14）《汽修规》第8.2.7条　排烟风机可采用离心风机或排烟轴流风机，并应保证280℃时能连续工作30min。

（15）《汽修规》第 8. 2. 8 条　在穿过不同防烟分区的排烟支管上应设置烟气温度大于 280℃时能自动关闭的排烟防火阀，排烟防火阀应连锁关闭相应的排烟风机。

（16）《汽修规》第 8. 2. 9 条　机械排烟管道的风速，采用金属管道时不应大于 20m/s；采用内表面光滑的非金属材料风道时，不应大于 15m/s。排烟口的风速不宜大于 10m/s。

（17）《汽修规》第 8. 2. 10 条　汽车库内无直接通向室外的汽车疏散出口的防火分区，当设置机械排烟系统时，应同时设置补风系统，且补风量不宜小于排烟量的 50%。

（18）《防排烟》第 7. 2. 1 条　排烟防火阀的调试方法及要求应符合下列规定：

1）进行手动关闭、复位试验，阀门动作应灵敏、可靠，关闭应严密。

2）模拟火灾，相应区域火灾报警后，同一防火分区内排烟管道上的其他阀门应联动关闭。

3）阀门关闭后的状态信号应能反馈到消防控制室。

4）阀门关闭后应能联动相应的风机停止。

（19）《防排烟》第 7. 2. 2 条　常闭送风口、排烟阀或排烟口的调试方法及要求应符合下列规定：

1）进行手动开启、复位试验，阀门动作应灵敏、可靠，远距离控制机构的脱扣钢丝连接不应松弛、脱落。

2）模拟火灾，相应区域火灾报警后，同一防火分区的常闭送风口和同一防烟分区内的排烟阀或排烟口应联动开启。

3）阀门开启后的状态信号应能反馈到消防控制室。

4）阀门开启后应能联动相应的风机启动。

（20）《防排烟》第 7. 2. 3 条　活动挡烟垂壁的调试方法及要求应符合下列规定：

1）手动操作挡烟垂壁按钮进行开启、复位试验，挡烟垂壁应灵敏、可靠地启动与到位后停止，下降高度应符合设计要求。

2）模拟火灾，相应区域火灾报警后，同一防烟分区内挡烟垂壁应在 60s 以内联动下降到设计高度。

3）挡烟垂壁下降到设计高度后应能将状态信号反馈到消防控制室。

（21）《防排烟》第 7. 2. 4 条　自动排烟窗的调试方法及要求应符合下列规定：

1）手动操作排烟窗开关进行开启、关闭试验，排烟窗动作应灵敏、可靠。

2）模拟火灾，相应区域火灾报警后，同一防烟分区内排烟窗应能联动开启；完全开启时间应符合规定。

3）与消防控制室联动的排烟窗完全开启后，状态信号应反馈到消防控制室。

（22）《防排烟》第 7. 2. 5 条　送风机、排烟风机调试方法及要求应符合下列规定：

1）手动开启风机，风机应正常运转 2. 0h，叶轮旋转方向应正确、运转平稳、无异常振动与声响。

2）应核对风机的铭牌值，并应测定风机的风量、风压、电流和电压，其结果应与设计相符。

3）应能在消防控制室手动控制风机的启动、停止，风机的启动、停止状态信号应能反馈到消防控制室。

4）当风机进、出风管上安装单向风阀或电动风阀时，风阀的开启与关闭应与风机的启动、停止同步。

（23）《防排烟》第 7. 2. 6 条　机械加压送风系统风速与余压的调试方法及要求应符合下列规定：

1）应选取送风系统末端所对应的送风最不利的三个连续楼层模拟起火层及其上下层，封闭避难层（间）仅需选取本层，调试送风系统使上述楼层的楼梯间、前室及封闭避难层（间）的风压值及疏散门的门洞断面风速值与设计值的偏差不大于 10% 。

2）对楼梯间和前室的调试应单独分别进行，且互不影响。

3）调试楼梯间和前室疏散门的门洞断面风速时，设计疏散门开启的楼层数量应符合规定。

（24）《防排烟》第 7. 2. 7 条　机械排烟系统风速和风量的调试方法及要求应符合下列规定：

1）应根据设计模式，开启排烟风机和相应的排烟阀或排烟口，调试排烟系统使排烟阀或排烟口处的风速值及排烟量值达到设计要求。

2）开启排烟系统的同时，还应开启补风机和相应的补风口，调试补风系统使补风口处的风速值及补风量值达到设计要求。

3）应测试每个风口风速，核算每个风口的风量及其防烟分区总风量。

案例每日一练

【14-5】简述该案例中加压送风机和排烟风机、补风机的启动方式。

【解析】（1）加压送风机的启动方式应符合下列要求：①送风机现场手动启动；②通过火灾自动报警系统自动启动；③消防控制室手动启动；④系统中任一常闭加压送风口开启时，加压风机应能自动启动。

（2）排烟风机、补风机的控制方式，应符合下列要求：①现场手动启动；②消防控制室手动启动；③火灾自动报警系统自动启动；④系统中任一排烟阀或排烟口开启时，排烟风机、补风机自动启动；⑤排烟风机入口处的排烟防火阀在 280℃时应自行关闭，并应连锁关闭排烟风机。

第 15 节　消防应急照明和疏散指示标志检测与验收案例分析

范例情景描述

某购物中心共 4 层，总建筑面积约 16000m^2。室内外均设置疏散楼梯。购物中心设置自带电源非集中控制型应急照明和疏散指示系统，共安装 3W 应急照明灯 11 只，安全出口标志灯 48 只，单向壁挂应急标志灯 52 只，双向地埋应急标志灯 48 只，单向地埋应急标志灯 124 只，楼层标志灯 21 只，应急照明配电箱 4 台。灯具处于正常工作时，电源由每层的应急照明配电箱提供，处于应急工作时，电源由灯具自带的蓄电池提供。购物中心设置了控制中心火灾自动报警系统，发生火警后，控制中心火灾自动报警系统输出联动控制信号，强制点亮所有消防应急灯具。

内容归纳解剖

15.1　范例问题分析

根据以上情景描述，回答下列问题：

【15-1】该购物中心的哪些位置应设置疏散照明？

【解析】根据《建规》第 10.3.1 条的规定，该购物中心的下列位置应设置疏散照明：

（1）封闭楼梯间、防烟楼梯间及其前室、消防电梯间的前室或合用前室、避难走道、避难层（间）。

（2）观众厅、展览厅、多功能厅和建筑面积大于 $200m^2$ 的营业厅、餐厅、演播室等人员密集的场所。

（3）购物中心内的疏散走道。

【15-2】购物中心内疏散照明的地面最低水平照度有哪些要求？

【解析】根据《建规》第 10.3.2 条的规定，购物中心内疏散照明的地面最低水平照度应符合下列规定：

（1）对于疏散走道，不应低于 1.0lx。

（2）对于人员密集场所、避难层（间），不应低于 3.0lx。

（3）对于楼梯间、前室或合用前室、避难走道，不应低于 5.0lx。

（4）消防控制室、消防水泵房、自备发电机房、配电室、防排烟机房以及发生火灾时仍需正常工作的消防设备房应设置备用照明，其作业面的最低照度不应低于正常照明的照度。

【15-3】购物中心内灯光疏散指示标志设置有哪些要求？

【解析】根据《建规》第 10.3.5 条的规定，购物中心内灯光疏散指示标志设置应符合下列规定：

（1）应设置在安全出口和人员密集场所的疏散门的正上方。

（2）应设置在疏散走道及其转角处距地面高度 1.0m 以下的墙面或地面上。灯光疏散指示标志的间距不应大于 20m；对于袋形走道，不应大于 10m；在走道转角区，不应大于 1.0m。

（3）应在疏散走道和主要疏散路径的地面上增设能保持视觉连续的灯光疏散指示标志或蓄光疏散指示标志。

【15-4】该购物中心采用控制中心火灾自动报警系统，应符合哪些要求？

【解析】根据《自报》第 3.2.4 条的规定，控制中心报警系统的设计，应符合下列规定：

（1）有两个及以上消防控制室时，应确定一个主消防控制室。

（2）主消防控制室应能显示所有火灾报警信号和联动控制状态信号，并应能控制重要的消防设备；各分消防控制室内消防设备之间可互相传输、显示状态信息，但不应互相控制。

（3）系统设置的消防控制室图形显示装置应具有传输规范规定的有关信息的功能。

【15-5】简述消防应急照明和疏散指示系统平面疏散区域的供电设计要求。

【解析】(1) 平面疏散区域供电由应急照明总配电柜的主电以树干式或放射式供电，并按防火分区设置应急照明配电箱、应急照明集中电源或应急照明分配电装置。

(2) 非人员密集场所可在多个防火分区设置一个共用应急照明配电箱，但每个防火分区采用单独的应急照明供电回路。

(3) 应急照明配电箱的主电源取自于本防火分区的备用照明配电箱。

(4) 多个防火分区共用一个应急照明配电箱的主电源应取自应急电源干线或备用照明配电箱的供电侧。

(5) 大于 $2000m^2$ 的防火分区应单独设置应急照明配电箱或应急照明分配电装置。

(6) 小于 $2000m^2$ 的防火分区可采用专用应急照明回路。

(7) 当应急照明回路沿电缆管井垂直敷设时，公共建筑应急照明配电箱供电范围不宜超过 8 层。

(8) 一个应急照明配电箱或应急照明分配电装置所带灯具覆盖的防火分区总面积不超过 $4000m^2$。

(9) 当应急照明集中电源和应急照明分配电装置在同一平面层时，应急照明电源采用放射式供电方式。

(10) 当二者不在同一平面层，且配电分支干线沿同一电缆管井敷设时，应急照明集中电源可采用放射式或树干式供电方式。

【15-6】消防应急照明和疏散指示系统正式启用后，应做好哪些日常检查？

【解析】应做好的日常检查有：

(1) 系统保持连续正常运行，不得随意中断。

(2) 检查消防应急灯具外观结构是否有破损。

(3) 检查消防应急标志灯具的工作状态，一旦发现光源熄灭、疏散指示方向更改或故障指示灯点亮，应立即进行维修或更换。

(4) 检查消防应急照明灯具的工作状态，如果故障指示灯点亮，应立即进行维修或更换。

(5) 检查应急照明配电箱是否有故障。

(6) 记录检查情况。

【15-7】如果消防应急照明和疏散指示系统存在问题，应如何处理？

【解析】如发现系统存在问题和故障，相关人员应填写《故障维修记录表》，并向单位消防安全管理人报告。单位消防安全管理人应立即组织维修。当场有条件维修解决的当场维修解决；当场没有条件维修解决的，尽可能在 24h 内维修解决。需要由供应商或者厂家提供零配件或协助维修解决的，若不影响系统主要功能的，可在 7 个工作日内解决。故障排除后经单位消防安全管理人检查确认。维修情况应记入《故障维修记录表》并存档。

【15-8】简述该购物中心现场安装及供电、布线检查要求

【解析】(1) 消防应急灯具与供电线路之间不能使用插头连接，安装后不影响人员通行，灯具周围无遮挡物，吊装时吊管上端固定牢固。

(2) 带有疏散方向指示箭头的消防应急标志灯具在安装时应保证箭头方向与疏散方向相同，指示出口的消防应急标志灯具要固定在坚固的墙上或顶棚下。

(3) 作为辅助指示的蓄光型标志牌安装在与标志灯具指示方向相同的路线上，但不能

代替标志灯具。

（4）消防应急照明灯具由进线总配电箱内一路专用回路供电。

（5）分散设置的集中电源的正常供电回路应取自本防火分区的（备用）应急照明配电箱，分配电装置应急回路由应急照明集中电源供电。

15.2 规范考点延伸

（1）《建规》第10.1.5条 建筑内消防应急照明和灯光疏散指示标志的备用电源的连续供电时间应符合下列规定：

1）建筑高度大于100m的民用建筑，不应小于1.5h。

2）医疗建筑、老年人建筑、总建筑面积大于100000m^2的公共建筑和总建筑面积大于20000m^2的地下、半地下建筑，不应少于1.0h。

3）其他建筑，不应少于0.5h。

（2）《建规》第10.1.10条 消防配电线路应满足火灾时连续供电的需要，其敷设应符合下列规定：

1）明敷时（包括敷设在顶棚内），应穿金属导管或采用封闭式金属槽盒保护，金属导管或封闭式金属槽盒应采取防火保护措施；当采用阻燃或耐火电缆并敷设在电缆井、沟内时，可不穿金属导管或采用封闭式金属槽盒保护；当采用矿物绝缘类不燃性电缆时，可直接明敷。

2）暗敷时，应穿管并应敷设在不燃性结构内且保护层厚度不应小于30mm。

3）消防配电线路宜与其他配电线路分开敷设在不同的电缆井、沟内；确有困难需敷设在同一电缆井、沟内时，应分别布置在电缆井、沟的两侧，且消防配电线路应采用矿物绝缘类不燃性电缆。

（3）《建规》第10.3.1条 除建筑高度小于27m的住宅建筑外，民用建筑、厂房和丙类仓库的下列部位应设置疏散照明：

1）封闭楼梯间、防烟楼梯间及其前室、消防电梯间的前室或合用前室、避难走道、避难层（间）。

2）观众厅、展览厅、多功能厅和建筑面积大于200m^2的营业厅、餐厅、演播室等人员密集的场所。

3）建筑面积大于100m^2的地下或半地下公共活动场所。

4）公共建筑内的疏散走道。

5）人员密集的厂房内的生产场所及疏散走道。

（4）《建规》第10.3.2条 建筑内疏散照明的地面最低水平照度应符合下列规定：

1）对于疏散走道，不应低于1.0lx。

2）对于人员密集场所、避难层（间），不应低于3.0lx；对于病房楼或手术部的避难间，不应低于10.0lx。

3）对于楼梯间、前室或合用前室、避难走道，不应低于5.0lx。

（5）《建规》第10.3.3条 消防控制室、消防水泵房、自备发电机房、配电室、防排烟机房以及发生火灾时仍需正常工作的消防设备房应设置备用照明，其作业面的最低照度不应低于正常照明的照度。

(6)《建规》第 10. 3. 4 条　疏散照明灯具应设置在出口的顶部、墙面的上部或顶棚上；备用照明灯具应设置在墙面的上部或顶棚上。

(7)《建规》第 10. 3. 5 条　公共建筑、建筑高度大于 54m 的住宅建筑、高层厂房（库房）和甲、乙、丙类单、多层厂房，应设置灯光疏散指示标志，并应符合下列规定：

1）应设置在安全出口和人员密集场所的疏散门的正上方。

2）应设置在疏散走道及其转角处距地面高度 1. 0m 以下的墙面或地面上。灯光疏散指示标志的间距不应大于 20m；对于袋形走道，不应大于 10m；在走道转角区，不应大于 1. 0m。

(8)《建规》第 10. 3. 6 条　下列建筑或场所应在疏散走道和主要疏散路径的地面上增设能保持视觉连续的灯光疏散指示标志或蓄光疏散指示标志：

1）总建筑面积大于 8000m^2 的展览建筑。

2）总建筑面积大于 5000m^2 的地上商店。

3）总建筑面积大于 500m^2 的地下或半地下商店。

4）歌舞娱乐放映游艺场所。

5）座位数超过 1500 个的电影院、剧场，座位数超过 3000 个的体育馆、会堂或礼堂。

6）车站、码头建筑和民用机场航站楼中建筑面积大于 3000m^2 的候车、候船厅和航站楼的公共区。

(9)《应急疏散》第 3. 2. 3 条　火灾状态下，灯具光源应急点亮、熄灭的响应时间应符合下列规定：

1）高危险场所灯具光源应急点亮的响应时间不应大于 0. 25s。

2）其他场所灯具光源应急点亮的响应时间不应大于 5s。

3）具有两种及以上疏散指示方案的场所，标志灯光源点亮、熄灭的响应时间不应大于 5s。

(10)《应急疏散》第 3. 4. 7 条　应急照明控制器的主电源应由消防电源供电；控制器的自带蓄电池电源应至少使控制器在主电源中断后工作 3h。

案例每日一练

【15-9】某体育场馆，安装自带电源非集中控制型消防应急照明及疏散指示系统，请简述如何对系统功能进行检验、测试?

【解析】(1) 观察消防应急灯具的工作状态指示灯，所有灯具应该全部处于正常工作状态。

(2) 检查消防应急标志灯具，疏散标志指示方向与实际疏散方向要保持一致。

(3) 模拟消防联动控制信号联动应急照明配电箱，测试相关消防应急灯具和应急照明配电箱转入应急工作状态的情况。

(4) 测试消防应急照明和灯光疏散指示标志的备用电源的连续供电时间，应满足要求。

第 16 节　灭火器及其配置验收案例分析

范例情景描述

某公司办公楼地上 7 层，建筑高度为 23. 80m，每层建筑面积为 945m^2，为“L”形外廊式建筑，“L”形建筑长边为 45. 60m，短边为 22. 20m，均采用不燃材料装修，办公场所设有计算机、复印机等办公用电子设备。办公楼内设有室内消火栓系统，每层作为一个灭火器配置的计算单元配置了手提式灭火器。经检查，二层及二层以上楼层仅设置了一个灭火器配置点，距离最远端办公室房门的距离为 25. 80m。配置点的灭火器、灭火器箱设置如图 2. 16-1 ~ 图 2. 16-4 所示。

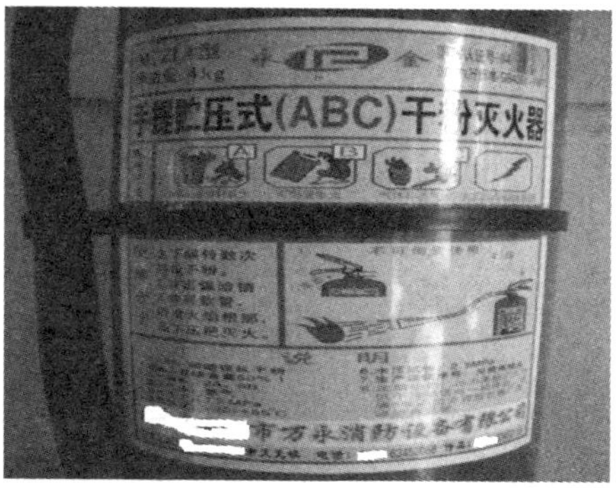

图 2. 16-1　手提式干粉灭火器型号规格

图 2. 16-2　灭火器箱

图 2. 16-3　灭火器压力指示器

图 2. 16-4　办公楼层走道上的灭火器箱

内容归纳解剖

16. 1　范例问题分析

【16-1】根据以上情景描述，指出该办公楼灭火器配置存在问题。

（1）灭火器配置点距离最远端办公室房门的距离为 25. 80m。

【解析】依据题意，该多层办公场所设有计算机、复印机等办公用电子设备，属于中危险级，其最大保护距离为 20m；灭火器设置点的位置和数量应根据灭火器的最大保护距离确定，并应保证最不利点至少在 1 具灭火器的保护范围内。因此灭火器设置点数量不够，至少设置 2 个设置点。

（2）图 2. 16-2 中灭火器箱箱体正面只有中文“灭火器”字样。

【解析】灭火器箱箱体正面应标注中文“灭火器”和英文“Fire extinguisher”字样。字体尺寸（宽 × 高）不得小于 30mm × 60mm，并且字体要醒目、均匀、完整。

（3）图 2. 16-2 中灭火器箱箱体的正面右下角未设置任何铭牌。灭火器的铭牌、生产日期和维修日期等标志应齐全。

【解析】灭火器箱的正面右下角应设置耐久性铭牌，铭牌内容包括产品名称、型号规格、注册商标或者生产厂家名称、生产厂址、生产日期或者产品批号、执行标准等。

（4）图 2.16-1 中灭火器制造厂家和生产日期不清楚。

【解析】灭火器认证标志、铭牌的主要内容应齐全，包括灭火器名称、型号和灭火剂种类，灭火级别和灭火种类，使用温度，驱动气体名称和数量（压力），制造企业名称，使用方法，再充装说明和日常维护说明等。

（5）灭火器压力指示器指针在黄色区域范围内。

【解析】2006 年及 2006 年后生产的灭火器压力指示器表盘有灭火剂适用标示，干粉灭火剂为“F”，指示器中的红区、黄区范围分别标有“再充装”和“超充装”字样。

（6）图 2.16-4，灭火器箱设置在办公室外柱子旁，从外侧无法看到灭火器箱，属于有视线障碍的设置点。

【解析】根据《灭规》第 5.1.2 条　在有视线障碍的设置点安装设置灭火器时，应在醒目的地方设置指示灭火器位置的发光标志。

16.2　规范考点延伸

（1）《灭规》第 5.1.1 条　灭火器应设置在位置明显和便于取用的地点，且不得影响安全疏散。

（2）《灭规》第 5.1.2 条　对有视线障碍的灭火器设置点，应设置指示其位置的发光标志。

（3）《灭规》第 5.1.3 条　灭火器的摆放应稳固，其铭牌应朝外。手提式灭火器宜设置在灭火器箱内或挂钩、托架上，其顶部离地面高度不应大于 1.50m；底部离地面高度不宜小于 0.08m。灭火器箱不得上锁。

（4）《灭规》第 5.1.5 条　灭火器不得设置在超出其使用温度范围的地点。

（5）《灭规》第 7.1.2 条　每个灭火器设置点实配灭火器的灭火级别和数量不得小于最小需配灭火级别和数量的计算值。

（6）《灭规》第 7.1.3 条　灭火器设置点的位置和数量应根据灭火器的最大保护距离确定，并应保证最不利点至少在 1 具灭火器的保护范围内。

（7）《灭验规》第 2.2.1 条　灭火器的进场检查应符合下列要求：

1）灭火器应符合市场准入的规定，并应有出厂合格证和相关证书。

2）灭火器的铭牌、生产日期和维修日期等标志应齐全。

3）灭火器的类型、规格、灭火级别和数量应符合配置设计要求。

4）灭火器筒体应无明显缺陷和机械损伤。

5）灭火器的保险装置应完好。

6）灭火器压力指示器的指针应在绿区范围内。

7）推车式灭火器的行驶机构应完好。

（8）《灭验规》第 3.2.2 条　灭火器箱不应被遮挡、上锁或拴系。

（9）《灭验规》第 4.1.3 条　灭火器配置验收时，安装单位应提交下列技术资料：

1）建筑灭火器配置工程竣工图、建筑灭火器配置定位编码表。

2）灭火器配置设计说明、建筑设计防火审核意见书。

3）灭火器的有关质量证书、出厂合格证、使用维护说明书等。

（10）《灭验规》第 4.2.1 条　灭火器的类型、规格、灭火级别和配置数量应符合建筑灭火器配置设计要求。检查数量：按照灭火器配置单元的总数，随机抽查 20%，并不得少于 3 个；少于 3 个配置单元的，全数检查。歌舞娱乐放映游艺场所、甲乙类火灾危险性场所、文物保护单位，全数检查。

（11）《灭验规》第 4.2.3 条　在同一灭火器配置单元内，采用不同类型灭火器时，其灭火剂应能相容。

（12）《灭验规》第 4.2.4 条　灭火器的保护距离应符合现行国家标准《建筑灭火器配置设计规范》（GB 50140）的有关规定，灭火器的设置应保证配置场所的任一点都在灭火器设置点的保护范围内。

（13）《灭验规》第 4.3.2 条　灭火器配置验收的判定规则应符合下列要求：

1）缺陷项目按规定划分为：严重缺陷项（A）、重缺陷项（B）和轻缺陷项（C）。

2）合格判定条件应为：A = 0，且 B≤1，且 B + C≤4，否则为不合格。

案例每日一练

【16-2】计算该办公楼至少需要设置几个灭火器配置点？

【解析】依据情景描述，该办公场所设有计算机、复印机等办公用电子设备，应为中危险级。配置有手提式干粉灭火器（MF/ABC4）。主要为 A、E 类火灾，灭火器最大保护面积为 75m^2，最大保护距离为 20m。办公楼每层建筑面积为 945m^2，地上 7 层，每层划分为一个计算单元，945 ÷ 75 = 12.6（A），办公楼长 45m，宽 22.2m，每层设 2 个灭火器设置点，每个灭火器设置点最小需配灭火级别为 12.6 ÷ 2 = 4.3（A），每个设置点设 3 具 4kg 的手提式 ABC 灭火器（单具灭火级别 2A），满足要求。故计算该办公楼至少需要设置 14 个灭火器配置点。

第 17 节　火灾自动报警设施检测与验收案例分析

范例情景描述

某购物广场地上 3 层、地下 1 层，建筑高度 23m，是由产权式店铺为主的商场和超市、电影院组成的大型商业综合体。平面功能见表 2.17-1。

表 2.17-1　某购物中心平面功能表

层　数	使用功能
屋顶层	影院夹层及其他设备用房
三层	商业店铺/电影院
二层	商业店铺/超市
一层	商业店铺/主题餐厅
地下一层	汽车库/设备用房/卸货区

本建筑为多层大型商业综合体，属于多种功能组合建筑，设有消火栓系统、自动喷水灭火系统（湿式、预作用）、机械防排烟系统、控制中心火灾自动报警系统等。建筑的火灾自

动报警系统主要由火灾探测器、手动报警按钮、火灾报警控制器、消防联动控制器、消防广播、警报装置、消防电话等组成。消防控制室内设有火灾报警控制器、消防联动控制器、消防控制室图形显示装置、消防应急广播设备、消防专用电话设备等。

火灾探测器采用了点型感烟火灾探测器、点型感温火灾探测器、线型光束感烟火灾探测器。点型感烟火灾探测器主要设在商场、办公室、机房、设备用房等独立房间内和走道；点型感温火灾探测器主要设在汽车库、厨房等处；线型光束感烟火灾探测器设置在中庭。

内容归纳解剖

17.1　范例问题分析

【17-1】依据范例中的情景描述，回答以下问题：

（1）对该购物广场进行火灾自动报警系统检测时，施工单位应提供哪些资料？

【解析】系统检测时，施工单位应提供下列资料：

1）竣工检测申请报告、设计变更通知书、竣工图。

2）工程质量事故处理报告。

3）施工现场质量管理检查记录。

4）火灾自动报警系统施工过程质量管理检查记录。

5）火灾自动报警系统内各设备的检验报告、合格证及相关材料。

（2）对购物广场火灾探测器和手动火灾报警按钮进行模拟火灾响应和故障信号检验，如何抽检？

【解析】1）实际安装数量在 100 只以下者，抽验 20 只（每个回路都应抽验）。

2）实际安装数量超过 100 只，每个回路按实际安装数量 10% ~20% 的比例抽验，但抽验总数不应少于 20 只。

3）被检查的火灾探测器的类别、型号、适用场所、安装高度、保护半径、保护面积和探测器的间距等均应符合设计要求。

（3）简述点型火灾探测器安装要求。

【解析】1）探测器至墙壁、梁边的水平距离不应小于 0.5m。

2）周围水平距离 0.5m 内不应有遮挡物。

3）探测器至空调送风口的距离不应小于 1.5m。

4）点型感温探测器安装间距不应超过 10m。

5）点型感烟探测器安装间距不应超过 15m。

6）探测器倾斜安装不应大于 45°。

（4）简述火灾自动报警系统验收判定标准。

【解析】1）系统内的设备及配件无国家相关证书和检验报告；系统内的任一控制器和火灾探测器无法发出报警信号，无法实现要求的联动功能，定为 A 类不合格。

2）验收前提供资料不符合要求的定为 B 类不合格。

3）其余不合格项均为 C 类不合格。

4）系统验收合格判定应为：$A=0$、$B\leqslant 2$，且 $B+C\leqslant$ 检查项的 5% 为合格，否则为不合格。

17.2 规范考点延伸

(1)《自报验规》第2.2.1条 设备、材料及配件进入施工现场应有清单、使用说明书、质量合格证明文件、国家法定质检机构的检验报告等文件。火灾自动报警系统中的强制认证（认可）产品还应有认证（认可）证书和认证（认可）标识。

(2)《自报验规》第2.2.2条 火灾自动报警系统的主要设备应是通过国家认证（认可）的产品。产品名称、型号、规格应与检验报告一致。

(3)《自报验规》第3.2.4条 火灾自动报警系统应单独布线，系统内不同电压等级、不同电流类别的线路，不应布在同一管内或线槽的同一槽孔内。

(4)《自报验规》第3.2.5条 导线在管内或线槽内，不应有接头或扭结。导线的接头，应在接线盒内焊接或用端子连接。

(5)《自报验规》第3.2.7条 敷设在多尘或潮湿场所管路的管口和管子连接处，均应做密封处理。

(6)《自报验规》第3.2.8条 管路超过下列长度时，应在便于接线处装设接线盒：①管子长度每超过30m，无弯曲时；②管子长度每超过20m，有1个弯曲时；③管子长度每超过10m，有2个弯曲时；④管子长度每超过8m，有3个弯曲时。

(7)《自报验规》第3.2.15条 同一工程中的导线，应根据不同用途选不同颜色加以区分，相同用途的导线颜色应一致。电源线正极应为红色，负极应为蓝色或黑色。

(8)《自报验规》第3.3.1条 火灾报警控制器、可燃气体报警控制器、区域显示器、消防联动控制器等控制器类设备（以下称控制器）在墙上安装时，其底边距地（楼）面高度宜为1.3~1.5m，其靠近门轴的侧面距墙不应小于0.5m，正面操作距离不应小于1.2m；落地安装时，其底边宜高出地（楼）面0.1~0.2m。

(9)《自报验规》第3.3.3条 引入控制器的电缆或导线，应符合下列要求：

1）配线应整齐，不宜交叉，并应固定牢靠。

2）电缆芯线和所配导线的端部，均应标明编号，并与图样一致，字迹应清晰且不易褪色。

3）端子板的每个接线端，接线不得超过2根。

4）电缆芯和导线，应留有不小于200mm的余量。

5）导线应绑扎成束。

6）导线穿管、线槽后，应将管口、槽口封堵。

(10)《自报验规》第3.3.4条 控制器的主电源应有明显的永久性标志，并应直接与消防电源连接，严禁使用电源插头。控制器与其外接备用电源之间应直接连接。

(11)《自报验规》第3.4.1条 点型感烟、感温火灾探测器的安装，应符合下列要求：

1）探测器至墙壁、梁边的水平距离，不应小于0.5m。

2）探测器周围水平距离0.5m内，不应有遮挡物。

3）探测器至空调送风口最近边的水平距离，不应小于1.5m；至多孔送风顶棚孔口的水平距离，不应小于0.5m。

4）在宽度小于3m的内走道顶棚上安装探测器时，宜居中安装。点型感温火灾探测器的安装间距，不应超过10m；点型感烟火灾探测器的安装间距，不应超过15m。探测器至端墙的距离，不应大于安装间距的一半。

5）探测器宜水平安装，当确需倾斜安装时，倾斜角不应大于45°。

（12）《自报验规》第3.4.2条　线型红外光束感烟火灾探测器的安装，应符合下列要求：

1）当探测区域的高度不大于20m时，光束轴线至顶棚的垂直距离宜为0.3～1.0m；当探测区域的高度大于20m时，光束轴线距探测区域的地（楼）面高度不宜超过20m。

2）发射器和接收器之间的探测区域长度不宜超过100m。

3）相邻两组探测器光束轴线的水平距离不应大于14m。探测器光束轴线至侧墙水平距离不应大于7m，且不应小于1.5m。

4）发射器和接收器之间的光路上应无遮挡物或干扰源。

5）发射器和接收器应安装牢固，并不应产生位移。

（13）《自报验规》第3.4.6条　通过管路采样的吸气式感烟火灾探测器的安装应符合下列要求：

1）采样管应固定牢固。

2）采样管（含支管）的长度和采样孔应符合产品说明书的要求。

3）非高灵敏度的吸气式感烟火灾探测器不宜安装在顶棚高度大于16m的场所。

4）高灵敏度吸气式感烟火灾探测器在设为高灵敏度时可安装在顶棚高度大于16m的场所，并保证至少有2个采样孔低于16m。

5）安装在大空间时，每个采样孔的保护面积应符合点型感烟火灾探测器的保护面积要求。

（14）《自报验规》第3.5.1条　手动火灾报警按钮应安装在明显和便于操作的部位。当安装在墙上时，其底边距地（楼）面高度宜为1.3～1.5m。

（15）《自报验规》第3.8.2条　火灾光警报装置应安装在安全出口附近明显处，距地面1.8m以上。光警报器与消防应急疏散指示标志不宜在同一面墙上，安装在同一面墙上时，距离应大于1m。

（16）《自报验规》第3.9.1条　消防电话、电话插孔、带电话插孔的手动报警按钮宜安装在明显、便于操作的位置；当在墙面上安装时，其底边距地（楼）面高度宜为1.3～1.5m。

（17）《自报验规》第5.1.5条　系统中各装置的安装位置、施工质量和功能等的验收数量应满足以下要求。

1）各类消防用电设备主、备电源的自动转换装置，应进行3次转换试验，每次试验均应正常。

2）火灾报警控制器（含可燃气体报警控制器）和消防联动控制器应按实际安装数量全部进行功能检验。消防联动控制系统中其他各种用电设备、区域显示器应按下列要求进行功能检验：

①实际安装数量在5台以下者，全部检验。

②实际安装数量在6～10台者，抽验5台。

③实际安装数量超过10台者，按实际安装数量30%～50%的比例抽验，但抽验总数不应少于5台。

④各装置的安装位置、型号、数量、类别及安装质量应符合设计要求。

3）火灾探测器（含可燃气体探测器）和手动火灾报警按钮，应按下列要求进行模拟火灾响应（可燃气体报警）和故障信号检验：

①实际安装数量在 100 只以下者，抽验 20 只（每个回路都应抽验）。

②实际安装数量超过 100 只，每个回路按实际安装数量 10% ~20% 的比例进行抽验，但抽验总数不应少于 20 只。

③被检查的火灾探测器的类别、型号、适用场所、安装高度、保护半径、保护面积和探测器的间距等均应符合设计要求。

案例每日一练

【17-2】简述火灾自动报警系统工程质量验收检验项目划分、判定合格标准以及复验要求？

【解析】（1）合格标准是：A =0，且 B≤2，且 B + C≤全部检查项数 5%。

（2）检验项目划分见表 2. 17-2：

表 2. 17-2　检验项目划分

A 类检验项目	B 类检验项目	C 类检验项目
（1）系统内设备及配件的规格型号与设计不符的 （2）系统内设备及配件无国家相关证书和检验报告的 （3）任一器件或设备无法发出报警信号的 （4）任一器件或设备无法实现联动的	施工单位提供的竣工资料不符合要求的（共五项内容）	除 A 类、B 类检验项目外的其他检验项目均为 C 类检验项目

（3）复验规定：当 A 类、B 类、C 类检验项目中有任一项不合格时，应修复或更换后提交复验，复验时对有抽验比例要求的，按不合格项加倍抽验。

第 18 节　室内消火栓系统检查与维护保养案例分析

范例情景描述

一栋办公建筑地上 6 层，建筑高度 23. 80m，总建筑面积为 4800m^2，地下室为汽车库和设备用房。建筑内设有集中空调系统，按《建规》的规定，设有室内消火栓给水系统和自动喷水灭火系统全保护，两个系统共用消防泵组，并合用一套气压给水装置，在地下一层设有消防泵房和 150m^3 消防水池一座。消防泵扬程为 H =50m，流量 Q =35L/s（其中消火栓系统为 15L/s），采用自灌式吸水，两台同规格同型号的消防泵互为备用，并有双电源末端互投，泵房内设有 DN150 湿式报警阀一组。各层配水管直径为 DN100，配浆片式水流指示器和信号蝶阀各一个，系统的各层最不利喷头处设末端试水装置，第六层设试水阀。闭式喷头 k80，按间距 4. 20m 正方形布置，气压给水装置设于屋顶水箱间，屋顶水箱有效容积 18m^3，气压给水装置的消防不动用容积 480L，工作压力参数为：P_1 =0. 16MPa，P_2 =0. 30MPa，P_3 =0. 33MPa，P_4 =0. 38MPa，气压给水装置的出水口处设有一只电接点压力表控制稳压泵启停，湿式报警阀组与气压给水装置的安装高程差为27m。电接点压力表和压力表，经定期校验合格。

某消防维保单位根据维保合同每年对消防给水系统进行年检一次，季检四次，并对系统故障进行应急排除，消防维保单位在某次季检时，首先对消防供电进行检查，未发现异常，并了解到前日由于电网停电，维修班利用停电机会对原消防供电设备进行了一次检修，现无异常情况。检查了气压给水设备的运行情况，其压力参数正常，在启停压力下均能正常启动和停运稳压泵，检查屋顶消火栓压力表示值与气压给水设备的压力表示值基本一致，均为0.21MPa，检查消防泵出口处压力表示值为零。

检查湿式报警阀组时上腔压力表示值为0.52MPa，下腔压力表示值为0.48MPa，对消防水泵手动盘车，一切正常，检查消防水泵电气控制柜的电流表、电压表均处于正常工作状态，手动/自动转换钮处于自动状态，各供水阀门处于常开，消防水池和水箱储备充足的消防用水。

检查试验分五个小组，各持对讲机一部，分布在消防泵房、消控中心、水力警铃、末端试水装置、屋顶气压给水设备五个部位，检查试验目标是：通过开启末端试水装置，检验自动喷水灭火系统和消防供水系统的联动可靠性。

消防控制中心指令打开地下汽车库末端试水装置后，稳压泵在压力为0.20MPa时被正常启动，且反馈信号在消防中心显示，但水流指示器信号未送达消防中心，当湿式报警阀动作后，水力警铃发出正常声响，压力开关动作信号迅速送到消防中心，消防水泵及时启动，其反馈信号送达消防中心，原设定当系统在消防水泵启动后屋顶稳压装置应联动停运，故屋顶稳压装置停止运行，经检查消防水泵出口处压力表指针只在零位有轻微摆动，而不显示压力值，而末端试水装置处压力表示值却在0.47MPa以下持续下降，鉴于此情况，消防中心决定采用主备泵切换方式，由备用泵再次重复上述试验，结果试验情况依旧，消防中心决定暂停联动试验，检查水力警铃、水流指示器和消防水泵。

再次投入联动试验时，除水流指示器动作灵敏外，其余联动情况照旧。

为了找到消防水泵只转动不出水的原因，消防维保人员决定用消火栓箱按钮启泵进行试验，当按下消火栓箱按钮时，按钮的红色信号反馈灯立即点亮，消防中心有按钮动作信号，按照设计在按钮动作信号到达后，由消防中心值班人员通过键盘输入的手动直接启泵方式，启动消防水泵，操作完成后消防水泵启动，但仍然不能有效供水。

内容归纳解剖

18.1　范例问题分析

【18-1】依据范例中的情景描述，指出存在的问题。

（1）对消防水泵手动盘车，一切正常。

【解析】测试人员只盘车不点动，是不符合水泵操作程序的，不点动就不能判断水泵的转动方向，一旦电源错相，很难发现故障根源，所以在没有电源相序监视和控制装置时，点动这一步骤一定不能省，以防转动装置故障出现事故。

（2）气压给水装置设有压力检测控制元件，不能在监测到压力降到 P_2 时发出启动主泵的控制信号。

【解析】根据《消规》第 5.3.3 条的规定：①稳压泵的设计压力应满足系统自动启动和管网充满水的要求；②稳压泵的设计压力应保持系统自动启泵压力设置点处的压力在准工作状态时大于系统设置自动启泵压力值，且增加值宜为 0.07 ~ 0.10MPa；③稳压泵的设计压力应保持系统最不利点处水灭火设施在准工作状态时的静水压力应大于 0.15MPa。

（3）消防水池的有效容积为 150m³，不满足要求。

【解析】1）根据《消规》第 3.6.2 条的规定，多层公共建筑室内消火栓系统火灾延续时间不应小于 2.0h。该办公楼室内消火栓系统流量为 15L/s，用水量为 108m³。

2）根据《自喷》第 5.0.11 条的规定，自动喷水灭火系统的持续喷水时间，应按火灾延续时间不小于 1h 确定。该办公楼自动喷水灭火系统部分流量按照 20L/s 计算，$20 \times 3.6 \times 1.0 = 72$（m³）。共计需用水量 $72 + 108 = 180$（m³）。

3）根据《消规》第 4.3.2 条的规定，当市政给水管网能保证室外消防给水设计流量，消防水池的有效容积应满足在火灾延续时间内室内消防用水量的要求。显然，该办公楼设于地下的消防水池的有效容积无法满足室内消火栓系统 2 h 用水量和自动喷水灭火系统 1 h 用水量的要求。

（4）消防中心值班人员通过键盘输入的手动直接启泵方式，启动消防水泵。

【解析】消防中心的水泵手动直接控制装置是指从消防中心的联动柜到水泵电气控制柜之间由硬件电路直接启动的控制操作线路，实现点对点的控制。凡是通过编码模块的总线传输信号的控制方式，虽是手动键盘操作，但不是直接控制，不符合规范要求。

（5）该建筑的气压给水设备的压力参数没有按设计参数正确调定。

【解析】原设计的气压给水设备的工作压力参数为：$P_1 = 0.16$MPa，$P_2 = 0.30$MPa，$P_3 = 0.33$MPa，$P_4 = 0.38$MPa，而气压给水设备的压力表示值却为 0.21MPa，稳压泵在 0.20MPa 时被正常启动，湿式报警阀组与气压给水装置的安装高程差为 27m，此时测得报警阀上腔压力表示值仅为 0.52MPa，下腔压力表示值为 0.48MPa，若按原设计应为 0.65MPa（上腔）和 0.60MPa（下腔）。

18.2　规范考点延伸

（1）《消规》第 7.4.2 条　室内消火栓的配置应符合下列要求：

1）应采用 DN65 室内消火栓，并可与消防软管卷盘或轻便水龙设置在同一箱体内。

2）应配置公称直径 65mm 有内衬里的消防水带，长度不宜超过 25.0m；消防软管卷盘应配置内径不小于 19mm 的消防软管，其长度宜为 30.0m；轻便水龙应配置公称直径 25mm 有内衬里的消防水带，长度宜为 30.0m。

3）宜配置当量喷嘴直径 16mm 或 19mm 的消防水枪，但当消火栓设计流量为 2.5L/s 时宜配置当量喷嘴直径 11mm 或 13mm 的消防水枪；消防软管卷盘和轻便水龙应配置当量喷嘴直径 6mm 的消防水枪。

（2）《消规》第 5.4.7 条　水泵接合器应设在室外便于消防车使用的地点，且距室外消火栓或消防水池的距离不宜小于 15m，并不宜大于 40m。

（3）《消规》第 5.4.9 条　水泵接合器处应设置永久性标志铭牌，并应标明供水系统、供水范围和额定压力。

（4）《消规》第 7.4.8 条　建筑室内消火栓栓口的安装高度应便于消防水龙带的连接和

使用，其距地面高度宜为1.1m；其出水方向应便于消防水带的敷设，并宜与设置消火栓的墙面成90°角或向下。

（5）《消规》第7.4.9条　设有室内消火栓的建筑应设置带有压力表的试验消火栓，其设置位置应符合下列规定：

1）多层和高层建筑应在其屋顶设置，严寒、寒冷等冬季结冰地区可设置在顶层出口处或水箱间内等便于操作和防冻的位置。

2）单层建筑宜设置在水力最不利处，且应靠近出入口。

（6）《消规》第7.4.10条　室内消火栓宜按直线距离计算其布置间距，并应符合下列规定：

1）消火栓按2支消防水枪的2股充实水柱布置的建筑物，消火栓的布置间距不应大于30.0m。

2）消火栓按1支消防水枪的1股充实水柱布置的建筑物，消火栓的布置间距不应大于50.0m。

（7）《消规》第7.4.12条　室内消火栓栓口压力和消防水枪充实水柱，应符合下列规定：

1）消火栓栓口动压不应大于0.50MPa；当大于0.70MPa时必须设置减压装置。

2）高层建筑、厂房、库房和室内净空高度超过8m的民用建筑等场所，消火栓栓口动压不应小于0.35MPa，且消防水枪充实水柱应按13m计算；其他场所，消火栓栓口动压不应小于0.25MPa，且消防水枪充实水柱应按10m计算。

（8）《消规》第8.1.7条　室内消火栓给水管网宜与自动喷水等其他水灭火系统的管网分开设置；当合用消防泵时，供水管路沿水流方向应在报警阀前分开设置。

（9）《消规》第11.0.19条　消火栓按钮不宜作为直接启动消防水泵的开关，但可作为发出报警信号的开关或启动干式消火栓系统的快速启闭装置等。

（10）《建规》第8.1.3条　自动喷水灭火系统、水喷雾灭火系统、泡沫灭火系统和固定消防炮灭火系统等系统以及下列建筑的室内消火栓给水系统应设置消防水泵接合器：

1）超过5层的公共建筑。

2）超过4层的厂房或仓库。

3）其他高层建筑。

4）超过2层或建筑面积大于10000m²的地下建筑（室）。

（11）《建规》第8.2.1条　下列建筑或场所应设置室内消火栓系统：

1）建筑占地面积大于300m² 的厂房和仓库。

2）高层公共建筑和建筑高度大于21m的住宅建筑。

注：建筑高度不大于27m的住宅建筑，设置室内消火栓系统确有困难时，可只设置干式消防竖管和不带消火栓箱的DN65的室内消火栓。

3）体积大于5000m³的车站、码头、机场的候车（船、机）建筑、展览建筑、商店建筑、旅馆建筑、医疗建筑和图书馆建筑等单、多层建筑。

4）特等、甲等剧场，超过800个座位的其他等级的剧场和电影院等，以及超过1200个座位的礼堂、体育馆等单、多层建筑。

5）建筑高度大于15m或体积大于10000m³的办公建筑、教学建筑和其他单、多层民用建筑。

案例每日一练

【18-2】简述消防给水及消火栓系统工程质量验收合格的判定条件。

【解析】根据《消规》第 13.2.18 条的规定，系统工程质量验收判定条件应符合下列规定。

（1）系统工程质量缺陷应按《消规》附录 F 要求划分。

（2）系统验收合格判定应为 $A=0$，且 $B\leq 2$，且 $B+C\leq 6$ 为合格。

（3）系统验收不符合第（2）款要求时，应为不合格。

第 19 节　自动喷水灭火系统检查与维护保养案例分析

范例情景描述

某商业建筑地上 3 层、地下 1 层，建筑高度 15m，总建筑面积 $29800m^2$，地上主要使用性质为商业，地下主要使用性质为汽车库和设备用房。建筑防火及消防设施配置均满足现行有关国家工程建设消防技术标准的要求。

消防水池及消防泵房设置在地下一层，消防水池有效容积为 $400m^3$，消防补水及水池液位显示等满足规范要求。消火栓系统和自动喷水灭火系统分别设消防泵组，喷淋消防泵和消火栓泵均在水池的同一高度取水，两台喷淋消防泵的额定流量为 30L/s，扬程为 45m，一用一备，互为备用，两台消火栓泵的额定流量为 40L/s，扬程为 55m，消防水泵吸水和水泵进出口管道上安装的组件如图 2.19-1 所示。消防水池的有效容积满足室内消火栓系统 2h 火灾延续时间和自动喷水灭火系统 1h 火灾延续时间内全部消防用水，室外消火栓系统由满足要求的市政管网供水。建筑屋顶水箱间内设置有消防水箱及消防稳压装置，高位消防水箱有效容积为 $36m^3$，自动喷水灭火系统稳压泵的额定流量为 1L/s，扬程为 22m，稳压泵启动停止由电接点压力表控制，启泵压力为 0.1MPa，停泵压力为 0.2MPa。

自动喷水灭火系统采用湿式系统，报警阀组位于消防泵房内，环状供水。系统最不利点喷头的工作压力为 0.1MPa，采用流量系数为 80 的标准洒水喷头，喷头间距为 $3.4m\times3.4m$，配水支管及配水管管径均符合要求。

维保单位承接该项目的维保工作后，拟对该项目消防设施进行全面检测，其中对自动喷水系统的测试方案为：在系统最不利点末端试水装置处以 1.3L/s 的流量放水，记录放水时间，检查水流指示器的动作情况、湿式报警阀的动作情况、消防水泵的动作情况及动作信号的反馈情况。

维保单位测试前首先检查校核了消防水池和消防水箱的有效容积，均符合设计要求，测试人员检查了末端试水装置及湿式报警阀，末端试水装置压力表显示静压为 0.12MPa，湿式报警阀入口压力表显示静压为 0.3MPa。水泵控制柜均处于自动启动挡，测试喷淋消防泵及稳压泵均工作正常，喷淋消防泵启动时，部分水流指示器发出动作信号随后恢复正常。

由于末端试水装置安装在一储物间的顶棚内，地面无排水设施，故测试人员将流量计及管道与末端试水装置连接，并将管道引至附近的卫生间排水处。测试时，测试人员打开末端试水装置控制阀，调整控制阀至放水流量为 1. 3L/s，开始计时，95s 时，水流指示器动作发出报警信号，至 120s 时，湿式报警阀未动作。停止测试后，测试人员检查了湿式报警阀组，所有控制阀均处于正常状态。随后测试人员按上述方法重新测试，85 s 时水力警铃及压力开关动作，距水力警铃 5m 处的声强为 69dB，但喷淋消防泵未启动。现场通知消防控制室将消防联动控制器转到自动状态，喷淋消防泵正常启动，所有动作信号均反馈至消防控制室。为提高商场视觉效果，业主希望将中部约 500m^{2}的一至三层打通作为共享空间，希望维保单位对消防系统改造提出建议。维保单位的建议是采用无机防火卷帘将共享空间与二、三层其他部位分隔，以满足防火分区要求，共享空间顶部增加机械排烟设施，通过火灾报警系统联动防火卷帘及机械排烟设施；对自动喷水系统进行改造，共享空间区域仍采用湿式自动喷水系统进行保护。

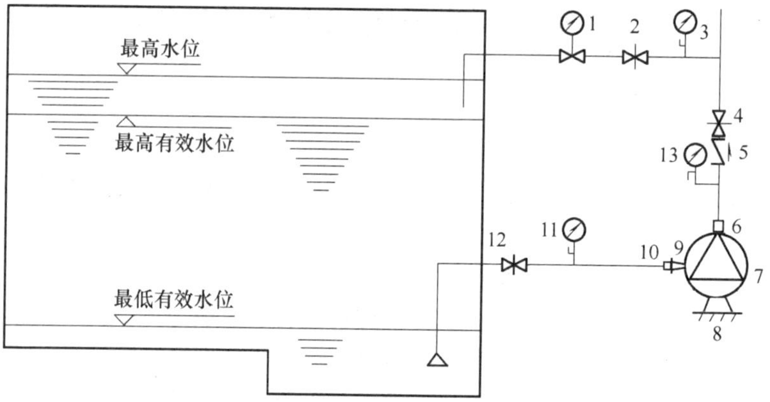

图 2. 19-1　消防水泵自灌式吸水及泵进出口附件

1—流量计　2、4—明杆闸阀　3、13—压力表　5—止回阀　6、10—可挠曲接头　7—喷淋消防泵　8—水泵基础　9—同心大小头　11—真空压力表　12—无开启刻度暗杆闸阀

内容归纳解剖

19. 1　范例问题分析

【19-1】图 2. 19-1 中不满足规范要求的有哪些?

【解析】(1) 水泵吸水口处采用同心大小头。

(2) 水泵吸水管采用不带刻度指示的暗杆闸阀。

(3) 泵吸水管的安装高度。

【19-2】本案例中自动喷水灭火系统第一次测试时，水力警铃未动作的原因可能有哪些?

【解析】(1) 系统侧管网中存在较多空气。

(2) 系统侧压力高于供水侧压力。

【19-3】在本案例自动喷水灭火系统测试过程及结果中，不符合规范要求的有哪些?

【解析】(1) 95s 时水流指示器动作发出报警信号。

(2) 报警联动控制器手动状态时，消防水泵未启动。

【19-4】中庭改造，当采用自动喷水灭火系统进行防护时，主要应注意哪些问题?

【解析】（1）民用建筑中12～18m的中庭，设计喷水强度应不小于15L/(min·m²)，作用面积应不小于160m²。

（2）喷头应选用非仓库型特殊应用喷头，喷头安装间距大于1.8m，小于3.0m。

（3）该区域设置水流指示器及末端试水装置。

（4）因该区域的最小设计流量为40L/s，原有喷淋消防泵不能满足要求，需更换，更换前需重新计算水泵的工作参数。

（5）原有消防水池的有效容积为400m³，不能满足室内消防用水量，需增加。

（6）如接入原自动喷水灭火系统配水干管，应考虑湿式报警阀所带喷头数不超过800个。

（7）系统安装调试应符合《自喷验规》的相关要求。

19.2　规范考点延伸

（1）《消规》第5.1.11.4条　每台消防水泵出水管上应设置DN65的试水管，并应采取排水措施。

（2）《消规》第5.1.2条　消防水泵吸水应符合下列规定：

1）消防水泵应采取自灌式吸水。

2）消防水泵从市政管网直接抽水时，应在消防水泵出水管上设置有空气隔断的倒流防止器。

3）当吸水口处无吸水井时，吸水口处应设置旋流防止器。

（3）《消规》第5.1.13条　离心式消防水泵吸水管、出水管和阀门等，应符合下列规定：

1）一组消防水泵，吸水管不应少于两条，当其中一条损坏或检修时，其余吸水管应仍能通过全部消防给水设计流量。

2）消防水泵吸水管布置应避免形成气囊。

3）一组消防水泵应设不少于两条的输水干管与消防给水环状管网连接，当其中一条输水管检修时，其余输水管应仍能供应全部消防给水设计流量。

4）消防水泵吸水口的淹没深度应满足消防水泵在最低水位运行安全的要求，吸水管喇叭口在消防水池最低有效水位下的淹没深度应根据吸水管喇叭口的水流速度和水力条件确定，但不应小于600mm。当采用旋流防止器时，淹没深度不应小于200mm。

5）消防水泵的吸水管上应设置明杆闸阀或带自锁装置的蝶阀，但当设置暗杆阀门时应设有开启刻度和标志；当管径超过DN300时，宜设置电动阀门。

6）消防水泵的出水管上应设止回阀、明杆闸阀；当采用蝶阀时，应带有自锁装置；当管径大于DN300时，宜设置电动阀门。

（4）《消规》第5.1.7条　消防水泵吸水管和出水管上应设置压力表，并应符合下列规定：

1）消防水泵出水管压力表的最大量程不应低于其设计工作压力的2倍，且不应低于1.60MPa。

2）消防水泵吸水管宜设置真空表、压力表或真空压力表，压力表的最大量程应根据工程具体情况确定，但不应低于0.70MPa，真空表的最大量程宜为-0.10MPa。

3）压力表的直径不应小于100mm，应采用直径不小于6mm的管道与消防水泵进出口管相接，并应设置关断阀门。

（5）《消规》第 4. 3. 2 条　消防水池有效容积的计算应符合下列规定：

1）当市政给水管网能保证室外消防给水设计流量时，消防水池的有效容积应满足在火灾延续时间内室内消防用水量的要求。

2）当市政给水管网不能保证室外消防给水设计流量时，消防水池的有效容积应满足火灾延续时间内室内消防用水量和室外消防用水量不足部分之和的要求。

（6）《消规》第 4. 3. 3 条　消防水池进水管应根据其有效容积和补水时间确定，补水时间不宜大于 48h，但当消防水池有效总容积大于 2000m^3时，不应大于 96h。消防水池进水管管径应经计算确定，且不应小于 DN100。

（7）《消规》第 4. 3. 4 条　当消防水池采用两路消防供水且在火灾情况下连续补水能满足消防要求时，消防水池的有效容积应根据计算确定，但不应小于 100m^3。当仅设有消火栓系统时不应小于 50m^3。

（8）《消规》第 4. 3. 6 条　消防水池的总蓄水有效容积大于 500m^3时，宜设两格能独立使用的消防水池；当大于 1000m^3时，应设置能独立使用的两座消防水池。每格（或座）消防水池应设置独立的出水管，并应设置满足最低有效水位的连通管，且其管径应能满足消防给水设计流量的要求。

（9）《消规》第 4. 3. 8 条　消防用水与其他用水共用的水池，应采取确保消防用水量不作他用的技术措施。

（10）《消规》第 4. 3. 9 条　消防水池的出水、排水和水位应符合下列规定：

1）消防水池的出水管应保证消防水池的有效容积能被全部利用。

2）消防水池应设置就地水位显示装置，并应在消防控制中心或值班室等地点设置显示消防水池水位的装置，同时应有最高和最低报警水位。

3）消防水池应设置溢流水管和排水设施，并应采用间接排水。

（11）《自喷》第 10. 2. 1 条　采用临时高压给水系统的自动喷水灭火系统，宜设置独立的消防水泵，并应按一用一备或二用一备，及最大一台消防水泵的工作性能设置备用泵。当与消火栓系统合用消防水泵时，系统管道应在报警阀前分开。

（12）《自喷》第 10. 2. 3 条　系统的供水泵、稳压泵，应采用自灌式吸水方式。采用天然水源时水泵的吸水口应采取防止杂物堵塞的措施。

（13）《自喷》第 10. 2. 4 条　每组供水泵的吸水管不应少于 2 根。报警阀入口前设置环状管道的系统，每组供水泵的出水管不应少于 2 根。供水泵的吸水管应设控制阀；出水管应设控制阀、止回阀、压力表和直径不小于 65mm 的试水阀。必要时，应采取控制供水泵出口压力的措施。

案例每日一练

【19-5】简述自动喷水灭火系统工程质量验收合格的判定条件。

【解析】根据《自喷验规》第 8. 0. 13 条的规定，系统工程质量验收判定条件应符合下列规定：

（1）系统工程质量缺陷划分为：严重缺陷项（A），重缺陷项（B），轻缺陷项（C）。

（2）系统验收合格判定应为：$A=0$，且 $B\leq 2$，且 $B+C\leq 6$ 为合格，否则为不合格。

第 20 节　泡沫灭火设施检查与维护保养案例分析

范例情景描述

某石油储备库最大原油储罐为 10 万 m^3 的外浮顶油罐，油罐直径 80m，罐高 21.80m，储罐保护采用固定式低倍数泡沫灭火系统和冷却水系统。低倍数泡沫灭火系统采用 6% 水成膜泡沫混合液，罐壁顶喷放，冷却水环管布置在两道抗风圈和三道加强圈的下侧，总计流量为 215（L/s），共计有喷头 744 只，低倍数泡沫灭火系统采用 12 个 PC8 泡沫产生器均布在储罐壁顶部，泡沫混合液供给强度：12.50L/(min·m^2)，连续供给时间为 30min，另在罐区设 3 支 PQ8 泡沫枪扑灭流散火灾，罐区泡沫混合液设计流量为 120L/s，储备库设泡沫消防泵站和泡沫站，能够保证在泡沫消防水泵启动后在 5min 内将泡沫混合液输送到最远的保护对象，泡沫站内设有不锈钢储罐和泡沫液泵，平衡式比例混合装置，储罐的泡沫液储存量按扑灭油罐用量 10.40m^3，泡沫枪用量 2.60m^3，充满管网所需泡沫液量 3.60m^3，另考虑一定备用量，故不锈钢泡沫液罐储存泡沫液计 24m^3。

消防维保单位应业主要求对油罐泡沫灭火系统进行一次调试和维修保养。调试人员经对系统技术文件和操作规程进行研究，并向使用管理单位了解运行情况后，编制了检查调试方案，经管理单位同意后，予以实施：

（1）检查消防水源和消防供水设备，系统供水管网的工作状态和阀门启闭状态符合试验方案要求。

（2）检查泡沫液储存供给设备的工作状态符合试验方案要求。

（3）检查泡沫混合液的供给设备及管网的工作状态符合试验方案要求。

（4）选定最不利储罐作为试验对象，检查各阀的启闭状态符合试验方案要求。试验方案要求喷放泡沫时采用泡沫枪，因此在泡沫消火栓处连接消防水带和 PQ8 泡沫枪一支，并在泡沫混合液干管上的压力表接口处安装弹簧压力表，并检查该干管上的控制阀是否启闭灵活，处于工作状态。

（5）检查各远程控制阀的控制功能是否符合要求。

（6）检查所有消防水泵、泡沫液泵的动力源及备用动力之间的切换是否准确可靠。

（7）关闭各消防泵的出口阀，打开回流阀，采用自动和手动方式对各泵进行启动试验。

（8）对消防泵及其备用泵进行自切互投试验，试验完成后依次将泵的控制柜及阀门复位。

（9）打开相关阀门，保证消防水供至试验对象的泡沫枪，进行以手动和自动控制方式的喷水试验，不进行喷水试验的区域的阀门应关闭，喷水试验后将泡沫混合液管内余水排尽，喷水试验时检查泡沫枪的进口压力和射程应符合要求。

（10）进行喷泡沫试验的相关阀门应处于准工作状态，为了减少冲洗麻烦，应尽可能缩小泡沫混合液充入管网的范围，并以手动和自动方式进行喷泡沫试验，试验时泡沫混合液不得充入防火堤内管道和与试验无关的管网。

（11）喷泡沫试验后应及时冲洗管道，凡是泡沫混合液充入过的管段均应冲洗干净，并将系统上的各阀复原至准工作状态。

内容归纳解剖

20.1　范例问题分析

【20-1】依据范例中的情景描述，回答以下问题：

（1）本案例在测定泡沫混合液的混合比时应采用什么检测方法？

【解析】蛋白、氟蛋白等折射指数高的泡沫液的混合比可用手持折射仪测量，水成膜、抗溶水成膜等折射指数低的泡沫液的混合比可用手持导电度测量仪测量，本案例低倍数泡沫灭火系统采用6%水成膜泡沫混合液，因此可用手持导电度测量仪测量。

（2）本案例喷泡沫试验时应进行的检测项目有哪些？

【解析】检测项目有：泡沫混合液的混合比；泡沫混合液的发泡倍数；泡沫混合液输送到最不利储罐的时间。

（3）本案例在进行系统喷水试验时除检测指标外，试验目的还有哪些？

【解析】本案例在进行系统喷水试验时除检测指标外，试验目的还包括检查管道是否通畅；检查泵能否准确启动；检查阀门能否启闭灵活，远控阀门能否可靠控制。

（4）本案例在测定发泡倍数时所需的设备器具有哪些？

【解析】测定发泡倍数时所需的设备器具有：台秤（电子秤）；PQ8 泡沫枪；量桶和刮板各一个。

（5）本案例的年（月）检程序中遗漏了哪些重要检查项目？

【解析】泡沫灭火系统在调试前应对系统的所有组件、设施、管道及管件进行全面检查，这是调试的基本要求，特别是罐区防火堤内的泡沫混合液立管及其组件应进行检查和清渣，检查金属软管有无损伤，清渣时用木锤敲打管壁，让锈渣脱落，打开立管底部的盲板或阀门，让锈渣排出，清扫完毕使系统复原，因为防火堤内的管道、设备一般不参与试验，不能进行冲洗，如不事前检查，容易漏检。

20.2　规范考点延伸

（1）《泡验规》第 6.1.7 条　系统调试合格后，应按本规范表填写施工过程检查记录，并应用清水冲洗后放空，复原系统。

（2）《泡验规》第 6.2.1 条　泡沫灭火系统的动力源和备用动力应进行切换试验，动力源和备用动力及电气设备运行应正常。检查方法：当为手动控制时，以手动的方式进行 1 ~ 2 次试验；当为自动控制时，以自动和手动的方式各进行 1 ~ 2 次试验。

（3）《泡验规》第 6.2.3 条　泡沫比例混合器（装置）调试时，应与系统喷泡沫试验同时进行，其混合比应符合设计要求。检查方法：用流量计测量；蛋白、氟蛋白等折射指数高的泡沫液可用手持折射仪测量，水成膜、抗溶水成膜等折射指数低的泡沫液可用手持导电度测量仪测量。

（4）《泡验规》第 6.2.5 条　泡沫消火栓应进行喷水试验，其出口压力应符合设计要求。

（5）《泡验规》第 6.2.6 条　泡沫灭火系统的调试应符合下列规定：

1）当为手动灭火系统时，应以手动控制的方式进行一次喷水试验；当为自动灭火系统时，应以手动和自动控制的方式各进行一次喷水试验，其各项性能指标均应达到设计要求。

检查数量：当为手动灭火系统时，选择最远的防护区或储罐；当为自动灭火系统时，选择最大和最远两个防护区或储罐分别以手动和自动的方式进行试验。

检查方法：用压力表、流量计、秒表测量。

2）低、中倍数泡沫灭火系统按本条第 1）款的规定喷水试验完毕，将水放空后，进行喷泡沫试验；当为自动灭火系统时，应以自动控制的方式进行；喷射泡沫的时间不应小于 1min；实测泡沫混合液的混合比及泡沫混合液的发泡倍数及到达最不利点防护区或储罐的时间和湿式联用系统自喷水至喷泡沫的转换时间应符合设计要求。

检查数量：选择最不利点的防护区或储罐，进行一次试验。

检查方法：泡沫混合液的混合比按本规范第 6. 2. 3 条的检查方法测量；泡沫混合液的发泡倍数按本规范附录 C 的方法测量；喷射泡沫的时间和泡沫混合液或泡沫到达最不利点防护区或储罐的时间及湿式联用系统自喷水至喷泡沫的转换时间，用秒表测量。

3）高倍数泡沫灭火系统按本条第 1）款的规定喷水试验完毕，将水放空后，应以手动或自动控制的方式对防护区进行喷泡沫试验，喷射泡沫的时间不应小于 30s，实测泡沫混合液的混合比和泡沫供给速率及自接到火灾模拟信号至开始喷泡沫的时间应符合设计要求。

检查数量：全数检查。

检查方法：泡沫混合液的混合比按本规范第 6. 2. 3 条的检查方法测量；泡沫供给速率的检查方法，应记录各高倍数泡沫产生器进口端压力表读数，用秒表测量喷射泡沫的时间，然后按制造厂给出的曲线查出对应的发泡量，经计算得出的泡沫供给速率，不应小于设计要求的最小供给速率；喷射泡沫的时间和自接到火灾模拟信号至开始喷泡沫的时间，用秒表测量。

（6）《泡验规》第 7. 1. 3 条　泡沫灭火系统验收应按本规范表 B. 0. 5 记录；系统功能验收不合格则判定为系统不合格，不得通过验收。

（7）《泡验规》第 7. 1. 4 条　泡沫灭火系统验收合格后，应用清水冲洗放空，复原系统，并应向建设单位移交本规范第 3. 0. 9 条列出的文件资料。

（8）《泡验规》第 7. 2. 2 条　泡沫灭火系统应对系统功能进行验收，并应符合下列规定：

1）低、中倍数泡沫灭火系统喷泡沫试验应合格。检查数量：任选一个防护区或储罐，进行一次试验。

2）高倍数泡沫灭火系统喷泡沫试验应合格。检查数量：任选一个防护区，进行一次试验。

（9）《泡验规》第 8. 1. 4 条　对检查和试验中发现的问题应及时解决，对损坏或不合格者应立即更换，并应复原系统。

（10）《泡验规》第 8. 2. 1 条　每周应对消防泵和备用动力进行一次启动试验，并应按本规范 D. 0. 1 记录。

（11）《泡验规》第 8. 2. 2 条　每月应对系统进行检查，并应按本规范 D. 0. 2 记录，检查内容及要求应符合下列规定：

1）对低、中、高倍数泡沫发生器，泡沫喷头，固定式泡沫炮，泡沫比例混合器（装置），泡沫液储罐进行外观检查，应完好无损。

2）对固定式泡沫炮的回转机构、仰俯机构或电动操作机构进行检查，性能应达到标准的要求。

3）泡沫消火栓和阀门的开启与关闭应自如，不应锈蚀。

4）压力表、管道过滤器、金属软管、管道及附件不应有损伤。

5）对遥控功能或自动控制设施及操纵机构进行检查，性能应符合设计要求。

6）对储罐上的低、中倍数泡沫混合液立管应清除锈渣。

7）动力源和电气设备工作状况应良好。

8）水源及水位指示装置应正常。

（12）《泡验规》第 8.2.3 条　每半年除储罐上泡沫混合液立管和液下喷射防火堤内泡沫管道及高倍数泡沫产生器进口端控制阀后的管道外，其余管道应全部冲洗，清除锈渣，并应按规范 D.0.2 记录。

（13）《泡验规》第 8.2.4 条　每两年应对系统进行检查和试验，并应按本规范表 D.0.2 记录；检查和试验的内容及要求应符合下列规定：

1）对于低倍数泡沫灭火系统中的液上、液下及半液下喷射、泡沫喷淋、固定式泡沫炮和中倍数泡沫灭火系统进行喷泡沫试验，并对系统所有的组件、设施、管道及管件进行全面检查。

2）对于高倍数泡沫灭火系统，可在防护区内进行喷泡沫试验，并对系统所有组件、设施、管道及附件进行全面检查。

3）系统检查和试验完毕，应对泡沫液泵或泡沫混合液泵、泡沫液管道、泡沫混合液管道、泡沫管道、泡沫比例混合器（装置）、泡沫消火栓、管道过滤器或喷过泡沫的泡沫产生装置等用清水冲洗后放空，复原系统。

案例每日一练

【20-2】简述泡沫灭火系统进行验收时应包括的主要内容。

【解析】根据《泡验规》第 7.2.1 条的规定，泡沫灭火系统应对施工质量进行验收，并应包括下列内容：

1）泡沫液储罐、泡沫比例混合器（装置）、泡沫产生装置、消防泵、泡沫消火栓、阀门、压力表、管道过滤器、金属软管等系统组件的规格、型号、数量、安装位置及安装质量。

2）管道及附件的规格、型号、位置、坡向、坡度、连接方式及安装质量。

3）固定管道的支、吊架，管墩的位置、间距及牢固程度。

4）管道穿防火堤、楼板、防火墙及变形缝等的处理。

5）管道和系统组件的防腐。

6）消防泵房、水源及水位指示装置。

7）动力源、备用动力及电气设备。

第 21 节　防烟和排烟设施检查与维护保养案例分析

范例情景描述

某大型商场地上 4 层，未开设外窗，设有机械排烟系统，防烟楼梯间设有正压送风系统，防排烟风机均布置在建筑的屋顶上。机械排烟系统的排烟风机排烟量按一个防烟分区面积

500m²，单位排烟量不小于 $120m^3/(h \cdot m^2)$ 确定，系统为专用排烟系统，排烟口为常闭式，并按防火分区设补风系统，补风量为排烟量的50%，送风机与排烟风机联动。正压送风系统对防烟楼梯间采用在首层及第四层设常开百叶风口，对合用前室每层设常闭多叶送风口，合用前室与楼梯间分别送风，送风要求是保证加压送风部位的余压值不小于规定：对楼梯间为40～50Pa，对前室、合用前室为25～30Pa，防烟楼梯间和合用前室均不具有自然排烟条件。

维保单位按合约为本商场进行定期检查，在检查前详细审核了设计图样，编制了维保方案，经征得业主同意后，在业主配合下实施维保方案：

（1）对本次维保使用的测试仪器仪表进行检查，其精度等级符合要求，计量仪器均在有效使用期内。

（2）检查风机的电源供应符合要求，供电线路保护符合规定，电气控制柜处于正常工作状态，对需要进行转动试验的风机，其电气控制柜应处于手动状态（但需要联动启动的补风机则应处于自动状态），并已向消防中心报告。

（3）逐台检查通风机传动装置及直通大气的进出口，均有安全防护措施。

（4）逐台检查通风机械的启动运转情况。

（5）逐个检查送风口，排烟口完好无损，风口表面平整，各类风阀的使用功能符合要求。

（6）检查挡烟垂壁完整无损，处于工作状态。

（7）检查完成后使系统复位，处于准工作状态。

（8）任选一个防烟分区，以手动和自动方式启动系统，观察各系统的联动情况。

内容归纳解剖

21.1　范例问题分析

【21-1】依据范例中的情景描述，回答以下问题：

（1）简述该大型商场加压送风口设置是否符合规范要求？

【解析】《防排烟》第3.3.6条规定，加压送风口的设置应符合下列规定：

1）除直灌式加压送风方式外，楼梯间宜每隔2～3层设一个常开式百叶送风口。

2）前室应每层设一个常闭式加压送风口，并应设手动开启装置。

3）送风口的风速不宜大于7m/s。

4）送风口不宜设置在被门挡住的部位。

该大型商场在首层及第四层设常开百叶风口，对合用前室每层设常闭多叶送风口，符合规范要求。

（2）该大型商场加压送风部位的余压值是否符合规范要求？

【解析】《防排烟》第3.4.4条规定，机械加压送风量应满足走廊至前室至楼梯间的压力呈递增分布，余压值应符合下列规定：

1）前室、封闭避难层（间）与走道之间的压差应为25～30Pa。

2）楼梯间与走道之间的压差应为40～50Pa。

该大型商场送风要求是保证加压送风部位的余压值不小于规定：对楼梯间为40～50Pa，对前室、合用前室为25～30Pa。符合规范要求。

（3）该大型商场补风系统补风量是否符合规范要求？

【解析】《防排烟》第 4. 5. 2 条规定，补风系统应直接从室外引入空气，且补风量不应小于排烟量的 50%。该大型商场按防火分区设补风系统，补风量为排烟量的 50%，符合规范要求。

（4）维保单位按合约为本商场进行定期检查，防烟排烟系统采用无机玻璃钢风管，每年对该风管进行质量检查，检查面积应不少于风管面积的 20%；风管表面应光洁，无明显泛霜、结露和分层现象。该维保单位进行的定期检查是否符合规定？

【解析】《防排烟》第 9. 0. 7 条规定，每年对该风管进行质量检查，检查面积应不少于风管面积的 30%。因此维保单位进行的定期检查不符合规定。

案例每日一练

【21-2】简述该大型商场月检、半年检、年检的内容及要求。

【解析】（1）每月检查内容及要求。

1）防烟、排烟风机。手动或自动启动试运转，检查有无锈蚀、螺钉松动。

2）挡烟垂壁。手动或自动启动、复位试验，有无升降障碍。

3）排烟窗。手动或自动启动、复位试验，有无开关障碍。

4）每月供电线路检查供电线路有无老化，双回路自动切换电源功能等。

（2）半年检查内容及要求。

1）防火阀。手动或自动启动、复位试验检查，有无变形、锈蚀及弹簧性能，确认性能可靠。

2）排烟防火阀。手动或自动启动、复位试验检查，有无变形、锈蚀及弹簧性能，确认性能可靠。

3）送风阀（口）手动或自动启动、复位试验检查，有无变形、锈蚀及弹簧性能，确认性能可靠。

4）排烟阀（口）。手动或自动启动、复位试验检查，有无变形、锈蚀及弹簧性能，确认性能可靠。

（3）每年检查要求。

每年对所安装全部防烟排烟系统进行 1 次联动试验和性能检测，其联动功能和性能参数应符合原设计要求。

21. 2　规范考点延伸

（1）《防排烟》第 7. 3. 1 条规定，机械加压送风系统的联动调试方法及要求应符合下列规定：

1）当任何一个常闭送风口开启时，相应的送风机均应能联动启动。

2）与火灾自动报警系统联动调试时，当火灾自动报警探测器发出火警信号后，应在 15s 内启动与设计要求一致的送风口、送风机，且其联动启动方式应符合现行国家标准《自报》的规定，其状态信号应反馈到消防控制室。

（2）《防排烟》第 7. 3. 2 条规定，机械排烟系统的联动调试方法及要求应符合下列规定：

1）当任何一个常闭排烟阀或排烟口开启时，排烟风机均应能联动启动。

2）应与火灾自动报警系统联动调试。当火灾自动报警系统发出火警信号后，机械排烟系统应启动有关部位的排烟阀或排烟口、排烟风机；启动的排烟阀或排烟口、排烟风机应与设计和标准要求一致，其状态信号应反馈到消防控制室。

3）有补风要求的机械排烟场所，当火灾确认后，补风系统应启动。

4）排烟系统与通风、空调系统合用，当火灾自动报警系统发出火警信号后，由通风、空调系统转换为排烟系统的时间应符合《防排烟》第5.2.3条的规定。

（3）《防排烟》第7.3.3条规定，自动排烟窗的联动调试方法及要求应符合下列规定：

1）自动排烟窗应在火灾自动报警系统发出火警信号后联动开启到符合要求的位置。

2）动作状态信号应反馈到消防控制室。

（4）《防排烟》第7.3.4条规定，活动挡烟垂壁的联动调试方法及要求应符合下列规定：

1）活动挡烟垂壁应在火灾报警后联动下降到设计高度。

2）动作状态信号应反馈到消防控制室。

第22节　火灾自动报警设施检查与维护保养案例分析

范例情景描述

某办公楼建筑消防设备用电为一级负荷，所有消防用电设备总装机容量为1000kW。所有重要消防用电设备均采用双路电源供电并在末端设自动切换装置。消防控制室设置蓄电池作为备用电源。火灾自动报警系统接地利用大楼综合接地装置作为接地极，设专用接地干线，引线采用BV-1x25-FPC40，其综合接地电阻不大于1Ω。火灾自动报警系统采用二总线制，系统由光电感烟火灾探测器、感温火灾探测器、手动火灾报警按钮、火灾声光报警器、火灾显示盘和火灾报警控制器组成。消防控制室可显示消防水池、消防水箱水位信息，显示消防水泵的电源状态及运行状况，并可以联动控制所有与消防有关的设备。

内容归纳解剖

22.1　范例问题分析

【22-1】简述本案例中每季度应对火灾自动报警系统的哪些功能进行检查和试验？

（1）采用专用检测仪器分期分批试验探测器的动作及确认灯显示。

（2）试验火灾警报装置的声光显示。

（3）试验水流指示器、压力开关等报警功能、信号显示。

（4）对主电源和备用电源进行1～3次自动切换试验。

（5）用自动或手动方式，检查自动喷水灭火系统、消火栓系统、加压风口电动控制装置、风机、防火卷帘等控制设备的控制和显示功能。

（6）检查消防电梯的迫降功能。

（7）抽取不少于总数25%的消防电话和电话插孔在消防控制室进行对讲通话试验。

22.2　规范考点延伸

（1）《自报验规》第 6.11 条　火灾自动报警系统的使用单位应由经过专门培训的人员负责系统的管理操作和维护。

（2）《自报验规》第 6.1.2 条　火灾自动报警系统正式启用时，应具有下列文件资料：

1）系统竣工图及设备的技术资料。

2）公安消防机构出具的有关法律文书。

3）系统的操作规程及维护保养管理制度。

4）系统操作员名册及相应的工作职责。

5）值班记录和使用图表。

（3）《自报验规》第 6.1.3 条　火灾自动报警系统的使用单位应建立包括本规范第 6.1.2 条规定的技术档案，并应有电子备份档案。

（4）《自报验规》第 6.2.3 条　每季度应检查和试验火灾自动报警系统的下列功能，并按本规范附录 F 的要求填写相应的记录。

1）采用专用检测仪器分期分批试验探测器的动作及确认灯显示。

2）试验火灾警报装置的声光显示。

3）试验水流指示器、压力开关等报警功能、信号显示。

4）对主电源和备用电源进行 1 ~3 次自动切换试验。

5）用自动或手动检查消防控制设备的控制显示功能：①室内消火栓、自动喷水、泡沫、气体、干粉等灭火系统的控制设备；②抽验电动防火门、防火卷帘门，数量不小于总数的 25%；③选层试验消防应急广播设备，并试验公共广播强制转入火灾应急广播的功能，抽检数量不小于总数的 25%；④火灾应急照明与疏散指示标志的控制装置；⑤送风机、排烟机和自动挡烟垂壁的控制设备。

6）检查消防电梯迫降功能。

7）应抽取不小于总数 25% 的消防电话和电话插孔在消防控制室进行对讲通话试验。

（5）《自报验规》第 6.2.4 条　每年应检查和试验火灾自动报警系统下列功能，并按本规范附录 F 的要求填写相应的记录。

1）应用专用检测仪器对所安装的全部探测器和手动报警装置试验至少 1 次。

2）自动和手动打开排烟阀，关闭电动防火阀和空调系统。

3）对全部电动防火门、防火卷帘的试验至少 1 次。

4）强制切断非消防电源功能试验。

5）对其他有关的消防控制装置进行功能试验。

（6）《自报验规》第 6.2.5 条　点型感烟火灾探测器投入运行 2 年后，应每隔 3 年至少全部清洗一遍；通过采样管采样的吸气式感烟火灾探测器根据使用环境的不同，需要对采样管道进行定期吹洗，最长的时间间隔不应超过一年；探测器的清洗应由有相关资质的机构根据产品生产企业的要求进行。探测器清洗后应做响应阈值及其他必要的功能试验，合格者方可继续使用。不合格探测器严禁重新安装使用，并应将该不合格品返回产品生产企业集中处理，严禁将离子感烟火灾探测器随意丢弃。可燃气体探测器的气敏元件超过生产企业规定的寿命年后应及时更换，气敏元件的更换应由有相关资质的机构根据产品生产企业的要求进行。

（7）《自报验规》第 6.2.6 条　不同类型的探测器应有 10% 但不少于 50 只的备品。

案例每日一练

【22-2】简述火灾自动报警系统日常检查内容。

【解析】（1）检查火灾探测器、手动火灾报警按钮、消火栓按钮、输入模块、输出模块等组件的外观及运行状态。

（2）检查火灾报警控制器、火灾显示盘、消防控制室图形显示装置运行状况。

（3）检查消防联动控制器外观及运行状况。

（4）检查声光报警器外观。

（5）检查系统接地装置外观及牢固性。

（6）检查消防控制室工作环境。

【22-3】简述火灾自动报警系统维护保养内容。

（1）每季度应检查和试验火灾自动报警系统的下列功能，并填写相应的记录。

1）采用专用检测仪器分期分批试验火灾探测器的报警情况及火警确认灯状态。

2）试验声光报警器的声光报警功能。

3）试验水流指示器、压力开关等组件的动作性能。

4）对火灾报警控制器的主电源和备用电源进行 1 ~3 次自动切换试验。

5）手动状态下，检查自动喷水灭火系统、消火栓系统、加压风口电动控制装置、风机、防火卷帘等控制设备的控制和显示功能。

6）检查消防电梯迫降功能。

7）抽取不小于总数 25% 的消防电话和电话插孔在消防控制室进行对讲通话试验。

（2）每年检查和试验火灾自动报警系统下列功能，并填写相应的记录。

1）采用专用检测仪器对所安装的全部火灾探测器和手动报警按钮试验至少 1 次。

2）自动状态下，检查自动喷水灭火系统、消火栓系统、加压风口电动控制装置、风机、防火卷帘等控制设备的控制和显示功能。

3）对全部消防电话的通话试验至少一次。

4）自动和手动强制切断非消防电源功能试验。

（3）点型感烟火灾探测器应根据产品说明书的要求定期清洗、标定，产品说明书没有明确要求的，应每两年清洗、标定一次。

（4）检查消防水池水位监管情况，模拟低水位报警试验。

（5）按产品说明书的要求对系统内的蓄电池进行维护保养。

（6）对经检查测试已不能正常使用的火灾探测器等设备应及时更换。

第 23 节　消防应急照明和疏散指示标志检查与维护保养案例分析

范例情景描述

某办公楼共 3 层，总建筑面积约 $6000m^2$。楼内安装自带电源非集中控制型消防应急照明和疏散指示系统，其中18W应急照明灯30只，3W应急照明灯8只，安全出口标志灯12只，单向悬挂应急标志灯16只，单向壁挂应急标志灯48只。应急照明配电箱安装在每一层的楼层配电间，正常工作时灯具由应急照明配电箱供电，应急工作时由自带的蓄电池供电。系统已经通过消防检测和验收，投入正常运行。办公楼内设置了火灾自动报警系统。

内容归纳解剖

23.1　范例问题分析

【23-1】该办公楼消防应急照明疏散指示系统正式启用后，应保管好的资料文件有哪些?

【解析】(1) 系统竣工图及设备的技术资料。

(2) 系统的操作规程及维护保养管理制度。

(3) 系统操作员名册及相应的工作职责。

【23-2】该办公楼消防应急照明疏散指示系统日常检查内容有哪些?

(1) 系统保持连续正常运行，不得随意中断。

(2) 检查消防应急灯具外观结构是否有破损。

(3) 检查消防应急标志灯具的工作状态，一旦发现光源熄灭、疏散指示方向更改或故障指示灯点亮，应立即进行维修或更换。

(4) 检查消防应急照明灯具的工作状态，如果故障指示灯点亮，应立即进行维修或更换。

(5) 检查应急照明配电箱是否有故障。

(6) 记录检查情况。

【23-3】该办公楼消防应急照明疏散指示系统定期维护保养内容有哪些?

每季度检查和试验消防应急照明和疏散指示系统的下列功能，并按要求填写相应的记录。

(1) 检查消防应急灯具、应急照明配电箱的工作状态。

(2) 模拟消防联动控制信号联动应急照明配电箱，检查系统转入应急工作状态的控制功能。

(3) 检查灯具的应急工作时间。

如果系统全部功能正常，不存在故障，则填好《定期维护保养记录表》并存档。如发现系统存在问题和故障，相关人员还应填写《故障维修记录表》，并向单位消防安全管理人报告。单位消防安全管理人应立即组织维修。当场有条件维修解决的当场维修解决；当场没有条件维修解决的，尽可能在24h内维修解决。需要由供应商或者厂家提供零配件或协助维修解决的，若不影响系统主要功能的，可在7个工作日内解决。故障排除后经单位消防安全管理人检查确认。维修情况应记入《故障维修记录表》并存档。

规范考点链接

(1) 应急照明应急转换时间。系统应急转换时间不应大于5s，高危险区域使用的系统的应急转换时间不应大于0.25s。

（2）消防应急照明和疏散指示系统的定期应急放电时间不能低于 30min，否则需要更换产品。

（3）消防应急灯具供电的回路中严禁设置可关断灯具充电及关断灯具应急状态的开关装置、插座及其他负载。

案例每日一练

【23-4】某超市，共 3 层，安装自带电源非集中控制型消防应急照明和疏散指示系统，请简述如何进行消防应急照明灯具检查？

【解析】（1）检查消防应急灯具的工作状态指示灯，查看灯具是否有故障。

（2）检查消防应急标志灯具的疏散标志指示方向是否与实际疏散方向一致。

（3）模拟消防联动控制信号，使灯具转入应急工作状态。

（4）记录灯具应急工作时间，不小于灯具本身标称的应急工作时间。

（5）检查安装区域的最低照度是否符合设计要求。

第 24 节　灭火器配置验收与检查案例分析

范例情景描述

某寺庙为县一级文物保护单位，是一可能发生固体物质火灾为主的灭火器配置场所。其大雄殿配置有推车式干粉灭火器，周围过道和用房配置有 MFZ/ABC4 手提式磷酸铵盐（ABC）干粉灭火器。该寺庙大雄殿的计算单元最小需配灭火级别为 10A，有两个设置点，一个设置点配置了一具 MFTZ/ABC20 推车式磷酸铵盐（ABC）干粉灭火器，另一个设置点配置了一具 MFTZ/20 推车式碳酸氢钠（BC）干粉灭火器。灭火器最大保护距离符合消防规范要求。在 2013 年的一次现场检查时，发现所配置的灭火器中有 2000 年生产出厂的产品。灭火器配置现场的灭火器情况如图 2.24-1 ~ 图 2.24-2。

图 2.24-1　走道处配置的手提式灭火器

图 2.24-2　MFZ/ABC4 手提式磷酸铵盐（ABC）干粉灭火器的压力指示器

内容归纳解剖

24.1　范例问题解析

【24-1】依据情景描述，指出该案例中灭火器配置存在的问题。

（1）一个设置点配置了一具 MFTZ/ABC20 推车式磷酸铵盐（ABC）干粉灭火器，另一个设置点配置了一具 MFTZ/20 推车式碳酸氢钠（BC）干粉灭火器。

【解析】根据《灭规》第 4.1.3 条的规定，在同一灭火器配置场所，当选用两种或两种以上类型灭火器时，应采用灭火剂相容的灭火器。磷酸铵盐干粉灭火剂和碳酸氢钠干粉灭火剂不相容。

（2）在 A 类火灾场所配置了不能扑灭 A 类火灾的碳酸氢钠（BC）干粉灭火器。

【解析】该寺庙是一可能发生固体物质火灾（A 类火灾）为主的灭火器配置场所。根据《灭规》第 4.2.1 条的规定，A 类火灾场所应选择水型灭火器、磷酸铵盐干粉灭火器、泡沫灭火器或卤代烷灭火器。

（3）配置有 MFZ/ABC4 手提式磷酸铵盐（ABC）干粉灭火器。

【解析】该寺庙灭火器配置场所为严重危险级，MFZ/ABC4 手提式磷酸铵盐（ABC）干粉灭火器的 A 类灭火级别为 2A，达不到 A 类火灾场所灭火器的最低配置基准中规定的严重危险级的单具灭火器最小配置灭火级别为 3A 的要求。

（4）图 2.24-2 中，MFZ/ABC4 手提式干粉灭火器的灭火器压力指示器指针指向红色区域内。

【解析】灭火器压力指示器指针指向红色区域，表示欠压，应及时充装，使灭火器压力指示器指针指向绿区。

（5）2013 年现场检查时发现所配置的灭火器中有 2000 年生产出厂的产品。

【解析】2000 年生产出厂的干粉灭火器距出厂时间已超过 10 年，根据《灭验规》第 5.4.3 条的规定，干粉灭火器报废期限为 10 年，对 2000 年生产出厂的灭火器应予以全部报废。

（6）图 2.24-1 中，在维保单位把维修合格证贴在走道处配置的手提式灭火器铭牌上。

【解析】手提式灭火器铭牌不应被遮挡，否则难以识别灭火器的型号和规格。

24.2　规范考点延伸

（1）《灭验规》第 4.2.1 条　灭火器的类型、规格、灭火级别和配置数量应符合建筑灭火器配置设计要求。检查数量：按照灭火器配置单元的总数，随机抽查 20%，并不得少于 3 个；少于 3 个配置单元的，全数检查。歌舞娱乐放映游艺场所、甲乙类火灾危险性场所、文物保护单位，全数检查。

（2）《灭验规》第 4.2.3 条　在同一灭火器配置单元内，采用不同类型灭火器时，其灭火剂应能相容。检查数量：随机抽查 20%。

（3）《灭验规》第 4.2.4 条　灭火器的保护距离应符合现行国家标准《建筑灭火器配置设计规范》（GB 50140）的有关规定，灭火器的设置应保证配置场所的任一点都在灭火器设置点的保护范围内。检查数量：按照灭火器配置单元的总数，随机抽查 20%；少于 3 个配置单元的，全数检查。

（4）《灭验规》第 3.2.2 条　灭火器箱不应被遮挡、上锁或拴系。

（5）《灭验规》第 3.2.7 条　嵌墙式灭火器箱及挂钩、托架的安装高度应满足手提式灭火器顶部离地面距离不大于 1.50m，底部离地面距离不小于 0.08m 的规定。

（6）《灭验规》第 5.1.2 条　每次送修的灭火器数量不得超过计算单元配置灭火器总数量的 1/4。超出时，应选择相同类型和操作方法的灭火器替代，替代灭火器的灭火级别不应小于原配置灭火器的灭火级别。

（7）《灭验规》第 5.2.1 条　灭火器的配置、外观等应按规范的要求每月进行一次检查。

（8）《灭验规》第 5.2.2 条　下列场所配置的灭火器，应按规范要求每半月进行一次检查。

1）候车（机、船）室、歌舞娱乐放映游艺等人员密集的公共场所。

2）堆场、罐区、石油化工装置区、加油站、锅炉房、地下室等场所。

（9）《灭验规》第 5.3.1 条　存在机械损伤、明显锈蚀、灭火剂泄露、被开启使用过或符合其他维修条件的灭火器应及时进行维修。

（10）《灭验规》第 5.3.2 条　使用达到下列规定年限的灭火器，建筑使用管理单位需要分批次向灭火器维修企业送修：①手提式、推车式水基型灭火器出厂期满 3 年，首次维修以后每满 1 年。②手提式、推车式干粉灭火器、洁净气体灭火器、二氧化碳灭火器出厂期满 5 年；首次维修以后每满 2 年。

（11）《灭验规》第 5.4.1 条　下列类型的灭火器应报废：①酸碱型灭火器；②化学泡沫型灭火器；③倒置使用型灭火器；④氯溴甲烷、四氯化碳灭火器；⑤国家政策明令淘汰的其他类型灭火器。

（12）《灭验规》第 5.4.2 条　有下列情况之一的灭火器应报废：①筒体严重锈蚀，锈蚀面积大于、等于筒体总面积的 1/3，表面有凹坑；②筒体明显变形，机械损伤严重；③器头存在裂纹、无泄压机构；④筒体为平底等结构不合理；⑤没有间歇喷射机构的手提式；⑥没有生产厂名称和出厂年月，包括铭牌脱落，或虽有铭牌，但已看不清生产厂名称，或出厂年月钢印无法识别；⑧筒体有锡焊、铜焊或补缀等修补痕迹；⑧被火烧过。

（13）《灭验规》第 5.4.3 条　手提式、推车式灭火器出厂时间达到或者超过下列规定期限的，均予以报废处理：①水基型灭火器出厂期满 6 年；②干粉灭火器、洁净气体灭火器出厂期满 10 年；③二氧化碳灭火器出厂期满 12 年。

（14）《灭验规》第 5.4.4 条　灭火器报废后，应按照等效替代的原则进行更换。

案例每日一练

【24-2】该寺庙灭火器配置验收是否合格？

【解析】根据《灭验规》第 4.3.2 条的规定，灭火器配置验收的判定规则应符合下列要求：

1）缺陷项目应按规定划分为：严重缺陷项（A）、重缺陷项（B）和轻缺陷项（C）。

2）合格判定条件应为：$A = 0$，且 $B \leqslant 1$，且 $B + C \leqslant 4$，否则为不合格。

依据题意中描述，该寺庙配置的灭火器存在严重缺陷项，可直接判定为不合格。

第3章　消防安全评估案例分析

第1节　大型商业综合体消防性能化设计评估案例分析

范例情景描述

某商业综合体地上26层、地下3层，建设用地面积8.95万m^2，总建筑面积37.73万m^2，其中地上建筑面积27.08万m^2、地下建筑面积10.65万m^2。该建筑地上一层至三层设计为室内步行街，通过若干中庭互相连通。步行街建筑面积43411m^2，其中首层建筑面积15922m^2，步行街净宽11～15m。

该建筑地下室主要使用性质为汽车库、机电设备用房、物业服务用房，主要使用性质为百货、主力店、室内步行街和临街商铺，二、三层主要使用性质为室内步行街、百货、电玩、酒楼、歌舞厅，四至六层主要使用性质为百货、酒楼、电影院，七至二十六层主要使用性质为五星级酒店。该建筑除室内步行街的防火分区划分、安全疏散，以及部分疏散楼梯间在首层需借助室内步行街进行疏散等问题以外，其他消防设计均满足现行有关国家工程消防技术标准的规定。

在消防性能化设计评估中，通过隔离室内步行街中的商业火灾荷载，限制室内步行街内部的火灾荷载，设置有效的火灾探测、自动灭火、防排烟等消防措施，将步行街设置为“临时安全区”（也称为“准安全区”），以解决步行街防火分区面积超大、借用步行街疏散等问题。

内容归纳解剖

1.1　范例问题解析

【1-1】依据情景描述，回答以下问题：

（1）简述针对本项目室内步行街防火分区面积扩大，应当采取何种消防措施解决存在的消防问题？

【解析】1）剥离危险源，将步行街两侧商铺分隔为面积不超过300m^2的精品店，面向步行街一侧采用耐火极限不应低于1.00h维护结构分隔。

2）室内步行街不应布置可燃物，采用不燃或难燃材料。

3）室内步行街设置有效的排烟措施、自动灭火措施。

（2）简述针对本项目借用室内步行街进行疏散的消防问题，应当采取何种消防措施解决存在的消防问题？

【解析】1）室内步行街应采取有效的排烟措施，如采用自然排烟，则自然排烟口的有效面积不应小于其地面面积的20%，如采用机械排烟，则排烟量应当经过数值模拟分析。

2）通过步行街到达最近室外安全地点的步行距离不应大于 60m。

3）通过数值模拟确定人员疏散所需时间小于危险来临时间。

（3）对于此类商业综合体建筑，在进行消防性能化设计和火灾危险性评估时火灾场景的设定应考虑哪些内容？

【解析】1）火源位置。

2）火灾的增长模型。

3）自动喷水灭火系统是否有效。

4）防排烟系统是否有效。

5）步行街的异形采光顶棚。

（4）结合本案例，简述性能化设计评估的适用范围。

【解析】1）可采用性能化设计评估方法：①超出现行国家消防技术标准适用范围的；②按照现行国家消防技术标准进行防火分隔、防烟排烟、安全疏散、建筑构件耐火等设计时，难以满足工程项目特殊使用功能的。

2）不应采用性能化设计评估方法：①国家法律法规和现行国家消防技术标准有严禁规定的；②现行国家消防技术标准已有明确规定，且工程项目无特殊使用功能的。

（5）简述从事性能化设计评估工作的单位应具备的条件。

【解析】1）具有独立法人资格，有固定的办公地点，注册资金不少于 100 万。

2）法定代表人具有大学本科以上学历、高级技术职称。

3）具有高级技术职称的专业人员不少于 8 人，其中性能化设计评估专业技术人员不少于 4 人，建筑防火、消防给水、防烟排烟、消防电气专业技术人员各不少于 1 人。

4）专业技术人员具有大学本科及以上学历，且从事本专业工作经历不少于 5 年。

5）专业技术人员不同时在两家及以上从事性能化设计评估的单位聘用。

6）具有满足性能化设计评估需要的计算软件及计算设备。

7）不从事影响性能化设计评估工作公正性的业务。

（6）简述建筑物性能化消防设计的基本程序。

【解析】1）确定建筑物的使用功能和用途、建筑设计的适用标准。

2）确定需要采用性能化设计方法进行设计的问题。

3）确定建筑物的消防安全总体目标。

4）进行性能化消防试设计和评估验证。

5）修改、完善设计并进一步评估验证确定是否满足所确定的消防安全目标。

6）编制设计说明与分析报告，提交审查与批准。

（7）简述火灾场景设计应当考虑的内容。

【解析】1）火灾场景的确定应根据最不利的原则确定，选择火灾风险较大的火灾场景作为设定火灾场景。

2）火灾场景必须能描述火灾引燃、增长和受控火灾的特征以及烟气和火势蔓延的可能途径、设置在建筑室内外的所有灭火设施的作用、每一个火灾场景的可能后果。

3）在设计火灾场景时，应指定设定火源在建筑物内的位置及着火房间的空间几何特征。

4）疏散场景的选择应考虑建筑的功能及其内部的设备情况、人员类型等因素，反映可能的火灾场景和影响人员疏散过程的人员条件及环境条件。

5）确定可能火灾场景。

（8）简述建筑物内的初期火灾增长的确定方法。

【解析】对于建筑物内的初期火灾增长，可根据建筑物内的空间特征和可燃物特性采用下述方法之一确定：①试验火灾模型；② t^2 火灾模型；③MRFC 火灾模型；④按叠加原理确定火灾增长的模型。

1.2 规范考点延伸

《建规》第 5.3.6 条 餐饮、商店等商业设施通过有顶棚的步行街连接，且步行街两侧的建筑需利用步行街进行安全疏散时，应符合下列规定：

（1）步行街两侧建筑的耐火等级不应低于二级。

（2）步行街两侧建筑相对面的最近距离均不应小于本规范对相应高度建筑的防火间距要求且不应小于 9m。步行街的端部在各层均不宜封闭，确需封闭时，应在外墙上设置可开启的门窗，且可开启门窗的面积不应小于该部位外墙面积的一半。步行街的长度不宜大于 300m。

（3）步行街两侧建筑的商铺之间应设置耐火极限不低于 2.00h 的防火隔墙，每间商铺的建筑面积不宜大于 $300m^2$。

（4）步行街两侧建筑的商铺，其面向步行街一侧的围护构件的耐火极限不应低于 1.00h，并宜采用实体墙，其门、窗应采用乙级防火门、窗；当采用防火玻璃墙（包括门、窗）时，其耐火隔热性和耐火完整性不应低于 1.00h；采用耐火完整性不低于 1.00h 的非隔热性防火玻璃墙（包括门、窗）时，应设置闭式自动喷水灭火系统进行保护。相邻商铺之间面向步行街一侧应设置宽度不小于 1.0m、耐火极限不低于 1.00h 的实体墙。

当步行街两侧的建筑为多层时，每层面向步行街一侧的商铺均应设置防止火灾竖向蔓延的措施，并应符合本规范第 6.2.5 条的规定；设置回廊或挑檐时，其出挑宽度不应小于 1.2m；步行街两侧的商铺在上部各层需设置回廊和连接天桥时，应保证步行街上部各层楼板的开口面积不应小于步行街地面面积的 37%，且开口宜均匀布置。

（5）步行街两侧建筑内的疏散楼梯应靠外墙设置并宜直通室外，确有困难时，可在首层直接通至步行街；首层商铺的疏散门可直接通至步行街，步行街内任一点到达最近室外安全地点的步行距离不应大于 60m。步行街两侧建筑二层及以上各层商铺的疏散门至该层最近疏散楼梯口或其他安全出口的直线距离不应大于 37.5m。

（6）步行街的顶棚材料应采用不燃或难燃材料，其承重结构的耐火极限不应低于 1.00h。步行街内不应布置可燃物。

（7）步行街的顶棚下檐距地面的高度不应小于 6.0m，顶棚应设置自然排烟设施并宜采用常开式的排烟口，且自然排烟口的有效面积不应小于步行街地面面积的 25%。常闭式自然排烟设施应能在火灾时手动和自动开启。

（8）步行街两侧建筑的商铺外应每隔 30m 设置 DN65 的消火栓，并应配备消防软管卷盘或消防水龙，商铺内应设置自动喷水灭火系统和火灾自动报警系统；每层回廊均应设置自动喷水灭火系统。步行街内宜设置自动跟踪定位射流灭火系统。

（9）步行街两侧建筑的商铺内外均应设置疏散照明、灯光疏散指示标志和消防应急广播系统。

案例每日一练

【1-2】简述 t^2 火灾增长模型内容

【解析】t^2 火灾模型是性能化设计评估中最常采用的描述火灾增长的方法。t^2 模型描述火灾过程中火源热释放速率随时间的变化过程，当不考虑火灾的初期点燃过程时，可用下式表示：

$$Q = \alpha t^2$$

式中　Q——火源热释放速率；

α——火灾发展系数；

t——火灾发展时间。

根据火灾发展系数 α，火灾发展阶段可分为极快、快速、中速和慢速四种类型，火焰水平蔓延速度见表 3.1-1。

表 3.1-1　火焰水平蔓延速度参数值

增长类型	火灾增长系数/(kW/s^2)	达到 1MW 时间/s	典型可燃材料
超快速	0.1876	75	油池火、易燃的装饰家具、轻的窗帘
快速	0.0469	150	装满东西的邮袋、塑料泡沫、叠放的木架
中速	0.01172	300	棉与聚酯纤维弹簧床垫、木制办公桌
慢速	0.00293	600	厚重的木制品

第 2 节　大型会展建筑消防性能化设计评估案例分析

范例情景描述

某会展中心工程地上 2 层，建筑高度为 24m，总建筑面积 98000m²，钢桁架结构，耐火等级一级。该建筑一层层高 12m，建筑面积 85400m²，主要使用性质为登录大厅、主会议厅、六个展览厅、厨房及设备用房；二层建筑面积 12600m²，主要使用性质为会议室及设备用房。该建筑根据使用功能的特殊需要，共划分为 15 个防火分区；其中，首层 10 个防火分区，二层 5 个防火分区；每个防火分区均有两个以上安全出口，每个防火分区安全出口之间的距离均大于 5m。本项目除防火分区划分、疏散设计不符合现行规范的规定而采用消防性能化设计评估之外，室内外消火栓、自动喷水灭火系统、火灾自动报警系统等建筑消防设施、器材均满足现行有关国家工程建设消防技术标准的规定。

在本项目的消防性能化设计评估中，为了解决登录大厅内部疏散距离过长、二层会议室楼梯在首层无直接对外出口的问题，将首层大、小展厅之间的多条通道通过防火墙、防火卷帘分隔，火灾时自动加压送风构成安全疏散通道。针对展厅防火分区面积扩大问题，通过提高烟控系统的设计水平，并经数值模拟确保火灾时人员能够安全疏散来解决。

内容归纳解剖

2.1　范例问题解析

【2-1】依据情景描述，回答以下问题：

（1）简述性能化设计评估的管理流程。

【解析】1）建设单位提交申请材料。

2）工程项目管辖地公安消防机构初审。对经初审同意的，书面报送省级公安消防机构。省级公安消防机构做出是否同意进行性能化设计评估的复函。

3）建设单位委托符合条件的性能化设计评估单位进行性能化设计评估。

4）建设单位、设计单位、性能化设计评估单位和公安消防机构共同研究确定消防安全目标及性能判据。

5）对于性质重要的工程项目的性能化设计评估，可根据需要，由另一家性能化设计评估单位进行复核评估。

6）性能化设计评估工作完成后，建设单位提交申请召开论证会的材料。

7）省级公安消防机构做出是否组织专家论证的决定，如同意则由省级公安消防机构会同同级建设行政主管部门组织召开专家论证会。

8）当专家组认为设计方案存在需进一步研究解决的关键问题或专家意见存在较大分歧时，应做进一步研究，修改完善后，由省级公安消防机构再次组织专家论证。

9）专家论证会组织单位应将专家组论证意见形成专家论证会议纪要，并印发有关单位。

（2）简述建筑物的消防安全总目标。

【解析】1）减小火灾发生的可能性。

2）在火灾条件下，保证建筑物内使用人员以及救援人员的人身安全。

3）建筑物的结构不会因火灾作用而受到严重破坏或发生垮塌，或虽有局部垮塌，但不会发生连续垮塌而影响建筑物结构的整体稳定性。

4）减少由于火灾而造成商业运营、生产过程的中断。

5）保证建筑物内财产的安全。

6）建筑物发生火灾后，不会引燃其相邻建筑物。

7）尽可能减少火灾对周围环境的污染。

建筑物的消防安全总目标视其使用功能、性质及建筑高度而有所区别，设计时应根据实际情况在上述几个目标中确定一个或者两个目标作为主要目标，并列出其他目标的先后次序。例如，对于人员聚集场所或旅馆等公共建筑，其主要目标是保护人员的生命安全；对于仓库，则更注重于保护财产和建筑结构安全。

（3）简述火灾场景的确定原则。

【解析】火灾场景的确定应根据最不利的原则确定，选择火灾风险较大的火灾场景作为设定火灾场景。如火灾发生在疏散出口附近并令该疏散出口不可利用、自动灭火系统或排烟系统由于某种原因而失效等。

火灾风险较大的火灾场景一般为最有可能发生，但火灾危害不一定最大；或者火灾危害大，但发生的可能性较小的火灾场景。

（4）简述不同类型建筑的火灾荷载密度确定。

【解析】火灾载荷密度是指单位建筑面积上的火灾荷载。火灾荷载密度是可以比较准确地衡量建筑物室内所容纳可燃物数量多少的一个参数，是研究火灾全面发展阶段性状的基本要素。在建筑物发生火灾时，火灾荷载密度直接决定着火灾持续时间的长短和室内温度的变化情况。建筑物内的可燃物可分为固定可燃物和容载可燃物两类。固定可燃物的数量很容易通过建筑物的设计图样准确地求得。容载可燃物数量很难准确计算，一般由调查统计确定。

2.2　规范考点延伸

《建规》第 6.4.14 条　避难走道的设置应符合下列规定：

（1）避难走道防火隔墙耐火极限不应低于 3.00h，楼板的耐火极限不应低于 1.50h。

（2）避难走道直通地面的出口不应少于 2 个，并应设置在不同方向；当避难走道仅与一个防火分区相通且该防火分区至少有 1 个直通室外的安全出口时，可设置 1 个直通地面的出口。任一防火分区通向避难走道的门至该避难走道最近直通地面的出口的距离不应大于 60m。

（3）避难走道的净宽度不应小于任一防火分区通向该避难走道的设计疏散总净宽度。

（4）避难走道内部装修材料的燃烧性能应为 A 级。

（5）防火分区至避难走道入口处应设置防烟前室，前室的使用面积不应小于 6.0m²，开向前室的门应采用甲级防火门，前室开向避难走道的门应采用乙级防火门。

（6）避难走道内应设置消火栓、消防应急照明、应急广播和消防专线电话。

案例每日一练

【2-2】结合该大型会展建筑的特点，请确定该类建筑消防性能化设计评估的消防安全总目标，并确定两个主要目标。

【解析】（1）作为人员聚集场所和会展类建筑，主要目标是建筑结构安全、保护人员的生命安全、保证建筑物内财产的安全同时为消防救援提供有利的条件。

（2）次要目标避免引燃相邻建筑物、减小火灾发生的可能性、减少商业运营中断、减少火灾对环境的污染。

第 3 节　古建筑保护区消防安全评估案例分析

范例情景描述

某寺庙建筑群，由主体建筑和附属建筑构成，均为土石木建筑结构。主体建筑建于 1850 年，属于自治区（省）级文物保护单位。

主体建筑包括供奉主殿、诵经大殿、经书殿和杂物间，均为单层。其中，供奉主殿建筑面积 480m²，净高 8.5m；诵经大殿建筑面积 180m²，净高 6m；经书东殿建筑面积 110m²，净高 6m；经书中殿建筑面积 150m²，净高 6m；经书西殿建筑面积 140m²，净高 6m；杂物间建筑面积 110m²，净高 5m。

主体建筑东侧有一栋佛殿（单层，高 4.5m，建筑面积 150m²），距离寺庙主体建筑 4m；主体建筑北侧有一栋僧舍（二层，高 6.5m，建筑面积 360m²），距离寺庙主体建筑 8m；主体建筑西侧有一栋厨房（单层，高 5.0m，建筑面积 150m²），距离寺庙主体建筑 3m。

寺庙建筑群未设置室内、室外消火栓系统，自动喷水灭火系统，火灾自动报警系统等消防设施，只配有灭火器、消防砂等灭火器材。寺庙距离最近的已组建专业消防力量的县城约有 20km。

内容归纳解剖

3.1　范例问题解析

【3-1】依据情景描述，回答以下问题：

（1）该寺庙内部采用大量木质材料建筑构件，且悬挂有许多帐幔、经幡等可燃易燃物品，其内部的电气线路及电器装置的安装应注意哪些事项？

【解析】1）寺庙配电线路敷设在可燃物闷顶内时，应采取穿金属管等防火保护措施；敷设在有可燃物的顶棚内时，宜采取穿金属管、采用封闭式金属线槽或难燃材料的塑料管等防火保护措施。

2）开关、插座和照明灯具靠近帐幔、经幡等可燃易燃物时，应采取隔热、散热等防火保护措施。

3）卤钨灯和额定功率不小于 100W 的白炽灯泡的吸顶灯、槽灯、嵌入式灯，其引入线应采用瓷管、矿棉等不燃材料做隔热保护。

4）超过 60W 的白炽灯、卤钨灯、高压钠灯、金属卤灯光源、荧光高压汞灯（包括电感镇流器）等不应直接安装在可燃装修材料或可燃构件上。

（2）建筑物间消防安全是否合格？

【解析】1）耐火等级与防火间距。寺庙主体建筑、佛殿、僧舍、厨房均为四级耐火等级建筑。寺庙主体建筑与佛殿、僧舍、厨房之间的防火间距分别为 4m、8m、3m，均无法满足防火间距要求。

火灾危害性分析：寺庙主体建筑东侧有一栋佛殿、北侧有一栋僧舍、西侧有一栋厨房，建筑分布密集，建筑耐火等级低，不排除外来火灾蔓延至寺庙的危险。

评估结论：不合格。

2）室外消防给水系统。寺庙远离县城，未建设市政消防给水系统。

火灾危害性分析：一旦发生火灾，灭火用水无法满足。

评估结论：不合格。

3）消防车通道。寺庙没有设置专门的消防通道，但是消防车辆可环绕寺庙行使，路况较差。

火灾危害性分析：一旦发生火灾，消防车辆基本可以靠近开展灭火救援工作。

评估结论：基本合格。

（3）该建筑内部消防安全是否合格？

1）防火分区和可燃易燃物。寺庙主体建筑总面积为 1170m^2，超过了防火分区的最大允许面积不大于 600m^2 的规定，且未做防火分隔处理。寺庙建筑结构为石木结构，各殿堂、僧舍存在大量帐幔、经幡等可燃易燃物品，火灾荷载大。

火灾危害性分析：一旦发生火灾，极易引燃周围物品，又没有可靠的防火分隔，火灾蔓延迅速。

评估结论：不合格。

2）室内消防给水系统：寺庙内未建设室内消防给水系统。

火灾危害性分析：寺庙内局部发生火灾，无法启用室内消防给水系统，不能及时扑救，易造成火灾蔓延扩大。

评估结论：不合格。

3）灭火器材。寺庙内每个重点部位内配备有灭火器、消防砂、土碱等灭火器材，经检查，灭火器材完好有效，且符合《灭规》要求。

火灾危害性分析：在及时发现初起火灾的情况下，现有灭火器材能够有效控制并扑灭。

评估结论：合格。

4）安全疏散。寺庙主体建筑、佛殿、僧舍、厨房均只有一个直通室外的安全出口，且诵经大殿、经书殿和杂物间出口处还有三阶以上的踏步。

火灾危害性分析：在紧急状况下，极易出现出口拥挤，将会造成疏散不畅和群体性踩踏事件。

评估结论：不合格。

5）电气。①殿堂和僧舍电气线路老化严重，未做穿管保护处理；②许多配电装置（如插座、开关、闸刀、负载配电箱等）存在老化和损坏现象；③开关、插座和照明灯具靠近可燃物且未做隔热、散热等防火保护处理。

火灾危险性分析：不排除因线路和设备老化，造成线路接触不良、短路、过载引发火灾事故的可能。

评估结论：不合格。

6）人为因素。寺内现有僧众30余人，前来寺庙的游客日平均有600余人。

火灾危险性分析：①虽然辖区消防机构开展了多次消防安全宣传培训工作，但是部分僧众的消防安全意识仍然不高，不能排除用电用火疏忽引发火灾的可能；②游客对寺庙仪式活动和内部结构不了解，不排除引发火灾事故的可能；③游客消防安全意识淡薄，不排除在焚香时因操作不当或疏忽而造成火灾事故的可能。

评估结论：不合格。

7）单位消防安全“四个能力”建设和消防安全“网格化”管理：寺庙已完成消防安全“四个能力”建设，成立了由10个僧人组成的义务消防队，并有70%以上的僧人通过了消防安全“四个能力”建设测试；寺庙正在开展消防安全“网格化”管理建设，并将寺庙内的各殿堂、僧舍、厨房的消防安全管理落实到责任人。

火灾危险性分析：经过开展消防安全“四个能力”建设和消防安全“网格化”管理，寺庙自身可完成轻度火灾隐患的排查和整治，初期火灾的扑救，以及相关消防安全管理工作，有效地提升了寺庙自身的火灾防控能力。

评估结论：基本合格。

（4）总体评价结论

综合对上述10项的评估结论，其中有7项不合格，占总数的70%，即合格和基本合格率为30%，总体评估为不合格。

3.2 规范考点延伸

（1）《建规》第11.0.9条　管道、电气线路敷设在墙体内或穿过楼板、墙体时，应采取防火保护措施，与墙体、楼板之间的缝隙应采用防火封堵材料填塞密实。

(2)《建规》第 11. 0. 10 条　民用木结构建筑之间及其与其他民用建筑的防火间距不应小于表 3. 3-1 的规定。

表 3. 3-1　民用木结构建筑之间及其与其他民用建筑的防火间距　（单位：m）

建筑耐火等级或类别	一、二级	三级	木结构建筑	四级
木结构建筑	8	9	10	11

注：1. 两座木结构建筑之间或木结构建筑与其他民用建筑之间，外墙均无任何门、窗、洞口时，防火间距可为 4m；外墙上的门、窗、洞口不正对且开口面积之和不大于外墙面积的 10% 时，防火间距可按本表的规定减少 25% 。

2. 当相邻建筑外墙有一面为防火墙，或建筑物之间设置防火墙且墙体截断不燃性屋面或高出难燃性、可燃性屋面不低于 0. 5m 时，防火间距不限。

(3)《建规》第 11. 0. 11 条　木结构墙体、楼板及封闭顶棚或屋顶下的密闭空间内应采取防火分隔措施，且水平分隔长度或宽度均不应大于 20m，建筑面积不应大于 $300m^2$，墙体的竖向分隔高度不应大于 3m。轻型木结构建筑的每层楼梯梁处应采取防火分隔措施。

(4)《建规》第 11. 0. 12 条　木结构建筑与钢结构、钢筋混凝土结构或砌体结构等其他结构类型组合建造时，应符合下列规定：①竖向组合建造时，木结构部分的层数不应超过 3 层并应设置在建筑的上部，木结构部分与其他结构部分宜采用耐火极限不低于 1. 00h 的不燃性楼板分隔。水平组合建造时，木结构部分与其他结构部分宜采用防火墙分隔。②当木结构部分与其他结构部分之间按上款规定进行了防火分隔时，木结构部分和其他部分的防火设计，可分别执行本规范对木结构建筑和其他结构建筑的规定；其他情况，建筑的防火设计应执行本规范有关木结构建筑的规定。③室内消防给水应根据建筑的总高度、体积或层数和用途按本规范第 8 章和国家现行有关标准的规定确定，室外消防给水应按本规范有关四级耐火等级建筑的规定确定。

(5)《建规》第 11. 0. 13 条　总建筑面积大于 $1500m^2$ 的木结构公共建筑应设置火灾自动报警系统，木结构住宅建筑内应设置火灾探测与报警装置。

(6)《建规》第 11. 0. 14 条　木结构建筑的其他防火设计应执行本规范有关四级耐火等级建筑的规定，防火构造要求除应符合本规范的规定外，尚应符合现行国家标准《木结构设计规范》(GB 50005) 等标准的规定。

案例每日一练

【3-2】两座木结构僧舍防火间距 8m，是否满足防火规范要求，如果不满足，因采取何种措施？

【解析】根据《建规》第 11. 0. 10 条的规定，木结构建筑之间防火间距不应小于 10m，该寺院两座僧舍之间防火间距只有 8m，不满足规范要求，可采取如下措施：

(1) 两座僧舍相邻外墙均改造为无门、窗、洞口的实体墙，防火间距可为 4m，满足要求。

(2) 两座僧舍相邻外墙上的门、窗、洞口不正对且开口面积之和不大于外墙面积的 10% 时，防火间距可按表 3. 3-1 的规定减少 25% ，即 7. 5m，满足要求。

(3) 把相邻建筑外墙一面改为防火墙，或建筑物之间设置防火墙且墙体截断不燃性屋面或高出难燃性、可燃性屋面不低于 0. 5m 时，防火间距可不限。

第 4 章　消防安全管理案例分析

第 1 节　消防安全组织、制度案例分析

范例情景描述

某石油储备库，有 10 万 m^3 浮顶原油储罐 30 座。单位设有专职消防队，配备泡沫消防车两台、高喷消防车一台、水罐消防车一台，并有专职消防员 30 人。单位成立了消防安全委员会，安全环保部是该单位消防安全工作归口管理部门，并层层确定了消防安全责任人和消防安全管理人员。该单位还成立了义务消防队，并在灭火预案中明确了灭火行动组、通信联络组、疏散引导组、安全防护救护组。单位建立健全了包括消防安全教育、培训；防火巡查、检查；安全疏散设施管理；消防（控制室）值班；消防设施、器材维护管理；火灾隐患整改；用火、用电安全管理；易燃易爆危险物品和场所防火防爆；专职和义务消防队的组织管理；灭火和应急疏散预案演练；燃气和电气设备的检查和管理（包括防雷、防静电）；消防安全工作考评和奖惩等必要的消防安全管理制度和保障消防安全的操作规程。

内容归纳解剖

1.1　范例问题解析

【1-1】依据情景描述，回答以下问题：

（1）该石油储备库有专职消防员 30 人，是否符合要求？

【解析】依据《中华人民共和国消防法》第三十九条，生产、储存易燃易爆危险品的大型企业应建立单位专职消防队的规定，该单位建立了专职消防队。消防人员编制按《企业事业单位专职消防组织条例》规定，每台消防车设战斗员不少于 5 人，四台车 20 人，再加上正副队长、指导员、驾驶员、通信员等 30 人，已满足要求，但是企业专职消防人员需要倒班工作，30 人的编制明显不够。

（2）该储备油库需建立义务消防队并确定消防归口管理职能部门吗？

【解析】1）依据《机关、团体、企业、事业单位消防安全管理规定》第二十三条的规定，储备油库应建立义务消防队，配备相应的消防装备、器材，并组织开展消防业务学习和灭火技能训练，提高预防和扑救火灾的能力。该单位在各重点要害部位建立了义务消防组织，并在灭火预案中明确了灭火行动组、通信联络组、疏散引导组、安全防护救护组的职责。

2）依据《机关、团体、企业、事业单位消防安全管理规定》的规定，该储备油库属消防安全重点单位，应当设置或者确定消防工作的归口管理职能部门，并确定专职的消防安全管理人员；该单位安全环保部属于消防安全工作归口管理职能部门，在分管消防安全工作的

油库副主任（消防安全管理人）的领导下开展工作，并对法定代表人油库主任即消防安全责任人负责。

（3）该储备油库建立的消防安全制度主要包括哪些内容？

【解析】1）消防安全教育和培训制度。

2）油库防火巡查制度。

3）消防安全检查和火灾隐患整改责任制度。

4）消防值班制度。

5）消防设施、器材维护保养管理制度。

6）动火、用电安全管理制度。

7）专职和义务消防队的组织管理和灭火执勤制度。

8）灭火和应急疏散预案演习演练制度。

9）防雷、防静电和电气设备的检查、检测和管理制度。

10）消防安全工作考评和奖惩制度。

（4）哪些单位应当建立专职消防队，承担本单位的火灾扑救工作？

【解析】1）大型核设施单位、大型发电厂、民用机场、主要港口。

2）生产、储存易燃易爆危险品的大型企业。

3）储备可燃的重要物资的大型仓库、基地。

4）火灾危险性较大、距离公安消防队较远的其他大型企业。

5）距离公安消防队较远、被列为全国重点文物保护单位的古建筑群的管理单位。

1.2　规范考点延伸

（1）《消防法》第二条　消防工作贯彻预防为主、防消结合的方针，按照政府统一领导、部门依法监管、单位全面负责、公民积极参与的原则，实行消防安全责任制，建立健全社会化的消防工作网络。

（2）《消防法》第三十九条　下列单位应当建立单位专职消防队，承担本单位的火灾扑救工作：①大型核设施单位、大型发电厂、民用机场、主要港口；②生产、储存易燃易爆危险品的大型企业；③储备可燃的重要物资的大型仓库、基地；④第①项、第②项、第③项规定以外的火灾危险性较大、距离国家综合性消防救援队较远的其他大型企业；⑤距离国家综合性消防救援队较远、被列为全国重点文物保护单位的古建筑群的管理单位。

（3）《消防法》第十六条　机关、团体、企业、事业等单位应当履行下列消防安全职责：

1）落实消防安全责任制，制订本单位的消防安全制度、消防安全操作规程，制订灭火和应急疏散预案。

2）按照国家标准、行业标准配置消防设施、器材，设置消防安全标志，并定期组织检验、维修，确保完好有效。

3）对建筑消防设施每年至少进行一次全面检测，确保完好有效，检测记录应当完整准确，存档备查。

4）保障疏散通道、安全出口、消防车通道畅通，保证防火防烟分区、防火间距符合消防技术标准。

5）组织防火检查，及时消除火灾隐患。

6）组织进行有针对性的消防演练。

7）法律、法规规定的其他消防安全职责。

8）单位的主要负责人是本单位的消防安全责任人。

（4）《消防法》第十七条　消防安全重点单位除应当履行本法第十六条规定的职责外，还应当履行下列消防安全职责：

1）确定消防安全管理人，组织实施本单位的消防安全管理工作。

2）建立消防档案，确定消防安全重点部位，设置防火标志，实行严格管理。

3）实行每日防火巡查，并建立巡查记录。

4）对职工进行岗前消防安全培训，定期组织消防安全培训和消防演练。

（5）《消防法》第七十三条　本法下列用语的含义：

1）消防设施，是指火灾自动报警系统、自动灭火系统、消火栓系统、防烟排烟系统以及应急广播和应急照明、安全疏散设施等。

2）消防产品，是指专门用于火灾预防、灭火救援和火灾防护、避难、逃生的产品。

3）公众聚集场所，是指宾馆、饭店、商场、集贸市场、客运车站候车室、客运码头候船厅、民用机场航站楼、体育场馆、会堂以及公共娱乐场所等。

4）人员密集场所，是指公众聚集场所，医院的门诊楼、病房楼，学校的教学楼、图书馆、食堂和集体宿舍，养老院，福利院，托儿所，幼儿园，公共图书馆的阅览室，公共展览馆、博物馆的展示厅，劳动密集型企业的生产加工车间和员工集体宿舍，旅游、宗教活动场所等。

（6）《61 号令》第六条　单位的消防安全责任人应当履行下列消防安全职责：

1）贯彻执行消防法规，保障单位消防安全符合规定，掌握本单位的消防安全情况。

2）将消防工作与本单位的生产、科研、经营、管理等活动统筹安排，批准实施年度消防工作计划。

3）为本单位的消防安全提供必要的经费和组织保障。

4）确定逐级消防安全责任，批准实施消防安全制度和保障消防安全的操作规程。

5）组织防火检查，督促落实火灾隐患整改，及时处理涉及消防安全的重大问题。

6）根据消防法规的规定建立专职消防队、义务消防队。

7）组织制订符合本单位实际的灭火和应急疏散预案，并实施演练。

（7）《61 号令》第七条　单位可以根据需要确定本单位的消防安全管理人。消防安全管理人对单位的消防安全责任人负责，实施和组织落实下列消防安全管理工作：

1）拟订年度消防工作计划，组织实施日常消防安全管理工作。

2）组织制订消防安全制度和保障消防安全的操作规程并检查督促其落实。

3）拟订消防安全工作的资金投入和组织保障方案。

4）组织实施防火检查和火灾隐患整改工作。

5）组织实施对本单位消防设施、灭火器材和消防安全标志的维护保养，确保其完好有效，确保疏散通道和安全出口畅通。

6）组织管理专职消防队和义务消防队。

7）在员工中组织开展消防知识、技能的宣传教育和培训，组织灭火和应急疏散预案的实施和演练。

8）单位消防安全责任人委托的其他消防安全管理工作。

消防安全管理人应当定期向消防安全责任人报告消防安全情况，及时报告涉及消防安全的重大问题。未确定消防安全管理人的单位，前款规定的消防安全管理工作由单位消防安全责任人负责实施。

(8)《61 号令》第十三条　下列范围的单位是消防安全重点单位，应当按照本规定的要求，实行严格管理：

1）商场（市场）、宾馆（饭店）、体育场（馆）、会堂、公共娱乐场所等公众聚集场所（以下统称公众聚集场所）。

2）医院、养老院和寄宿制的学校、托儿所、幼儿园。

3）国家机关。

4）广播电台、电视台和邮政、通信枢纽。

5）客运车站、码头、民用机场。

6）公共图书馆、展览馆、博物馆、档案馆以及具有火灾危险性的文物保护单位。

7）发电厂（站）和电网经营企业。

8）易燃易爆化学物品的生产、充装、储存、供应、销售单位。

9）服装、制鞋等劳动密集型生产、加工企业。

10）重要的科研单位。

11）其他发生火灾可能性较大以及一旦发生火灾可能造成重大人身伤亡或者财产损失的单位。

高层办公楼（写字楼）、高层公寓楼等高层公共建筑，城市地下铁道、地下观光隧道等地下公共建筑和城市重要的交通隧道，粮、棉、木材、百货等物资集中的大型仓库和堆场，国家和省级等重点工程的施工现场，应当按照本规定对消防安全重点单位的要求，实行严格管理。

(9)《61 号令》第十五条　消防安全重点单位应当设置或者确定消防工作的归口管理职能部门，并确定专职或者兼职的消防管理人员；其他单位应当确定专职或者兼职消防管理人员，可以确定消防工作的归口管理职能部门。归口管理职能部门和专兼职消防管理人员在消防安全责任人或者消防安全管理人的领导下开展消防安全管理工作。

(10)《61 号令》第十八条　单位应当按照国家有关规定，结合本单位的特点，建立健全各项消防安全制度和保障消防安全的操作规程，并公布执行。

单位消防安全制度主要包括以下内容：消防安全教育、培训；防火巡查、检查；安全疏散设施管理；消防（控制室）值班；消防设施、器材维护管理；火灾隐患整改；用火、用电安全管理；易燃易爆危险物品和场所防火防爆；专职和义务消防队的组织管理；灭火和应急疏散预案演练；燃气和电气设备的检查和管理（包括防雷、防静电）；消防安全工作考评和奖惩；其他必要的消防安全内容。

(11)《61 号令》第十九条　单位应当将容易发生火灾、一旦发生火灾可能严重危及人身和财产安全以及对消防安全有重大影响的部位确定为消防安全重点部位，设置明显的防火标志，实行严格管理。

(12)《61 号令》第二十一条　单位应当保障疏散通道、安全出口畅通，并设置符合国家规定的消防安全疏散指示标志和应急照明设施，保持防火门、防火卷帘、消防安全疏散指示标志、应急照明、机械排烟送风、火灾事故广播等设施处于正常状态。

严禁下列行为：①占用疏散通道；②在安全出口或者疏散通道上安装栅栏等影响疏散的障碍物；③在营业、生产、教学、工作等期间将安全出口上锁、遮挡或者将消防安全疏散指示标志遮挡、覆盖；④其他影响安全疏散的行为。

（13）《61 号令》第二十三条　单位应当根据消防法规的有关规定，建立专职消防队、义务消防队，配备相应的消防装备、器材，并组织开展消防业务学习和灭火技能训练，提高预防和扑救火灾的能力。

（14）《61 号令》第三十六条　单位应当通过多种形式开展经常性的消防安全宣传教育。消防安全重点单位对每名员工应当至少每年进行一次消防安全培训。宣传教育和培训内容应当包括：

1）有关消防法规、消防安全制度和保障消防安全的操作规程。

2）本单位、本岗位的火灾危险性和防火措施。

3）有关消防设施的性能、灭火器材的使用方法。

4）报火警、扑救初起火灾以及自救逃生的知识和技能。

公众聚集场所对员工的消防安全培训应当至少每半年进行一次，培训的内容还应当包括组织、引导在场群众疏散的知识和技能。单位应当组织新上岗和进入新岗位的员工进行上岗前的消防安全培训。

（15）《61 号令》第三十八条　下列人员应当接受消防安全专门培训：

1）单位的消防安全责任人、消防安全管理人。

2）专、兼职消防管理人员。

3）消防控制室的值班、操作人员。

4）其他依照规定应当接受消防安全专门培训的人员。前款规定中的第 3）项人员应当持证上岗。

（16）《61 号令》第三十九条　消防安全重点单位制订的灭火和应急疏散预案应当包括下列内容：

1）组织机构，包括灭火行动组、通信联络组、疏散引导组、安全防护救护组。

2）报警和接警处置程序。

3）应急疏散的组织程序和措施。

4）扑救初起火灾的程序和措施。

5）通信联络、安全防护救护的程序和措施。

案例每日一练

【1-2】单位消防安全制度主要包括哪些内容？

【解析】应包括消防安全教育、培训；防火巡查、检查；安全疏散设施管理；消防（控制室）值班；消防设施、器材维护管理；火灾隐患整改；用火、用电安全管理；易燃易爆危险物品和场所防火防爆；专职和义务消防队的组织管理；灭火和应急疏散预案演练；燃气和电气设备的检查和管理（包括防雷、防静电）；消防安全工作考评和奖惩等消防安全内容。

第 2 节　建筑工程施工现场消防安全管理案例分析

范例情景描述

某市某酒店施工现场，酒店主体设计层数为地上 17 层、地下 2 层，建筑高度 77. 9m，建筑占地面积 $3250m^2$，地上建筑面积 $42477.3m^2$，地下部位建筑面积 $5300.24m^2$；在建酒店东侧 9m 处为配电房，北侧 10m 处为可燃材料堆场及可燃材料库房，西北角 15m 处为固定动火场所，西侧 9m 处为宿舍办公区（共分 2 组，每组 10 栋，第 1 组均为 2 层建筑，每层 $200m^2$，第 2 组均为 3 层建筑，每层 $300m^2$），距离宿舍办公区 5m 为厨房操作间。在酒店施工现场，周围设有净宽度均为 4m 且净空高度均不小于 4m 的环形临时消防车道，并在宿舍办公区设有 12m × 12m 的回车场。该市常年吹东南风。

该酒店施工现场设室外消火栓，由市政给水管网供水，并在现场设置 $60m^3$ 的临时储水池及 2 台消火栓泵，为酒店室内消火栓供水。该施工现场还设有水泵接合器、灭火器、应急照明、疏散指示标志等消防设施。

该酒店施工单位在施工现场建立了消防安全管理组织及义务消防队，制订了消防安全管理制度、防火技术方案、灭火疏散预案，并定期开展灭火及应急疏散演练。监理单位对施工现场的消防安全管理实施监理。

内容归纳解剖

2. 1　范例问题解析

【2-1】依据情景描述，在建酒店东侧 9m 处为配电房，北侧 10m 处为可燃材料堆场及可燃材料库房，西北角 15m 处为固定动火场所，西侧 9m 处为宿舍办公区，距离宿舍办公区 5m 为厨房操作间。回答以下问题：

（1）在建酒店与可燃材料堆场及其加工场、固定动火作业场之间的防火间距是否满足规范要求？

【解析】根据《建施规》第 3. 2. 1 的条规定，易燃易爆危险品库房与在建工程的防火间距不应小于 15m，可燃材料堆场及其加工场、固定动火作业场与在建工程的防火间距不应小于 10m，其他临时用房、临时设施与在建工程的防火间距不应小于 6m。因此满足要求。

（2）该施工现场设有净宽度均为 4m 且净空高度均不小于 4m 的环形临时消防车道，并在宿舍办公区设有 12m × 12m 的回车场，问消防车道及回车场是否符合规范要求？

【解析】根据《建施规》第 3. 3. 2 条的规定，临时消防车道的设置应符合下列规定：①临时消防车道宜为环形，设置环形车道确有困难时，应在消防车道尽端设置尺寸不小于 12m × 12m 的回车场。②临时消防车道的净宽度和净空高度均不应小于 4m。③临时消防车道的右侧应设置消防车行进路线指示标识。④临时消防车道路基、路面及其下部设施应能承受消防车通行压力及工作荷载。因此该施工现场消防车道及回车场符合规范要求。

（3）该酒店施工单位制订的消防安全管理制度包括哪些内容？

【解析】消防安全管理制度应包括下列主要内容：①消防安全教育与培训制度。②可燃及易燃易爆危险品管理制度。③用火、用电、用气管理制度。④消防安全检查制度。⑤应急预案演练制度。

（4）该酒店施工单位制订的防火技术方案应包括哪些内容？

【解析】防火技术方案应包括下列主要内容：①施工现场重大火灾危险源辨识。②施工现场防火技术措施。③临时消防设施、临时疏散设施配备。④临时消防设施和消防警示标识布置图。

（5）该酒店施工单位制订的灭火疏散预案应包括哪些内容？

【解析】灭火及应急疏散预案应包括下列主要内容：①应急灭火处置机构及各级人员应急处置职责。②报警、接警处置的程序和通信联络的方式。③扑救初起火灾的程序和措施。④应急疏散及救援的程序和措施。

2.2　规范考点延伸

（1）《建施规》第3.1.3条　施工现场出入口的设置应满足消防车通行的要求，并宜布置在不同方向，其数量不宜少于2个。当确有困难只能设置1个出入口时，应在施工现场内设置满足消防车通行的环形道路。

（2）《建施规》第3.2.1条　易燃易爆危险品库房与在建工程的防火间距不应小于15m，可燃材料堆场及其加工场、固定动火作业场与在建工程的防火间距不应小于10m，其他临时用房、临时设施与在建工程的防火间距不应小于6m。

（3）《建施规》第3.3.2条　临时消防车道的设置应符合下列规定：

1）临时消防车道宜为环形，设置环形车道确有困难时，应在消防车道尽端设置尺寸不小于12m×12m的回车场。

2）临时消防车道的净宽度和净空高度均不应小于4m。

3）临时消防车道的右侧应设置消防车行进路线指示标识。

4）临时消防车道路基、路面及其下部设施应能承受消防车通行压力及工作荷载。

（4）《建施规》第3.3.3条　下列建筑应设置环形临时消防车道，设置环形临时消防车道确有困难时，除应按本规范第3.3.2条的规定设置回车场外，尚应按本规范第3.3.4条的规定设置临时消防救援场地：

1）建筑高度大于24m的在建工程。

2）建筑工程单体占地面积大于3000m^{2}的在建工程。

3）超过10栋，且成组布置的临时用房。

（5）《建施规》第3.3.4条　临时消防救援场地的设置应符合下列规定：

1）临时消防救援场地应在在建工程装饰装修阶段设置。

2）临时消防救援场地应设置在成组布置的临时用房场地的长边一侧及在建工程的长边一侧。

3）临时救援场地宽度应满足消防车正常操作要求，且不应小于6m，与在建工程外脚手架的净距不宜小于2m，且不宜超过6m。

（6）《建施规》第6.1.3条　施工单位应根据建设项目规模、现场消防安全管理的重点，在施工现场建立消防安全管理组织机构及义务消防组织，并应确定消防安全负责人和消防安全管理人员，同时应落实相关人员的消防安全管理责任。

(7)《建施规》第6.1.4条　施工单位应针对施工现场可能导致火灾发生的施工作业及其他活动，制订消防安全管理制度。消防安全管理制度应包括下列主要内容：

1）消防安全教育与培训制度。

2）可燃及易燃易爆危险品管理制度。

3）用火、用电、用气管理制度。

4）消防安全检查制度。

5）应急预案演练制度。

(8)《建施规》第6.1.5条　施工单位应编制施工现场防火技术方案，并应根据现场情况变化及时对其修改、完善。防火技术方案应包括下列主要内容：

1）施工现场重大火灾危险源辨识。

2）施工现场防火技术措施。

3）临时消防设施、临时疏散设施配备。

4）临时消防设施和消防警示标识布置图。

(9)《建施规》第6.1.6条　施工单位应编制施工现场灭火及应急疏散预案。灭火及应急疏散预案应包括下列主要内容：

1）应急灭火处置机构及各级人员应急处置职责。

2）报警、接警处置的程序和通信联络的方式。

3）扑救初起火灾的程序和措施。

4）应急疏散及救援的程序和措施。

(10)《建施规》第6.1.8条　施工人作业前，施工现场的消防安全管理人员应向施工人员进行消防安全技术交底。消防安全技术交底应包括下列内容：

1）施工现场消防安全管理制度、防火技术方案、灭火及应急疏散预案的主要内容。

2）施工现场临时消防设施的性能及使用、维护方法。

3）扑灭初起火灾及自救逃生的知识和技能。

4）报警、接警的程序和方法。

(11)《建施规》第6.1.9条　施工过程中，施工现场的消防安全负责人应定期组织消防安全管理人员对施工现场的消防安全进行检查。消防安全检查应包括下列主要内容：

1）可燃物及易燃易爆危险品的管理是否落实。

2）动火作业的防火措施是否落实。

3）用火、用电、用气是否存在违章操作，电、气焊及保温防水施工是否执行操作规程。

4）临时消防设施是否完好有效。

5）临时消防车道及临时疏散设施是否畅通。

案例每日一练

【2-2】某建设工程施工现场，主体建筑高度大于24m，是否需要设置临时室内消防给水系统？如需设置，应符合哪些规定？

【解析】需要设置临时室内消防给水系统。应符合下列规定：①消防竖管的设置位置应便于消防人员操作，其数量不应少于2根，当结构封顶时，应将消防竖管设置成环状。②消防竖管的管径应根据在建工程临时消防用水量、竖管内水流计算速度计算确定，且不应小于 DN100。

【2-3】某市某办公综合楼施工现场，灭火及应急疏散预案应由哪家单位负责编制？灭火及应急疏散预案应包括哪些主要内容？

【解析】应由施工单位负责编制。包括下列主要内容：①应急灭火处置机构及各级人员应急处置职责；②报警、接警处置的程序和通信联络的方式；③扑救初起火灾的程序和措施；④应急疏散及救援的程序和措施。

第 3 节　高层民用建筑消防安全管理案例分析

范例情景描述

某高层民用建筑始建于 1996 年，1999 年投入使用，建筑面积 14093.78m^2，地上 16 层，地下 1 层，高度 60m，属一类高层建筑，未经消防审核、验收；大楼内现有行政办公、旅馆住宿、民企公司、普通住户、网吧、商铺等多种用途用房，含商住业主 20 户，办公业主 4 户。大楼屋顶设置有 1 个容量为 80m^3 的生活、消防共用水箱，地下室有 2 个容量分别为 100m^3 的消防水池，楼内仅消防电梯合用的前室设置有 1 根室内消火栓系统立管。大楼内消防安全由某物业服务企业进行管理。

消防监督人员在检查中发现：大楼十六层仅有一处安全出口，且长期上锁；大楼东侧袋形走道尽端两侧的房间至最近楼梯间的距离超过 20m；除地下一层的网吧安装了火灾自动报警系统和自动喷水灭火系统，其余楼层均未安装两自系统；大楼室内消火栓系统仅有一根竖管，且未设置双阀双出口型消火栓，室内消火栓管径不符合消防技术标准，十五层、十六层未安装室内消火栓；防烟楼梯间与消防电梯合用前室未用乙级防火门进行分隔；大楼西侧疏散楼梯大部分楼层设置铁门并上锁；部分楼层办公室隔断、顶棚、墙面采用大量可燃易燃材料装修；大楼内部电气线路明敷，未使用阻燃套管；防烟楼梯间及楼层内走道未设置应急照明灯及疏散指示标志；未按一级负荷要求供电，消防用电未采用单独的供电回路；物业服务企业未履行消防安全管理责任，消防管理混乱。

内容归纳解剖

3.1　范例问题解析

【3-1】依据情景描述，指出该高层建筑消防方面存在的问题，并简单分析。

（1）该建筑未经消防审核、验收就开始营业使用。

【解析】根据《消防法》的规定，依法应当进行消防验收的建设工程，未经消防验收或者消防验收不合格的，禁止投入使用。

（2）大楼十六层仅有一处安全出口，且长期上锁；大楼东侧袋形走道尽端两侧的房间至最近楼梯间的距离超过 20m。

【解析】根据《建规》第 5.5.8 条的规定，公共建筑内每个防火分区或一个防火分区的每个楼层，其安全出口的数量应经计算确定，且不应少于 2 个。第 5.5.17 条规定，袋形走道尽端两侧的房间至最近安全出口的距离不应大于 20m（设有自喷时可按规定增加 25%）。

（3）室内消火栓管径不符合消防技术标准，十五层、十六层未安装室内消火栓。

【解析】根据《消规》第 7.4.3 条的规定，设置室内消火栓的建筑，包括设备层在内的各层均应设置消火栓。

（4）防烟楼梯间与消防电梯合用前室未用乙级防火门进行分隔。

【解析】根据《消规》第 6.4.3 条的规定，防烟楼梯间疏散走道通向前室以及前室通向楼梯间的门应采用乙级防火门。

（5）办公室隔断、顶棚、墙面采用大量可燃易燃材料装修。

【解析】该建筑属于一类高层建筑，根据《装修规》第 3.3.1 条的规定，一类高层建筑隔断、顶棚、墙面装饰材料不低于 B1 级。

（6）大楼内部电气线路明敷，未使用阻燃套管。

【解析】根据《建规》第 10.1.10 条的规定，消防配电线路应满足火灾时连续供电的需要，明敷时（包括敷设在顶棚内），应穿金属导管或采用封闭式金属槽盒保护，金属导管或封闭式金属槽盒应采取防火保护措施；当采用阻燃或耐火电缆并敷设在电缆井、沟内时，可不穿金属导管或采用封闭式金属槽盒保护；当采用矿物绝缘类不燃性电缆时，可直接明敷。

（7）防烟楼梯间及楼层内走道未设置应急照明灯及疏散指示标志。

【解析】根据《建规》第 10.3.1 条的规定，除建筑高度小于 27m 的住宅建筑外，民用建筑、厂房和丙类仓库的下列部位应设置疏散照明：①封闭楼梯间、防烟楼梯间及其前室、消防电梯间的前室或合用前室、避难走道、避难层（间）；②观众厅、展览厅、多功能厅和建筑面积大于 $200m^2$ 的营业厅、餐厅、演播室等人员密集的场所；③建筑面积大于 $100m^2$ 的地下或半地下公共活动场所；④公共建筑内的疏散走道；⑤人员密集的厂房内的生产场所及疏散走道。

（8）未按一级负荷要求供电，消防用电未采用单独的供电回路

【解析】根据《建规》第 10.1.1 条的规定，一类高层民用建筑的消防用电应按一级负荷供电。第 10.1.6 条规定，消防用电设备应采用单用的供电回路。

3.2 规范考点延伸

（1）《重判》第 4.5 条　下列任一种情形可不判定为重大火灾隐患：

①可以立即整改的；②因国家标准修订引起的（法律法规有明确规定的除外）；③对重大火灾隐患依法进行了消防技术论证，并已采取相应技术措施的；④发生火灾不足以导致特大火灾事故后果或严重社会影响的。

（2）《重判》第 5 条　下列重大火灾隐患可以直接判定：

1）生产、储存和装卸易燃易爆化学物品的工厂、仓库和专用车站、码头、储罐区，未设置在城市的边缘或相对独立的安全地带。

2）甲、乙类厂房设置在建筑的地下、半地下室。

3）甲、乙类厂房、库房或丙类厂房与人员密集场所、住宅或宿舍混合设置在同一建筑内。

4）公共娱乐场所、商店、地下人员密集场所的安全出口、楼梯间的设置形式及数量不符合规定。

5）旅馆、公共娱乐场所、商店、地下人员密集场所未按规定设置自动喷水灭火系统或火灾自动报警系统。

6）易燃可燃液体、可燃气体储罐（区）未按规定设置固定灭火、冷却设施。

（3）《重判》第 3.2 条　公共娱乐场所：具有文化娱乐、健身休闲功能并向公众开放的室内场所。包括影剧院、录像厅、礼堂等演出、放映场所，舞厅、卡拉 OK 厅等歌舞娱乐场所，具有娱乐功能的夜总会、音乐茶座、酒吧和餐饮场所，游艺、游乐场所，保龄球馆、旱冰场、桑拿等娱乐、健身、休闲场所和互联网上网服务营业场所。

（4）《重判》第 3.3 条　人员密集场所：人员聚集的室内场所。如：宾馆、饭店等旅馆，餐饮场所，商场、市场、超市等商店，体育场馆，公共展览馆、博物馆的展览厅，金融证券交易场所，公共娱乐场所，医院的门诊楼、病房楼，老年人建筑、托儿所、幼儿园，学校的教学楼、图书馆和集体宿舍，公共图书馆的阅览室，客运车站、码头、民用机场的候车、候船、候机厅（楼），人员密集的生产加工车间、员工集体宿舍等。

案例每日一练

【3-2】目前，多产权高层民用建筑的消防安全管理主要存在哪些问题？请你谈谈你打算如何解决这些问题。

【解析】（1）存在的主要问题有：

1）消防主体责任不落实，消防管理组织不到位。

2）消防设施欠缺或运行状况不佳。

3）消防设施无法完好有效运行。

4）业主消防安全意识不强，物管部门消防安全管理能力薄弱。

5）大量使用高分子装修材料及可燃外保温材料。

（2）主要对策：

1）明确消防安全主体责任，为高层民用建筑消防安全管理提供有力的组织保障。

2）强化消防审核、验收、监理、灭火演练等环节，为高层民用建筑消防安全管理提供保障。

3）落实消防设施维护保养经费来源。

4）常态化消防安全意识及培训工作。

5）强化内外装修、装饰材料监管，为高层民用建筑消防安全管理提供源头保障。

第 4 节　易燃易爆生产、储运单位消防安全管理案例分析

范例情景描述

某大型石油化工生产企业，原油加工能力 1000 万 m^3/年。厂区外设有原油储罐区，在厂区内设有成品油和液化石油气储罐区，油品通过输油管道和铁路及公路运输，并将生产区、辅助生产区、储存区和生活区分开设置，厂区内外设置了环形消防车通道、消防水源、消火栓给水系统、泡沫灭火系统等；为了预防火灾发生，确保消防安全，企业采取了下列消防安全管理措施：成立了消防安全工作领导小组，明确了由公司董事长兼总经理为消防安全

责任人，分管生产的副总经理为消防安全管理人，安环部为消防安全工作归口管理部门；该企业厂内、厂外储油罐区、液化石油气储罐区、厂内所有甲乙类生产装置或厂房、变、配电站、易燃可燃材料仓库等均被确定为消防安全重点部位，并设立了明显的消防安全标识，配置了专职消防安全管理人员；企业建立健全了各项消防安全规章制度和保障消防安全的逐级岗位责任制；开展经常性的消防安全检查与巡查，及时发现和消除火灾隐患并定期检查和维护保养消防设施、器材，确保其完好有效；单位对进厂的每一个员工均要进行消防安全培训，并开展经常性的消防安全教育；设立了企业专职消防队并在各个消防安全重点部位成立了义务消防队，制订了灭火预案，适时开展消防演习和演练；对开展消防工作有功或有过人员及时予以奖惩。

内容归纳解剖

4.1 范例问题解析

【4-1】该企业是否建立健全了消防组织，明确了各级消防安全责任？

【解析】依据《消防法》和《管理规定》，该企业为消防安全重点单位，其确定了由公司董事长兼总经理为消防安全责任人，分管生产的副总经理为消防安全管理人，安环部为消防安全工作归口管理部门。确定厂内、厂外储油罐区，液化石油气储罐区，厂内所有甲乙类生产装置或厂房，变、配电站，易燃可燃材料仓库等为消防安全重点部位。在安环部和消防安全重点部位单位均设专职消防安全管理人员。并在厂内和厂外油库分别建立了专职消防队，在各车间和各岗位建立了义务消防队，确定了各级消防安全责任人和消防安全管理人。

【4-2】应如何建立健全各项消防安全制度和保障消防安全的操作规程？

【解析】依据《管理规定》第十八条的规定，结合石油化工企业的特点，建立健全了包括消防安全教育、培训；防火巡查、检查；消防值班；消防设施、器材维护管理；火灾隐患整改；用火、用电安全管理；易燃易爆危险物品和场所防火防爆；专职和义务消防队的组织管理；灭火和应急疏散预案演练；燃气和电气设备的检查和管理（包括防雷和防静电）；消防安全工作考评和奖惩等各项消防安全制度和保障消防安全的操作规程，并公布执行。

【4-3】应如何安排组织消防检查与巡查？

（1）消防巡查。消防安全重点单位依据《管理规定》应当进行每日防火巡查，并确定巡查的人员、内容、部位和频次，巡查的内容应当包括：

1）用火、用电有无违章情况。

2）安全出口、疏散通道是否畅通，安全疏散指示标志、应急照明是否完好。

3）消防设施、器材和消防安全标志是否在位、完整。

4）常闭式防火门是否处于关闭状态，防火卷帘下是否堆放物品影响使用。

5）消防安全重点部位的人员在岗情况及其他消防安全情况。

防火巡查人员应当及时纠正违章行为，妥善处置火灾危险，无法当场处置的，应当立即报告。发现初起火灾应当立即报警并及时扑救。防火巡查应当填写巡查记录，巡查人员及其主管人员应当在巡查记录上签名。

（2）消防检查。该企业依据《管理规定》每月至少进行一次防火检查。检查的内容包括：

1）火灾隐患的整改情况以及防范措施的落实情况。

2）安全疏散通道、疏散指示标志、应急照明和安全出口情况。

3）消防车通道、消防水源情况。

4）灭火器材配置及有效情况。

5）用火、用电有无违章情况。

6）重点工种人员以及其他员工消防知识的掌握情况。

7）消防安全重点部位的管理情况。

8）易燃易爆危险物品和场所防火防爆措施的落实情况以及其他重要物资的防火安全情况。

9）消防（控制室）值班情况和设施运行、记录情况。

10）防火巡查情况。

11）消防安全标志的设置情况和完好、有效情况及其他需要检查的内容。

防火检查应当填写检查记录。检查人员和被检查部门负责人应当在检查记录上签名。企业还应对建筑消防设施和灭火器的完好有效情况进行检查和维修保养，并定期检查测试。

【4-4】如何进行火灾隐患整改?

【解析】(1）当场改正的火灾隐患。发现下列火灾隐患应当当场改正:

1）违章进入生产、储存易燃易爆危险物品场所的。

2）违章使用明火作业或者在具有火灾、爆炸危险的场所吸烟、使用明火等违反禁令的。

3）将安全出口上锁、遮挡，或者占用、堆放物品影响疏散通道畅通的。

4）消火栓等消防设施或灭火器材被遮挡影响使用或者被挪作他用的。

5）常闭式防火门处于开启状态，防火卷帘下堆放物品影响使用的。

6）消防设施管理、值班人员和防火巡查人员脱岗的。

7）违章关闭消防设施、切断消防电源的和其他可以当场改正的行为。

(2）限期改正的火灾隐患。对不能当场改正的火灾隐患，应提出整改方案，确定整改的措施、期限以及负责整改的部门、人员，并落实整改资金。在火灾隐患未消除之前，应当落实防范措施，保障消防安全。不能确保消防安全，随时可能引发火灾或者一旦发生火灾将严重危及人身安全的，应当将危险部位停产停业整改。

(3）重大火灾隐患。违反消防法律法规，可能导致火灾发生或火灾危害增大，并由此可能造成特大火灾事故后果和严重社会影响的各类潜在不安全因素应被确定为重大火灾隐患。对于涉及城市规划布局企业不能自身解决的重大火灾隐患，应当提出解决方案并及时向其上级主管部门或者当地人民政府报告。

【4-5】企业如何进行消防安全宣传教育与培训?

【解析】该企业每年对员工（包括新上岗和进入新岗位的员工）至少进行一次包括有关消防法规、消防安全制度和保障消防安全的操作规程，本岗位的火灾危险性和防火措施，有关消防设施的性能、灭火器材的使用方法，报火警、扑救初起火灾以及自救逃生的知识和技能的消防安全培训，保障员工具有相应的消防常识和逃生自救能力。经常通过张贴图画、广播、闭路电视等向员工宣传防火、灭火、疏散逃生等常识。

【4-6】企业进行灭火、应急疏散预案和演练的内容有哪些?

【解析】企业应根据《消防法》的规定，制订灭火和应急疏散预案，其内容包括组织机构（灭火行动组、通信联络组、疏散引导组、安全防护救护组）、报警和接警处置程序、应急疏散的组织程序和措施、扑救初起火灾的程序和措施和通信联络、安全防护救护的程序及措施，而且至少每半年组织一次演练，不断提高员工及时报警、扑灭初期火灾和自救逃生能力。

【4-7】企业如何建立消防档案及制订奖惩措施？

【解析】企业应根据《消防法》和《管理规定》的规定，建立健全消防档案，其内容应包括消防安全基本情况和消防安全管理情况；还应将消防安全工作纳入内部检查、考核、评比内容，对在消防安全工作中成绩突出的部门（班组）和个人，给予表彰奖励，对未履行消防安全职责或者违反单位消防安全制度的，依照企业有关规定对责任人员给予行政纪律处分或者其他处理。

4.2　规范考点延伸

(1)《管理规定》第四条　法人单位的法定代表人或者非法人单位的主要负责人是单位的消防安全责任人，对本单位的消防安全工作全面负责。

(2)《管理规定》第五条　单位应当落实逐级消防安全责任制和岗位消防安全责任制，明确逐级和岗位消防安全职责，确定各级、各岗位的消防安全责任人。

(3)《管理规定》第六条　单位的消防安全责任人应当履行下列消防安全职责：

1）贯彻执行消防法规，保障单位消防安全符合规定，掌握本单位的消防安全情况。

2）将消防工作与本单位的生产、科研、经营、管理等活动统筹安排，批准实施年度消防工作计划。

3）为本单位的消防安全提供必要的经费和组织保障。

4）确定逐级消防安全责任，批准实施消防安全制度和保障消防安全的操作规程。

5）组织防火检查，督促落实火灾隐患整改，及时处理涉及消防安全的重大问题。

6）根据消防法规的规定建立专职消防队、义务消防队。

7）组织制订符合本单位实际的灭火和应急疏散预案，并实施演练。

(4)《管理规定》第十五条　消防安全重点单位应当设置或者确定消防工作的归口管理职能部门，并确定专职或者兼职的消防管理人员；其他单位应当确定专职或者兼职消防管理人员，可以确定消防工作的归口管理职能部门。归口管理职能部门和专兼职消防管理人员在消防安全责任人或者消防安全管理人的领导下开展消防安全管理工作。

(5)《管理规定》第十九条　单位应当将容易发生火灾、一旦发生火灾可能严重危及人身和财产安全以及对消防安全有重大影响的部位确定为消防安全重点部位，设置明显的防火标志，实行严格管理。

(6)《管理规定》第二十条　单位应当对动用明火实行严格的消防安全管理。禁止在具有火灾、爆炸危险的场所使用明火；因特殊情况需要进行电、气焊等明火作业的，动火部门和人员应当按照单位的用火管理制度办理审批手续，落实现场监护人，在确认无火灾、爆炸危险后方可动火施工。动火施工人员应当遵守消防安全规定，并落实相应的消防安全措施。公众聚集场所或者两个以上单位共同使用的建筑物局部施工需要使用明火时，施工单位和使用单位应当共同采取措施，将施工区和使用区进行防火分隔，清除动火区域的易燃、可燃物，配置消防器材，专人监护，保证施工及使用范围的消防安全。公共娱乐场所在营业期间禁止动火施工。

(7)《管理规定》第三十条　单位对存在的火灾隐患，应当及时予以消除。

(8)《管理规定》第三十一条　对下列违反消防安全规定的行为，单位应当责成有关人员当场改正并督促落实：

1）违章进入生产、储存易燃易爆危险物品场所的。

2）违章使用明火作业或者在具有火灾、爆炸危险的场所吸烟、使用明火等违反禁令的。

3）将安全出口上锁、遮挡，或者占用、堆放物品影响疏散通道畅通的。

4）消火栓、灭火器材被遮挡影响使用或者被挪作他用的。

5）常闭式防火门处于开启状态，防火卷帘下堆放物品影响使用的。

6）消防设施管理、值班人员和防火巡查人员脱岗的。

7）违章关闭消防设施、切断消防电源的。

8）其他可以当场改正的行为。

(9)《管理规定》第三十二条　对不能当场改正的火灾隐患，消防工作归口管理职能部门或者专兼职消防管理人员应当根据本单位的管理分工，及时将存在的火灾隐患向单位的消防安全管理人或者消防安全责任人报告，提出整改方案。消防安全管理人或者消防安全责任人应当确定整改的措施、期限以及负责整改的部门、人员，并落实整改资金。

(10)《管理规定》第三十条，第三十六条　单位应当通过多种形式开展经常性的消防安全宣传教育。消防安全重点单位对每名员工应当至少每年进行一次消防安全培训。宣传教育和培训内容应当包括：

1）有关消防法规、消防安全制度和保障消防安全的操作规程。

2）本单位、本岗位的火灾危险性和防火措施。

3）有关消防设施的性能、灭火器材的使用方法。

4）报火警、扑救初起火灾以及自救逃生的知识和技能。

公众聚集场所对员工的消防安全培训应当至少每半年进行一次，培训的内容还应当包括组织、引导在场群众疏散的知识和技能。

单位应当组织新上岗和进入新岗位的员工进行上岗前的消防安全培训。

(11)《管理规定》第三十九条　消防安全重点单位制订的灭火和应急疏散预案应当包括下列内容：

1）组织机构，包括灭火行动组、通信联络组、疏散引导组、安全防护救护组。

2）报警和接警处置程序。

3）应急疏散的组织程序和措施。

4）扑救初起火灾的程序和措施。

5）通信联络、安全防护救护的程序和措施。

(12)《管理规定》第四十一条　消防安全重点单位应当建立健全消防档案。消防档案应当包括消防安全基本情况和消防安全管理情况。消防档案应当翔实，全面反映单位消防工作的基本情况，并附有必要的图表，根据情况变化及时更新。

单位应当对消防档案统一保管、备查。

（13）《管理规定》第四十五条　单位应当将消防安全工作纳入内部检查、考核、评比内容。对在消防安全工作中成绩突出的部门（班组）和个人，单位应当给予表彰奖励。对未依法履行消防安全职责或者违反单位消防安全制度的行为，应当依照有关规定对责任人员给予行政纪律处分或者其他处理。

案例每日一练

【4-8】简述消防安全管理包括的主要内容。

【解析】消防安全管理应当包括以下内容：

（1）公安消防机构填发的各种法律文书。

（2）消防设施定期检查记录、自动消防设施全面检查测试的报告以及维修保养的记录。

（3）火灾隐患及其整改情况记录。

（4）防火检查、巡查记录。

（5）有关燃气、电气设备检测（包括防雷、防静电）等记录资料。

（6）消防安全培训记录。

（7）灭火和应急疏散预案的演练记录。

（8）火灾情况记录。

（9）消防奖惩情况记录。

第 5 章　历年真题研究

第 1 节　2015 年消防安全案例分析真题解析

【2015-01】

某信息中心大楼内设有自动喷水灭火系统、气体灭火系统、火灾自动报警系统等自动消防设施和灭火器，2015 年 2 月 5 日，该单位安保部对信息中心的消防设施进行了全面检查测试，部分检查情况如下：

1. 建筑灭火器检查情况（表 5.1-1）

表 5.1-1　建筑灭火器检查情况

灭火器型号	出厂日期	数量/具	上次维修时间	外观检查存在问题的灭火器/具			
				压力表指针位于红区	筒体锈蚀面积与筒体面积之比		筒体严重变形
					<1/3	≥1/3	
MFZ/ABC4	2010 年 1 月	82	无	2	5	2	0
	2010 年 7 月	82	无	3	3	2	0
MT5	2003 年 1 月	18	2014 年 1 月	0	0	0	2
	2003 年 7 月	18	2014 年 7 月	0	0	0	1

2. 湿式自动喷水灭火系统功能测试情况

打开湿式报警阀组导航的试验阀，水力警铃动作，按规定方法测量水力警铃声强为 65dB，火灾报警控制器（联动型）接收到报警阀组压力开关动作信号，自动喷水给水泵未启动。

3. 七氟丙烷灭火系统检查情况

信息中心的通信机房设有七氟丙烷灭火系统（图 5.1-1），系统设置情况见表 5.1-2。检查发现，储瓶间 2 号灭火剂储瓶的压力表显示压力为设计储存压力的 85%，系统存在组件缺失的问题。

检查结束后，该单位安保部委托专业维修单位对气体灭火设备进行了维修。维修单位派人到现场，焊接了缺失组件的底座，并安装了缺失组件；对 2 号灭火剂储瓶补压至设计压力。

表 5.1-2　七氟丙烷灭火系统设置情况

防护区	防护区容积/m^3	灭火设计浓度(%)	灭火器用量/kg	灭火剂钢瓶容积/L	灭火剂储存压力/MPa	灭火剂钢瓶数量/只
A	600	8	398	120	4.2	4
B	450		298			3
C	300		199			2

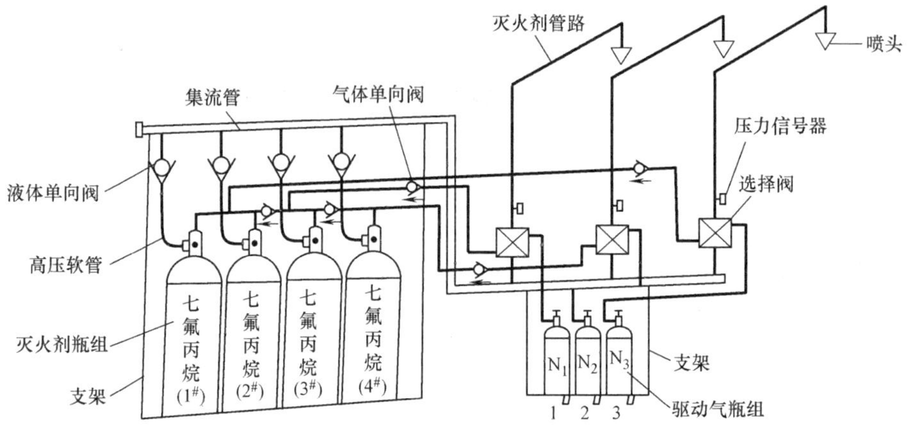

图 5.1-1　七氟丙烷灭火系统组成示意图

根据以上材料，回答问题：

（1）根据建筑灭火器检查情况，简述哪些灭火器需要维修、报废。

（2）分析素材 2 的场景中存在的问题及自动喷水给水泵未启动的原因，并简述湿式自动喷水灭火系统联动功能检查测试的方法。

（3）七氟丙烷灭火系统在储罐间内未安装哪些组件？最大保护区对应的装置为几号驱动气瓶？

（4）简述维修单位对储瓶间气体灭火设备维修时存在的问题。

【解析】

（1）MFZ/ABC4：2010 年 1 月的有 2 具筒体腐蚀面积与筒体面积之比大于 1/3 需报废，其余均需要维修，因为此种类灭火器出厂期满 5 年必须检修。2010 年 7 月 2 具筒体腐蚀面积与筒体面积之比大于 1/3 需报废。

MT5：2003 年 1 月全部报废，因此种灭火器报废年限为出厂期满 12 年。2003 年 7 月 1 具因筒体严重变形应报废。

（2）存在问题：水力警铃声强题中为 65dB，实际应为 70dB。自动喷水给水泵未启动是因为：①水力警铃声强未达到规定声强；②水流指示器在水流动作后不报信号。

检查方法：

1）系统控制装置设置为“自动”控制方式，启动一只喷头或者开启末端试水装置，流量保持在 0.94～1.5L/s，水流指示器、报警阀、压力开关、水力警铃和消防水泵等及时动作，并有相应组件的动作信号反馈到消防联动控制设备。

2）打开阀门放水，使用流量计、压力表核定流量、压力，观察系统动作情况。

（3）未安装的组件为瓶头阀，最大防火区对应的驱动装置为 2 号驱动气瓶，因为根据表 5.1-2，最大的防护区 A 需要灭火剂钢瓶数量为 4 只，从图 5.1-1 中可知只有 2 号驱动气瓶连接 4 只灭火剂钢瓶，因此对应驱动装置为 2 号驱动气瓶。

（4）①组件应厂外焊接厂内安装；②应到专门补压房间进行补压，并测试；③查明气罐压力不足原因并维修；④分级存压。

【2015-02】

某购物中心地下 2 层，地上 4 层，建筑高度 24m，耐火等级二级，地下二层室内地面与室外出入口地坪高差为 11.5m。

地下每层建筑面积 15200m^2，地下二层设置汽车库和变配电房、消防水泵房等设备用房及建筑面积 5820m^2 的建材商城（经营五金、洁具、瓷砖、桶装油漆、香蕉水等）；地下一层为家具、灯饰商场，设有多部自动扶梯与建材商场连通，自动扶梯上下层相连通的开口部位设置防火卷帘，地下商场部分的每个防火分区面积不大于 2000m^2，采用耐火极限为 1.5h 的不燃性楼板和防火墙及符合规定的防火卷帘进行分隔，在相邻防火分区的防火墙上均设有向疏散方向开启的甲级防火门。

地上一层至三层为商场，每层建筑面积 12000m^2，主要经营服装、鞋类、箱包和电器等商品，四层建筑面积 5600m^2，主要功能为餐厅、游艺厅、儿童游乐厅和电影院。电影院有 8 个观众厅，每个观众厅建筑面积在 186～390m^2；游艺厅有 2 个厅室，建筑面积分别为 216m^2、147m^2，游艺厅和电影院候场区均采用不到顶的玻璃隔断，玻璃门与其他部分分隔，安全出口符合规范规定。

每层疏散照明的地面水平照度为 1.0lx，备用电源连续供电时间 0.6h。

购物中心外墙保温系统的保温材料采用模塑聚苯板，保温材料与基层墙体、装饰层之间有 0.17～0.60m 的空腔，在楼板处每隔一层用防火封堵材料对空腔进行防火封堵。购物中心按规范设置了室内外消火栓系统、自动喷水灭火系统和火灾自动报警系统等消防设施。

根据以上材料，回答问题：

（1）指出地下二层、地上四层平面布置方面存在的问题。

（2）指出地下商场防火分区方面存在的问题，并提出消防规范规定的整改措施。

（3）分别列式计算购物中心地下一、二层安全出口的最小总净宽度，地下一层安全出口最小总净宽度应为多少？（以“m”为单位，计算结果保留 1 位小数）。

（4）判断购物中心的疏散照明设置是否正确，并说明理由。

（5）指出购物中心外墙外保温系统防火措施存在的问题。

（提示：商店营业厅人员密度及百人宽度指标分别见表 5.1-3、表 5.1-4）

表 5.1-3　商店营业厅内的人员密度　　（单位：人/m^2）

楼层位置	地下二层	地下一层	地上一、二层	地上三层	地上四层及以上各层
人员密度	0.56	0.6	0.43～0.60	0.39～0.54	0.30～0.42

表 5.1-4　疏散楼梯、疏散出口和疏散走道的每百人净宽度　　（单位：m）

建筑层数		耐火等级		
		一、二级	三级	四级
地上楼层	一、二层	0.65	0.75	1
	三层	0.75	1	—
	≥四层	1	1.25	—
地下楼层	与地面出入口地面的高差≤10m	0.75	—	—
	与地面出入口地面的高差＞10m	1	—	—

【解析】

（1）地下二层存在的问题。消防水泵房不得设置在地下室地面与室外地坪高差大于

10m 的楼层内，题目为 11.5m。

（2）地上四层存在的问题。①游艺厅布置在地上四层及以上楼层时，厅室的建筑面积不得大于 $200m^2$，题中为 $216m^2$ 错误。②游艺厅及电影院采用不到顶的玻璃隔断，玻璃门与其他部位分隔错误。应用耐火极限不低于 2h 的防火隔断、甲级防火门（电影院）或乙级防火门（游艺厅）与其他分隔。

（3）地下商业防火分区面积不大于 $2000m^2$ 不存在问题。

（4）存在的问题：地下商业防火分区面积大于 $20000m^2$，未采取相应的防火措施。根据《建规》的规定：总建筑面积大于 $20000m^2$ 的地下或半地下商店，应采用无门、窗、洞口的防火墙、耐火极限不低于 2.0h 的楼板分隔为多个建筑面积不大于 $20000m^2$ 的区域。相邻区域确需局部连通时，应采用下沉式广场等室外开敞空间、防火隔间、避难走道、防烟楼梯间等方式进行连通。

（5）地下二层。疏散人数 = 0.6 × 0.3 × 15200 = 2736（人）；疏散净宽 = 2736 × 0.75/100 = 20.6（m）。

（6）地下一层。疏散人数 = 0.56 × 0.3 × 5820 = 978（人）；疏散净宽 = 978 × 1/100 = 9.8（m）。

当每层疏散人数不等时，疏散楼梯的总净宽度可分层计算，地上建筑内下层楼梯的总净宽度应按该层及以上疏散人数最多一层的人数计算；地下建筑内上层楼梯的总净宽度应按该层及以下疏散人数最多一层的人数计算，所以地下一层的安全出口最小净宽为 20.6m。

（7）“每层疏散照明的地面水平照度为 1.01x，备用电源连续供电时间 0.6h”不正确。

正确的是：每层疏散照明的地面水平照度为 3.01x，备用电源连续供电时间 1.0h。

（8）模塑聚苯板燃烧性能为 B2 级，并不符合要求，且保温材料与基层墙体、装饰层之间有空腔，在楼板处每隔一层用防火封堵材料对空腔进行防火封堵，也不符合要求。设置人员密集场所的建筑，其外墙外保温材料的燃烧性能应为 A 级。建筑外墙外保温系统与基层墙体、装饰层之间的空腔，应在每层楼板处采用防火封堵材料封堵。

【2015-03】

某公司投资建设的大型商业综合体由商业区和超高层写字楼、商品住宅楼及五星级酒店组成。除酒店外，综合体由建设单位下属的物业公司统一管理。建设单位明确了物业公司经理为消防安全管理人，建立了消防安全管理制度，成立了志愿消防组织；明确了专（兼）职消防人员及其职责。在物业管理合同中，约定了产权人、承租人的消防安全管理职责，明确了物业公司有权督促落实；确定了公共区域、未销售（租赁）区域的消防安全管理、室外消防设施（场地）以及建筑消防设施改造与维护管理等由物业公司统一组织实施，各方面按照相关合同出资。

某天营业期间，商业区二层某商铺装修时，电焊引发火灾。起火后，装修工人慌乱中碰翻了正在使用的油漆桶，火势迅速扩大；在寻找灭火器无果后，悉数逃离火场。消防控制室（共 2 名值班人员）接到保安报警，向经理报告后，2 人均赶往现场灭火；此时，火灾已向相邻商铺蔓延，值班人员这才向公安消防队报警。公安消防队到场时，火灾已蔓延至相邻防火分区，有多部楼梯间因防火门未关闭，大量进烟。

灾后调查，起火点的装修现场采用木质胶合板与相邻区域隔离，现场无序堆放了大量的木质装修材料、油漆及有机溶剂等；现场的火灾探测器因频繁误报在火灾报警控制器上屏蔽，二层的自动喷水灭火系统配水管控制阀因喷头漏水被关闭；动火现场安全监护人员脱岗。防火档案记载，保安在营业期间每 3h 防火巡查 1 次，防火巡查记录均为“正常”；火灾前 52 天组织的最近一次防火检查，载录了商业区存在“楼梯间防火门未常闭”“有的商铺装修现场管理混乱，无消防安全防护措施”“二层多个商铺装修现场火灾探测器误报，喷头损坏漏水”等三项火灾隐患。

根据以上材料，回答问题：

（1）该大型商业综合体对多个产权（使用）单位的消防安全管理是否合理，并说明原因。

（2）简述消防控制室值班人员在此次火灾应急处置中存在的问题。

（3）根据装修工人初起火灾处置行为，简述需要加强对装修工人消防安全教育培训的主要内容。

（4）起火点装修现场存在的火灾隐患。

（5）物业管理公司在防火巡查、防火检查及火灾隐患整改过程中存在的问题。

【解析】

（1）合理部分：《消防法》规定同一建筑物由两个以上单位管理或者使用的，应当明确各方的消防安全责任，并确定责任人对共用的疏散通道、安全出口、建筑消防设施和消防车通道进行统一管理。住宅区的物业服务企业应当对管理区域内的共用消防设施进行维护管理，提供消防安全防范服务。本案例中对此做了明确规定。

不合理部分：《消防法》规定单位的主要负责人是本单位的消防安全责任人。本案例中对此未做明确规定。

（2）火灾发生时，消防控制室值班人员应按照下列程序进行应急处置：

1）接到火灾报警信息后，应以最快方式确认。

2）确认属于误报时，查找误报原因并填写《建筑消防设施故障维修记录表》。

3）火灾确认后，立即将火灾报警联动控制开关转入自动状态（处于自动状态的除外），同时拨打“119”火警电话报警。

4）立即启动单位内部灭火和应急疏散预案，同时报告单位消防安全责任人。单位消防安全责任人接到报告后应立即赶赴现场。

（3）因特殊情况需要进行电、气焊等明火作业的，动火部门和人员应当按照单位的用火管理制度办理审批手续，落实现场监护人，在确认无火灾、爆炸危险后方可动火施工。动火施工人员应当遵守消防安全规定，并落实相应的消防安全措施。进行电焊、气焊等具有火灾危险作业的人员，必须持证上岗，并遵守消防安全操作规程。

（4）存在的隐患有：

1）装修现场采用木质胶合板与相邻区域隔离。

2）现场无序堆放了大量的木质装修材料、油漆及有机溶剂等。

3）现场的火灾探测器因频繁误报在火灾报警控制器上屏蔽。

4）二层的自动喷水灭火系统配水管控制阀因喷头漏水被关闭。

（5）存在的问题：

1）防火巡查中存在的问题，营业期间每 3h 巡查一次，应为 2h 巡查一次。

2）防火检查存在的问题，火灾前52天组织的最近一次检查，应为每月检查一次。

3）火灾隐患整改过程中存在的问题应发现问题及时整改，本案中楼梯间防火门未常闭，有的商铺装修现场管理混乱，无消防安全保护措施，在此次火灾中已发现的问题均未整改。

【2015-04】

某电厂调度楼共6层，设置了火灾自动报警系统、气体灭火系统等消防设施。火灾自动报警控制器每个总线回路最大负载能力为256个报警点，每层有70个报警点，共分2个总线回路，其中一层至三层为第一回路，四层至六层为第二回路。每个楼层弱电井中安装1只总线短路隔离器，在本楼层总线出现短路时保护其他楼层的报警设备不受影响。

二层一个设备间布置28台电力控制柜，顶棚安装了点型光电感烟探测器，控制柜内火灾探测采用管路式吸气感烟火灾探测器。设备间共设有1台单管吸气式感烟火灾探测器，其采样主管长45m，敷设在电力控制柜上方，通过毛细采样管进入每个电力控制柜，采样孔直径均为3mm。消防控制室能够接收管路吸气式感烟火灾探测器的报警及故障信号。

四层主控室为一个气体灭火防护区，安装了4台柜式预制七氟丙烷灭火装置，充压压力为4.2MPa。自动联动模拟喷气检测时，有2台气体灭火装置没有启动，启动的2台灭火装置动作时差为4s。经检查确认，气体灭火控制器功能正常。

使用单位拟定一层重新装修改造，走道（宽1.5m）采用通透面积占顶棚面积12%的格栅顶棚，在部分房间增加空调送风口，将一个房间改为吸烟室。

根据以上材料，回答问题：

（1）对该生产综合楼火灾自动报警系统设置问题进行分析，提出改进措施。

（2）简述主控室气体灭火系统充压压力和启动时间存在的问题。

（3）简述主控室2套气体灭火装置未启动的原因及解决措施。

（4）按使用单位的改造要求，提出探测器设置和安装应该注意的问题。

【解析】

（1）根据《自报》的规定。

1）火灾自动报警系统每一总钱回路连接设备的总数不宜超过200点，且应留有不少于额定容量10%的余量。该案例中火灾自动报警控制器每个总线回路最大负载能力为256个报警点，超过了，不符合要求。

2）系统总线上应设置总线短路隔离器，每只总线短路隔离器保护的火灾探测器、手动火灾报警按钮和模块等消防设备的总数不应超过32点；总线穿越防火分区时，应在穿越处设置总线短路隔离器。该案例中每层有70个报警点，超过了，不符合要求。

改进措施：该控制器共分3个总线回路，其中一、二层为第一回路，三、四层为第二回路，五、六层为第三回路（每2层一个，每个控制回路控制140个点）。每个楼层弱电井中安装3只总线短路隔离器（$3\times32>70$）。

（2）根据《气规》的规定，气体灭火系统充压压力应为2.5MPa，启动的2台灭火装置动作时差为2s。该案例中充压压力为4.2MPa，启动的2台灭火装置动作时差为4s，超过了，不符合要求。

（3）主控室2套气体灭火装置未启动的原因及解决措施。

1）开关位置不正确，连线松动，解决办法：开关位置设置正确，各连线无松动。

2）瓶头阀损坏，解决办法：更换瓶头阀。

3）储存容器内的压力不足，解决办法：对储存容器充压。

4）驱动瓶组连接错误，解决办法：重新正确连接。

5）灭火剂输送管道有损伤与堵塞，解决办法：按规范的规定进行严密性试验和吹扫。

（4）探测器的设置和安装，应符合下列要求：

1）探测器至墙壁、梁边的水平距离，不应小于 0.5m。

2）探测器周围水平距离 0.5m 内，不应有遮挡物。

3）探测器应靠回风口安装，探测器至空调送风口最近边的水平距离，不应小于 1.5m。

4）至多孔送风顶棚孔口的水平距离，不应小于 0.5m。

5）在宽度小于 3m 的内走道顶棚上安装探测器时，宜居中安装。点型感温火灾探测器的安装间距，不应超过 10m。

6）感烟火灾探测器的安装间距，不应超过 15m；感温火灾探测器的安装间距，不应超过 10m。探测器至端墙的距离，不应大于安装间距的一半；探测器宜水平安装，当确需倾斜安装时，倾斜角不应大于 45°。

【2015-05】

某建筑地下 2 层，地上 40 层，建筑高度 137m，总面积 116000m^2，设有相应的消防设施。

地下二层设有消防水泵房和 540m^3 的室内消防水池，屋顶设置有效容积为 40m^3 的高位消防水箱，其最低有效水位为 141.0m，屋顶水箱内分别设置消火栓系统和自动喷水灭火系统的稳压装置。

消防水泵房分别设置 2 台（一用一备）消火栓给水泵和自动喷水给水泵。室内消火栓系统和自动喷水灭火系统分为高、中、低三个分区，中低区由减压阀减压供水。

地下二层自动喷水灭火系统报警阀集中设置 8 个湿式报警阀组，在此 8 个报警阀组前安装了 1 个比例式减压阀组，减压阀组前无过滤器。

2015 年 6 月，维保单位对该建筑内消火栓系统和自动喷水灭火系统进行了检测，情况如下：

（1）检查四十层屋顶试验消火栓时，其栓口静压为 0.1MPa；打开试验消火栓给水泵自动启动，栓口压力为 0.65MPa。

（2）检查发现，地下室 8 个湿式报警阀组前的减压阀不定期出现超压现象。

（3）检查自动喷水灭火系统，打开四十层末端试水装置，水流指示器报警，报警阀组的水力警铃未报警；消防控制室未收到压力开关动作信号，5min 内未接收到自动喷水给水泵启动信号。

根据以上材料回答问题：

（1）简析高位消防水箱有效容积是否符合消防规范规定。

（2）屋顶试验消火栓静压和动压是否符合要求？如不符合要求，应如何解决？

（3）简述针对该消火栓系统的检测方案。

（4）简述地下室湿式报警阀组前安装的减压阀组存在的问题及解决方案。

（5）指出四十层末端试水装置放水时，报警阀组的水力警铃、压力开关未动作的原因。

【解析】

（1）不符合消防规范。规范要求当建筑高度大于 100m 时不应小于 $50m^3$，本案例建筑高为 137m，高位消防水箱只有 $40m^3$。

（2）建筑高度大于 100m 时，高层建筑最不利点消火栓静水压力不低于 0.15MPa，本案例屋顶试验消火栓时，其栓口静压为 0.1MPa，不能满足，应设增压设施。消火栓口出水压力不应大于 0.5MPa，本案例打开试验消火栓给水泵自动启动，栓口压力为 0.65MPa，不能满足，消火栓处应设减压装置。

（3）检测以下内容。当室内消火栓数超过 10 个且室外消火栓给水系统大于 15L/s 时，室内消火栓给水系统管网应成环形，消防泵房应有不少于 2 条出水管直径和环网的不同管段相连，当其中一条损坏时，其余的出水管应能通过全部水量。水泵出水管上应设试验检查用的压力表和 DN65 的放水阀门，供定期测试消防水泵的流量和压力，水泵的进水管上应设阀门的压力表。室内消火栓竖管直径不小于 DN100，室内消火栓直径不应小于 DN65。

（4）减压阀无过滤器，报警阀组前 1 个比例式减压阀组不够以至不定期出现超压现象。

解决方法：

1）过滤器安装在报警水流管路上，其位置在延迟器前，且便于操作。

2）每一供水分区应设不少于 2 个减压阀，并应满足消防给水的要求，减压阀应根据消防给水设计流量和压力选择。

（5）水力警铃不工作原因：

1）产品质量问题或者安装调试不符合要求。

2）控制口阻塞或者铃锤机构被卡住。

3）压力开关不工作。

4）高压球阀渗漏。

5）高压球阀未关闭到位。

6）压力开关未复位。

7）压力开关损坏。

【2015-06】

某单层木器厂房为砖木结构，屋顶承重构件为难燃性构件，耐火极限为 0.5h，柱子采用不燃性构件，耐火极限为 2.50h。木器厂房建筑面积为 $4500m^2$，其总平面布局和平面布置如图 5.1-2 所示；木器厂房周边的建筑，面向木器厂房一侧的外墙上均设有门和窗。该木器厂房采用流水线连续生产，工艺不允许设置隔墙。厂房内东侧设有建筑面积 $500m^2$ 的办公、休息区，采用耐火极限 2.50h 的防火隔墙与车间分隔，防火隔墙上设有双扇弹簧门；南侧分别设有建筑面积为 $150m^2$ 的油漆工段（采用封闭喷漆工艺）和 $50m^2$ 的中间仓库，中间仓库内储存 3 昼夜喷漆生产需要量的油漆、稀释剂（甲苯和香蕉水，$C=0.11$），采用防火墙与其他部位分隔，油漆工段通向车间的防火墙上设有双扇弹簧门。该厂房设置了消防给水及室内消火栓系统、建筑灭火器、排烟设施和应急照明及疏散指示标志。

根据以上材料回答问题：

（1）检查防火间距，消防车道是否符合消防安全规定，提出防火间距不足时可采取的相应技术措施。

（2）简析厂房平面布置和油漆工段存在的消防安全问题，并提出整改意见。

（3）计算油漆工段的泄压面积，并分析利用外窗作泄压面的可行性。

（4）中间仓库存在哪些消防安全问题？应采取哪些防火防爆技术措施？

（5）该厂房内还应配置哪些建筑消防设施？

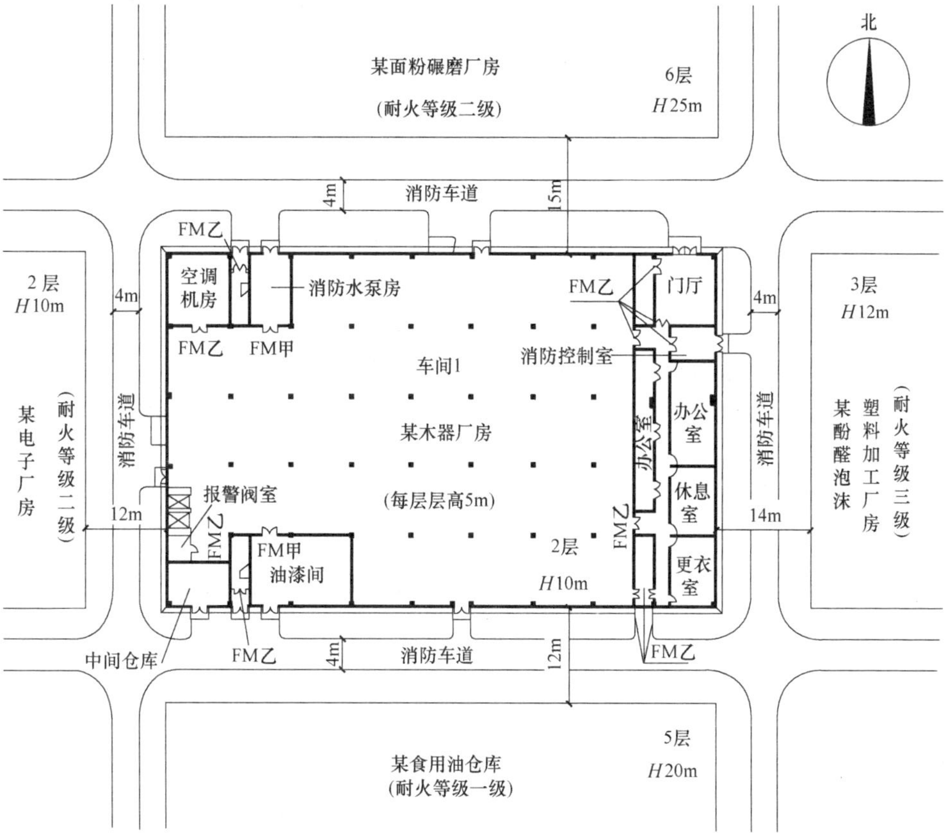

图 5.1-2　某单层木器厂总平面布局和平面布置

【解析】

（1）防火间距不符合规定，消防车道符合规定。

（2）防火间距不足时需要采取的措施：

1）改变建筑物的生产和使用性质，尽量降低建筑的火灾危险性，改变房屋的部分耐火性能，提高建筑物的耐火等级。

2）调整生产厂房的部分工艺流程，限制库房内存储物品的数量，提高部分构件的耐火极限和燃烧性能。

3）将建筑物的普通外墙改造为防火墙或者减少相邻的开口面积，如开设门窗应采用防火门窗或加防火水幕保护。

4）拆除部分耐火等级低，占地面积小，使用价值低且与新建筑物相邻的原有陈旧建筑物。

5）设置独立的室外防火墙。

6）还应配置：①室外消火栓给水系统；②灭火系统；③消防水泵；④火灾自动报警系统。

（3）整改意见。

1）办公室、休息室设置在丙类厂房内时，应采用耐火极限不低于 2.50h 的防火隔墙和 1.00h 的楼板与其他部位分隔，并应至少设置 1 个独立的安全出口。如隔墙上需开设相互连通的门时，应采用乙级防火门。本案例防火隔墙上设有双扇弹簧门，不符合要求。

2）油漆工段通向车间的防火墙上不应开设门、窗、洞口，确需开设时，应设置不可开启或火灾时能自动关闭的甲级防火门、窗，本案例防火墙上设有双扇弹簧门，不符合要求。

3）甲、乙类中间仓库应靠外墙布置，其储量不宜超过 1 昼夜的需要量，本案例储存 3 昼夜喷漆生产需要量的油漆，不符合要求。

（4）油漆工段长径比 $=15\times(10\times2+5\times2)/(4\times10\times5)=2.25<3$

油漆工段泄压面积 $A=10\times0.11\times(150\times5)^{(2/3)}=90.8$（$m^2$）

油漆工段外墙长 15m，高 5m，外墙面积 $15\times5=75$（m^2），小于泄压面积，故外窗作泄压面不够，还应采取其他的泄压及抗爆措施。

（5）中间仓库储存油漆、稀释剂较多，超过 1 昼夜的量，应靠外墙布置，应设防止液体流散的设施。

（6）还应设置自动喷水灭火系统、火灾自动报警系统。

第 2 节　2016 年消防安全案例分析真题解析

【2016-1】

某寒冷地区公共建筑，地下 3 层，地上 37 层，建筑高度 160m，总建筑面积 121000m^2，按照国家标准设置相应的消防设施。

该建筑室内消火栓系统采用消防水泵串联分区供水形式，分高、低两个分区。消防水泵房和消防水池位于地下一层，设置低区消火栓泵 2 台（1 用 1 备）和高区消火栓转输泵 2 台（1 用 1 备），中间消防水泵房和转输水箱位于地上七层，设置高区消火栓加压泵 2 台（1 用 1 备），高区消火栓加压泵控制柜与消防水泵布置在同一房间。房顶设置高位消防水箱和稳压泵等稳压装置。低区消火栓由中间转输水箱和低区消火栓泵供水，高区消火栓由屋顶消防水箱和高区消火栓转输泵，高区消火栓加压泵连锁启动供水。室外消防用水由市政给水管网供水，室内消火栓和自动喷水灭火系统用水由消防水池保证，室内消火栓系统的设计流量为 40L/s，自动喷水灭火系统的设计流量为 40L/s。维保单位对该建筑室内消火栓进行检查，情况如下：

（1）在地下消防水泵房对消防水池有效容积、水位、供水管等情况进行了检查。

（2）在地下消防水泵房打开低区消火栓泵试验阀，低区消火栓泵没有启动。

（3）屋顶室内消火栓系统稳压装置气压水罐有效容积为 120L，无法直接识别稳压泵出水管阀门的开闭情况，深入细查发现阀门处于关闭状态，稳压泵控制柜电源未接通，当场排除故障。

（4）检查屋顶消防水箱，发现水箱内水的表面结冰，水箱进水管管径为 DN25，出水管管径为 DN75；询问消防控制室消防水箱水位情况，控制室值班人员回答无法查看。

（5）在屋顶打开试验消火栓，放水 3min 后测量栓口的动压，测量值为 0.21MPa，消防水枪充实水柱测量值为 12m；询问消防控制室有关消防水泵和稳压泵的情况，控制室值班人员回答不清楚。

根据以上材料，回答下列问题（共 18 分，每题 2 分。每题的备选项中，有 2 个或 2 个以上符合题意，至少有一个错项。错选，本题不得分；少选，所选的每个选项得 0.5 分）

1. 关于该建筑消防水池，下列说法正确的有（　　）。

A. 不考虑补水时，消防水池的有效容积不应小于 $432m^3$

B. 消防控制室应能显示消防水池的正常水位

C. 消防水池玻璃水位计两端的角阀应常开

D. 应设置就地水位显示装置

E. 消防控制室应能显示消防水池高水位、低水位报警信号

【答案】ABDE

【解析】根据《消规》第 4.3.2 条，消防水池有效容积的计算应符合下列规定：

1）当市政给水管网能保证室外消防给水设计流量时，消防水池的有效容积应满足在火灾延续时间内室内消防用水量的要求。

2）当市政给水管网不能保证室外消防给水设计流量时，消防水池的有效容积应满足火灾延续时间内室内消防用水量和室外消防用水量不足部分之和的要求。

根据《消规》第 3.6.2 条，高层建筑中的商业楼、展览楼、综合楼、建筑高度大于 50m 的财贸金融楼、图书馆、书库，重要的档案楼、科研楼和高级旅馆等的消火栓系统火灾延续时间应按 3.00h 计算，其他公共建筑按 2.00h 计算。

《自喷》第 5.0.11 条规定，除本规范另有规定外，自动喷水灭火系统的持续喷水时间，应按火灾延续时间不小于 1h 确定。

根据题意，该公共建筑室外消防用水由市政给水管网供水，室内消火栓和自动喷水灭火系统用水由消防水池保证，室内消火栓系统的设计流量为 40L/s，自动喷水灭火系统的设计流量为 40L/s，故消防水池的最小有效容积 $V = 2 \times 3.6 \times 40 + 1 \times 3.6 \times 40 = 432$（$m^2$）。A 选项正确。

《消规》第 4.3.9 条规定，消防水池的出水、排水和水位应符合下列规定：

1）消防水池的出水管应保证消防水池的有效容积能被全部利用。

2）消防水池应设置就地水位显示装置，并应在消防控制中心或值班室等地点设置显示消防水池水位的装置，同时应有最高和最低报警水位。

3）消防水池应设置溢流水管和排水设施，并应采用间接排水。B、D、E 选项正确。

第 14.0.3.4 条　每月应对消防水池、高位消防水池、高位消防水箱等消防水源设施的水位等进行一次检测；消防水池（箱）玻璃水位计两端的角阀在不进行水位观察时应关闭。C 选项错误。

2. 低区消火栓泵没有启动的原因主要有（　　）。

A. 消防水泵控制柜处于手动启泵状态

B. 消防联动控制器处于自动启泵状态

C. 消防联动控制器处于手动启泵状态

D. 消防水泵的控制线路故障

E. 消防水泵的电源处于关闭状态

【答案】ADE

【解析】当控制柜处于手动启泵状态、水泵控制线路故障或电源关闭时均无法启动消防水泵，故 A、D、E 选项正确；消防水泵自动启动与消防联动控制器处于自动还是手动无关，故 B、C 选项错误。

3. 关于该建筑屋顶消火栓稳压装置，下列说法正确的有（　　）。

A. 气压水罐有效储水容积符合规范要求

B. 出水管阀门应常开并锁定

C. 气压水罐有效储水容积不符合规范要求

D. 出水管应设置明杆闸阀

E. 稳压泵控制柜平时应处于停止启泵状态

【答案】BCD

【解析】《消规》第 5.3.4 条规定，设置稳压泵的临时高压消防给水系统应设置防止稳压泵频繁启停的技术措施，当采用气压水罐时，其调节容积应根据稳压泵启泵次数不大于 15 次/h 计算确定，但有效储水容积不宜小于 150L。本题中屋顶室内消火栓系统稳压装置气压水罐有效容积为 120L，故 A 选项错误，C 选项正确。

第 5.3.2 条　稳压泵吸水管应设置明杆闸阀，稳压泵出水管应设置消声止回阀和明杆闸阀，D 选项正确。气压罐压力降低到启泵压力时则需要启动稳压泵，故 E 选项错误。稳压泵、气压水罐进出口阀门应常开，B 选项正确。

4. 关于该建筑屋顶消防水箱，下列说法正确的有（　　）。

A. 应采取防冻措施

B. 进水管管径符合规范要求

C. 出水管管径符合规范要求

D. 消防控制室应能显示消防水箱高水位、低水位报警信号

E. 消防控制室应能显示消防水箱正常水位

【答案】ADE

【解析】《消规》第 5.2.5 条规定，高位消防水箱间应通风良好，不应结冰，当必须设置在严寒、寒冷等冬季结冰地区的非采暖房间时，应采取防冻措施，环境温度或水温不应低于 5℃。A 选项正确。

第 4.3.9 条　消防水池的出水、排水和水位应符合下列规定：

1）消防水池的出水管应保证消防水池的有效容积能被全部利用。

2）消防水池应设置就地水位显示装置，并应在消防控制中心或值班室等地点设置显示消防水池水位的装置，同时应有最高和最低报警水位。

3）消防水池应设置溢流水管和排水设施，并应采用间接排水。D、E 选项正确。

第 5.2.6.5 条　高位消防水箱进水管的管径应满足消防水箱 8h 充满水的要求，但管径不应小于 DN32，进水管宜设置液位阀或浮球阀。

第 5.2.6.9 条　高位消防水箱出水管管径应满足消防给水设计流量的出水要求，且不应

小于 DN100。根据题意，该建筑水箱进水管管径为 DN25，出水管管径为 DN75，故 B、C 选项错误。

5. 关于屋顶试验消火栓检测，下列说法正确的有（　　）。

A. 栓口动压符合规范要求

B. 消防控制室应能显示高区消火栓加压泵的运行状态

C. 检查人员应到中间消防水泵房确认高区消火栓加压泵的启动情况

D. 消防控制室应能显示屋顶消火栓稳压泵的运行状态

E. 消防水枪充实水柱符合规范要求

【答案】BCD

【解析】《消规》第 7. 4. 2 条规定，室内消火栓栓口压力和消防水枪充实水柱，应符合下列规定：

1）消火栓栓口动压力不应大于 0. 50MPa；当大于 0. 70MPa 时必须设置减压装置。

2）高层建筑、厂房、库房和室内净空高度超过 8m 的民用建筑等场所，消火栓栓口动压不应小于 0. 35MPa，且消防水枪充实水柱应按 13m 计算；其他场所，消火栓栓口动压不应小于 0. 25MPa，且消防水枪充实水柱应按 10m 计算。

根据题意，该建筑在屋顶打开试验消火栓，放水 3min 后测量栓口的动压，测量值为 0. 21MPa，消防水枪充实水柱测量值为 12m，不符合规范要求，故 A、E 选项错误。

《消防控制室通用技术要求 》第 5. 3. 3 条规定，对消火栓系统的控制和显示应符合下列要求：

1）应能显示消防水泵电源的工作状态。

2）应能显示消防水泵（稳压或增压泵）的启、停状态和故障状态，并显示消火栓按钮的正常工作状态和动作状态及位置等信息、消防水箱（池）最低水位信息和管网最低压力报警信息。

3）应能手动和自动控制消防水泵启、停，并显示其动作反馈信号。B、D 选项正确。

根据题意，该建筑中间消防水泵房和转输水箱位于地上七层，设置高区消火栓加压泵 2 台（1 用 1 备），高区消火栓加压泵控制柜与消防水泵布置在同一房间，检查人员应到中间消防水泵房确认高区消火栓加压泵的启动情况，故 C 选项正确。

6. 关于该建筑中间转输水箱及屋顶消防水箱的有效储水容积，下列说法正确的有（　　）。

A. 中间转输水箱有效储水容积不应小于 $36m^3$

B. 屋顶消防水箱有效储水容积不应小于 $50m^3$

C. 中间转输水箱有效储水容积不应小于 $60m^3$

D. 屋顶消防水箱有效储水容积不应小于 $36m^3$

E. 屋顶消防水箱有效储水容积不应小于 $100m^3$

【答案】CE

【解析】《消规》第 6. 2. 3 条规定，采用消防水泵串联分区供水时，当采用消防水泵转输水箱串联时，转输水箱的有效储水容积不应小于 $60m^3$，转输水箱可作为高位消防水箱。A 选项错误、C 选项正确。

第 5. 2. 1 条规定，临时高压消防给水系统的高位消防水箱的有效容积应满足初期火灾消防用水量的要求，一类高层公共建筑，不应小于 $36m^3$，但当建筑高度大于 100m 时，不应小于 50m³，当建筑高度大于 150m 时，不应小于 100m³。

根据题意，该建筑高度 160m，屋顶消防水箱有效储水容积不应小于 100m³，B、D 选项错误、E 选项正确。

7. 关于该建筑高区消火栓加压泵，下列说法正确的有（　　）。

A. 应有自动停泵的控制功能

B. 消防控制室应能手动远程启动该泵

C. 流量不应小于 40L/s

D. 从接到启泵信号到水泵正常运转的自动启动时间不应大于 5min

E. 应能机械应急启动

【答案】BCE

【解析】根据《消规》第 11.0.2 条，消防水泵不应设置自动停泵的控制功能，停泵应由具有管理权限的工作人员根据火灾扑救情况确定。A 选项错误。

第 11.0.7.1 条，消防控制室或值班室中消防控制柜或控制盘应设置专用线路连接的手动直接启泵按钮。B 选项正确。

第 11.0.7.3 条，消防水泵应确保从接到启泵信号到水泵正常运转的自动启动时间不应大于 2min。D 选项错误。

第 11.0.12 条，消防水泵控制柜应设置机械应急启泵功能，并应保证在控制柜内的控制线路发生故障时由有管理权限的人员在紧急时启动消防水泵。机械应急启动时，应确保消防水泵在报警后 5.0min 内正常工作。E 选项正确。

第 3.5.2 条，一类公共建筑，当 $h > 50$m 时，建筑物室内消火栓设计流量不应小于 40L/s。

第 5.1.6.1 条，消防水泵的性能应满足消防给水系统所需流量和压力的要求。C 选项正确。

8. 关于该建筑高区消火栓加压泵控制柜，下列说法正确的有（　　）。

A. 机械应急启动时，应确保消防水泵在报警后 5min 内正常工作

B. 应采取防止被水淹的措施

C. 防护等级不应低于 IP30

D. 应具有自动巡检可调、显示巡检状态和信号功能

E. 控制柜对话界面应有英汉双语语言

【答案】ABD

【解析】根据《消规》第 11.0.12 条，消防水泵控制柜应设置机械应急启泵功能，并应保证在控制柜内的控制线路发生故障时由有管理权限的人员在紧急时启动消防水泵。机械应急启动时，应确保消防水泵在报警后 5.0min 内正常工作。A 选项正确。

第 5.5.14 条，消防水泵房应采取防水淹没的技术措施。B 选项正确。

第 11.0.9 条，消防水泵控制柜设置在专用消防水泵控制室时，其防护等级不应低于 IP30；与消防水泵设置在同一空间时，其防护等级不应低于 IP55。根据题意，该建筑高区消火栓加压泵控制柜与消防水泵布置在同一房间，故 C 选项错误。

第 11.0.8 条，消防水泵控制柜应有显示消防水泵工作状态和故障状态的输出端子及远程控制消防水泵启动的输入端子。控制柜应具有自动巡检可调、显示巡检状态和信号等功

能，且对话界面应有汉语语言，图标应便于识别和操作。D 选项正确，E 选项错误。

9. 关于该建筑室内消火栓系统维护管理，下列说法正确的有（　　）。

A. 每季度应对消防水池、消防水箱的水位进行一次检查

B. 每月应手动启动消防水泵运转一次

C. 每月应模拟消防水泵自动控制的条件自动启动消防水泵运转一次

D. 每月应对控制阀门铅封、锁链进行一次检查

E. 每周应对稳压泵的停泵启泵压力和启泵次数等进行检查，并记录运行情况

【答案】BD

【解析】根据《消规》第 14.0.3.4 条，每月应对消防水池、高位消防水池、高位消防水箱等消防水源设施的水位等进行一次检测。A 选项错误。

第 14.0.4.1 条，每月应手动启动消防水泵运转一次，并应检查供电电源的情况。B 选项正确。

第 14.0.4.2 条，每周应模拟消防水泵自动控制的条件自动启动消防水泵运转一次，且应自动记录自动巡检情况，每月应检测记录。C 选项错误。

第 14.0.4.3 条，每日应对稳压泵的停泵启泵压力和启泵次数等进行检查和记录运行情况。E 选项错误。

第 14.0.6.3 条，系统上所有的控制阀门均应采用铅封或锁链固定在开启或规定的状态，每月应对铅封、锁链进行一次检查，当有破坏或损坏时应及时修理更换。D 选项正确。

【2016-2】

某食品有限公司发生重大火灾事故，造成 18 人死亡 13 人受伤，过火面积约 $4000m^2$，直接经济损失 4000 余万元。经调查，认定该起事故的原因为：保鲜恒温库内的冷风机供电线路接头处过热短路，引燃墙面聚氨酯泡沫保温材料所致。起火的保鲜恒温库为单层砖混结构，顶棚和墙面均采用聚苯乙烯板，在聚苯乙烯板外表面直接喷涂聚氨酯泡沫。毗邻保鲜恒温库搭建的简易生产车间采用单层钢屋架结构，外围护采用聚苯乙烯夹芯彩钢板，顶棚为木龙骨和 PVC 板。车间按国家标准配置了灭火器材，无应急照明和疏散指示标志，部分疏散门采用卷帘门。起火时，南侧的安全出口被锁住。着火当日，车间流水线南北两侧共有 122 人在进行装箱作业。保鲜库起火后，火势及有毒烟气迅速蔓延至整个车间。由于无人组织灭火和疏散，有 12 名员工在走道尽头的冰池处遇难。逃出车间的员工向领导报告了火情，10min 后才拨打“119”报火警，有 8 名受伤员工在冰池处被救出。

经查，该企业消防安全管理制度不健全，单位消防安全管理人曾接受过消防安全专门培训，但由于单位生产季节性强，员工流动性大，未组织员工进行消防安全培训和疏散演练。当日值班人员对用火、用电和消防设施、器材情况进行了一次巡查后离开了车间。

根据以上材料，回答下列问题（共 18 分，每题 2 分，每题的备选项中，有 2 个或 2 个以上符合题意，至少有一个错项。错选，本题不得分；少选，所选的每个选项得 0.5 分）

1. 该单位保鲜恒温库及简易生产车间在（　　）方面存在火灾隐患。

A. 电气线路　　B. 防火分隔　　C. 耐火等级　　D. 安全疏散　　E. 灭火器材

【答案】ABCD

【解析】根据题文描述，保鲜恒温库内的冷风机供电线路接头处过热短路，引燃墙面聚

氨酯泡沫保温材料所致，属于电气线路火灾隐患，故 A 选项正确。

根据《建规》第 6.2.8 条的规定，冷库的库房与加工车间贴邻建造时，应采用防火墙分隔，当确需开设相互连通的开口时，应采取防火隔间等措施进行分隔，隔间两侧的门应为甲级防火门。毗邻保鲜恒温库搭建的简易生产车间采用单层钢屋架结构，外围护采用聚苯乙烯夹芯彩钢板，顶棚为木龙骨和 PVC 板。B 选项正确。

起火的保鲜恒温库为单层砖混结构，属丙类仓库，其耐火等级不应低于三级。从题意知，保鲜恒温库顶棚和墙面均采用聚苯乙烯板，在聚苯乙烯板外表面直接喷涂聚氨酯泡沫，而聚苯乙烯板和聚氨酯泡沫都属于 B2 级可燃性材料，所以恒温库耐火等级达不到三级，只能是四级，故 C 选项正确。

车间按照国家标准配置了灭火器材，无应急照明和疏散指示标志，部分疏散门采用卷帘门，起火时，南侧的安全出口被锁闭，故 D 选项正确，E 选项错误。

2. 保鲜恒温库及简易车间属于消防安全重点部位。根据消防安全重点部位管理的有关规定，应该采取的必备措施有（　　）。

A. 设置自动灭火设施　　B. 设置明显的防火标志

C. 严格管理，定期重点巡查　　D. 制订和完善事故应急处理预案

E. 采用电气防爆措施

【答案】BCD

【解析】根据《61 号令》第十九条的规定，消防安全重点部位是指容易发生火灾，一旦发生火灾可能严重危及人身和财产安全，以及对消防安全有重大影响的部位。单位应当确定消防安全重点部位，设置明确的防火标志，实行严格管理。

消防重点部位确定以后，应从管理的民主性、系统性、科学性着手做好六个方面的管理。①制度管理。②立牌管理。③教育管理。④档案管理。⑤日常管理。开展防火检查是重点部位日常管理的一个重要环节。⑥应急备战管理。各重点部位应制订灭火预案，组织管理人员及义务消防员结合实际开展灭火演练。B、C、D 选项正确。

3. 这次事故中。造成人员伤亡的主要因素有（　　）。

A. 当日值班人员事发时未在岗

B. 建筑构件及墙体内保温采用了易燃有毒材料

C. 消防安全重点部位不明确

D. 部分安全出口被锁住，疏散通道不畅通

E. 员工未经过消防安全培训和疏散逃生演练

【答案】BDE

【解析】造成人员伤亡主要因素有建筑及墙体内保温采用了易燃有毒材料，部分安全出口被锁住。疏散通道不畅通和员工未经过消防安全培训和疏散逃生演练。B、D、E 选项正确。

4. 关于单位员工消防安全培训，根据有关规定必须培训的内容有（　　）。

A. 消防技术规范

B. 本单位、本岗位的火灾危险性和防火措施

C. 报火警、扑救初起火灾的知识和技能

D. 组织疏散逃生的知识和技能

E. 有关消防设施的性能，灭火器材的使用方法

【答案】BCDE

【解析】社会单位员工通过消防安全教育培训应掌握以下内容：①消防法律法规、消防安全制度、消防安全操作规程等；②本单位、本岗位的火灾危险性和防火措施；③消防设施、灭火器材的性能、使用方法和操作规程；④报火警、扑救初期火灾、应急疏散和自救逃生的知识、技能；⑤本单位安全疏散路线，引导人员疏散的程序和方法；⑥灭火和应急疏散预案的内容、操作程序。B、C、D、E 选项正确。

5. 根据有关规定，下列应该接受消防安全专门培训的人员有（　　）。

A. 单位的消防安全责任人　　B. 装卸人员

C. 专、兼职消防管理人员　　D. 电工

E. 消防控制室值班、操作人员

【答案】ACDE

【解析】根据《61 号令》第三十八条的规定，下列人员应当接受消防安全专门培训：①单位的消防安全责任人，消防安全管理人；②专、兼职消防管理人员（应当持证上岗）；③消防控制室的值班、操作人员；④其他依照规定应当接受消防安全专门培训的人员，如电工，焊工等。A、C、D、E 选项正确。

6. 根据《61 号令》，消防安全制度应包括的主要内容有（　　）。

A. 消防安全责任制　　B. 消防设施、器材维护管理

C. 用火、用电安全管理　　D. 仓库收发管理

E. 防火巡查、检查

【答案】BCE

【解析】《61 号令》第十八条规定，单位消防安全制度主要包括以下内容：①消防安全教育、培训；②防火巡查、检查；③安全疏散设施管理；④消防（控制室）值班；⑤消防设施、器材维护管理；⑥火灾隐患整改；⑦用火、用电安全管理；⑧易燃易爆危险物品和场所防火防爆；⑨专职和义务消防队的组织管理；⑩灭火和应急疏散预案演练；⑪燃气和电气设备的检查和管理（包括防雷、防静电）；⑫消防安全工作考评和奖惩。B、C、E 选项正确。

7. 根据本案例描述，该单位存在的下列违反消防安全规定的情况，应根据《61 号令》责令当场改正的有（　　）。

A. 违章使用明火作业或者在具有火灾、爆炸危险的场所吸烟、使用明火

B. 消防设施管理、值班人员和防火巡查人员脱岗

C. 常闭式防火门处于开启状态，防火卷帘下堆放物品影响使用

D. 消防控制室值班人员未持证上岗

E. 将安全出口上锁、遮挡，或者占用、堆放物品影响使用

【答案】ABCE

【解析】《61 号令》第三十一条规定，对下列违反消防安全规定的行为，单位应当责成有关人员当场改正并督促落实：①违章进入生产、储存易燃易爆危险物品场所的；②违章使用明火作业或者在具有火灾、爆炸危险的场所吸烟、使用明火等违反禁令的；③将安全出口上锁、遮挡，或者占用、堆放物品影响疏散通道畅通的；④消火栓、灭火器材被遮挡影响使

用或者被挪作他用的；⑤常闭式防火门处于开启状态，防火卷帘下堆放物品影响使用的；⑥消防设施管理、值班人员和防火巡查人员脱岗的；⑦违章关闭消防设施、切断消防电源的；⑧其他可以当场改正的行为。A、B、C、E 选项正确。

8. 按照有关规定，消防安全重点单位制订的灭火和应急疏散预案应当包括（　　）。

A. 领导机构及其职责　　B. 报警和接警处置程序

C. 自动消防设施保养程序　　D. 应急疏散的组织程序和措施

E. 扑救初期火灾的程序和措施

【答案】BDE

【解析】《61 号令》第三十九条规定，消防安全重点单位制订的灭火和应急疏散预案应当包括下列内容：①组织机构，包括灭火行动组、通信联络组、疏散引导组、安全防护救护组；②报警和接警处置程序；③应急疏散的组织程序和措施；④扑救初起火灾的程序和措施；⑤通信联络、安全防护救护的程序和措施。B、D、E 选项正确。

9. 根据本案例描述和消防安全管理的相关规定，单位发生火灾时，应当立即实施灭火和应急疏散预案。在这次火灾事故中，该单位未能做到（　　）。

A. 及时报警　　B. 启动消防灭火系统

C. 组织扑救火灾　　D. 启动防排烟系统

E. 及时疏散人员

【答案】ACE

【解析】由题意可知，在这次火灾事故中，无人组织灭火和疏散，10min 后才拨打“119”报火警，未组织员工进行消防安全培训和疏散演练。A、C、E 选项正确。

【2016-3】

消防技术服务机构受东北某造纸企业委托，对其成品仓库设置的干式自动喷水灭火系统进行检测。该仓库地上 2 层，耐火等级二级，建筑高度 15.8m，建筑面积 7800m^2，纸类成品为堆垛式仓储，堆垛最高为 6.3m。仓库除配置干式自动喷水灭火系统外，还设置了室内消火栓系统和火灾自动报警系统等消防设施，厂区内环状消防供水管网（管径 DN250）保证室内、室外消防用水，消防水泵设计扬程为 1.0MPa。屋顶消防水箱最低有效水位至仓库地面的高差为 20m，水箱的有效水位高度为 3m。厂区共有 2 个相互连通的地下消防水池，总容积 1120m^3。干式自动喷水灭火系统设有一台干式报警阀，放置在距离仓库约 980m 的值班室内（有采暖），喷头型号为 ZSTX15-68（℃）。检测人员核查相关系统试压及调试记录后，有如下发现：

（1）干式自动喷水灭火系统管网水压强度及严密性试验均采用气压试验代替，且未对管网进行冲洗。

（2）干式报警阀调试记录中，没有发现开启系统试验阀后报警阀启动时间及水流到试验装置出口所需时间的记录值。

随后进行现场测试，情况为：在干式自动喷水灭火系统最不利点处开启末端试水装置，干式报警阀加速排气阀随之开启，6.5min 后干式报警阀水力警铃开始报警，后又停止（警铃及配件质量、连接管路均正常），末端试水装置出水量不足。人工启动消防泵加压，首层的水流指示器动作后始终不复位。查阅水流指示器产品进场验收记录、系统竣工验收试验记录等，均未发现问题。

根据以上材料，回答下列问题（共 21 分）

1. 指出干式自动喷水灭火系统有关组件选型、配置存在的问题，并说明如何改正。

1）干式报警阀的位置不合理，无法满足充水时间要求，干式报警阀数量不足。

【解析】《自喷》第 8.0.9 条规定，干式系统的配水管道充水时间，不宜大于 1min；预作用系统与雨淋系统的配水管道充水时间，不宜大于 2min。根据题意，该仓库在干式自动喷水灭火系统最不利点处开启末端试水装置，干式报警阀加速排气阀随之开启，6.5min 后干式报警阀水力警铃开始报警。故管道太长，应重设干式报警阀的位置。

由题意可知，该仓库建筑面积 $7800m^2$ 为纸类成品堆垛式仓储，堆垛最高为 6.3m，危险级Ⅱ级，喷水强度为 $22L/(min \cdot m^2)$，一个喷头最大保护面积取 $9m^2$，需 870 左右喷头，依据《自喷》第 6.2.3 条的规定，一个报警阀组控制的喷头数：湿式系统、预作用系统不宜超过 800 只；干式系统不宜超过 500 只。故应增加干式报警阀数量。

2）喷头型号为 ZSTX15-68（℃）（下垂型）不合适，根据《自喷》第 6.1.4 条，干式系统、预作用系统应采用直立型喷头或干式下垂型喷头。

2. 分析该仓库消防给水设施存在的主要问题。

1）报警阀组有问题。

【解析】根据题意，在干式自动喷水灭火系统最不利点处开启末端试水装置，末端试水装置出水量不足，可能是阀组被杂物堵塞，应对阀组进行清洗。

2）屋顶消防水箱的高度不满足静压要求，应提高或加设稳压泵。

【解析】根据《消规》第 5.2.2 条，高位消防水箱的设置位置应高于其所服务的水灭火设施，且最低有效水位应满足水灭火设施最不利点处的静水压力，工业建筑不应低于 0.10MPa，当建筑体积小于 $20000m^3$ 时，不宜低于 0.07MPa；自动喷水灭火系统等自动水灭火系统应根据喷头灭火需求压力确定，但最小不应小于 0.10MPa；当高位消防水箱不能满足上述的静压要求时，应设稳压泵。按照题意可知，该仓库屋顶消防水箱最低有效水位至仓库地面的高差为 20m，水箱的有效水位高度为 3m。$20 + 3 - 15.8 + 1.1 = 8.3$（m），即 0.083MPa，不满足规范规定的静压要求，应提高最低有效水位或设稳压泵。

3）地下消防水池设置不符合要求。

【解析】根据《消规》第 4.3.6 条，消防水池的总蓄水有效容积大于 $500m^3$ 时，宜设两格能独立使用的消防水池；当大于 $1000m^3$ 时，应设置能独立使用的两座消防水池。每格（或座）消防水池应设置独立的出水管，并应设置满足最低有效水位的连通管，且其管径应能满足消防给水设计流量的要求。根据题意，该厂区共有 2 个相互连通的地下消防水池，总容积 $1120m^3$，不符合规范要求。

3. 检测该仓库室内消火栓系统是否符合设计要求时，应检查几支水枪？按国家标准有关自动喷水灭火系统设置场所火灾危险等级的划分规定，该仓库属于什么级别？自动喷水灭火系统的设计喷水持续时间为多少？

1）同时使用消防水枪数为 5 支，应全数检查。

【解析】根据《消规》第 3.5.2 条，建筑高度 $h \leqslant 24m$ 且体积 $V > 5000m^3$ 的丙类仓库，其消火栓设计流量为 25L/s，同时使用消防水枪数为 5 支。

2）仓库危险Ⅱ级。

【解析】根据《自喷》附录 A 可知，该仓库的危险级别为仓库危险Ⅱ级。

3）自动喷水灭火系统的设计喷水持续时间为 2h。

【解析】根据《自喷》第 5.0.5.1 条，仓库危险级Ⅱ级的堆垛储物仓库，当储物高度为 6.0 ~ 7.5m 时，持续喷水时间为 2.0h。

4. 干式自动喷水灭火系统试压及调试记录中存在的主要问题是什么？

存在的主要问题：

1）干式自动喷水灭火系统管网水压强度及严密性试验不能采用气压试验替代。

【解析】根据《自喷》第 6.1.2 条，强度试验和严密性试验宜用水进行。干式喷水灭火系统、预作用喷水灭火系统应做水压试验和气压试验。

2）未对管网进行冲洗。

【解析】根据《自喷》第 6.1.1 条，管网安装完毕后，应对其进行强度试验、严密性试验和冲洗。

3）干式报警阀调试记录中，没有开启系统试验阀后报警阀启动时间及水流到试验装置出口所需时间的记录值。

【解析】根据《自喷》第 C.0.4 条，自动喷水灭火系统联动试验记录应由施工单位质量检查员填写，监理工程师（建设单位项目负责人）组织施工单位项目负责人等进行验收，并按《自喷》表 C.0.4 填写。

5. 开启末端试水装置测试出哪些问题？原因是什么？

1）干式报警阀报警太迟。原因：报警阀组管路过长。

【解析】根据《自喷》第 8.0.9 条，干式系统的配水管道充水时间，不宜大于 1min；预作用系统与雨淋系统的配水管道充水时间，不宜大于 2min。

2）末端试水装置出水量不足；原因：管网压力不足或堵塞。

【解析】在对干式报警阀组检测时，开启末端试水装置 1min 后，其出水压力不得低于 0.05MPa，出水量不足的原因可能是管网压力不足或堵塞。

6. 指出导致水流指示器始终不复位的原因。

【解析】①桨片被管腔内杂物卡阻；②调整螺母与触头未调试到位；③电路接线脱落。

【2016-4】

某一级耐火等级的四星级旅馆建筑，建筑高度为 128.0m，下部设置 3 层地下室（每层层高 3.3m）和 4 层裙房，裙房的建筑高度为 33.4m，高层主体东侧为旅馆主入口，设置了长 12m、宽 6m、高 5m 的门廊，北侧设置员工出入口。建筑主体三层（局部四层）以上外墙全部设置玻璃幕墙。旅馆客房的建筑面积为 50 ~ 96m^2，外墙全部为不可开启窗扇的外窗。建筑周围设置宽度为 6m 的环形消防车道，消防车道的内边缘距离建筑外墙 6 ~ 22m；沿建筑高层主体东侧和北侧连续设置了宽度为 15m 的消防车登高操作场地，北侧的消防车登高操作场地距离建筑外墙 12m，东侧距离建筑外墙 6m。

地下一层设置总建筑面积为 7000m^2的商店，总建筑面积 980m^2的卡拉 OK 厅（每间房间的建筑面积小于 50m^2）和 1 个建筑面积为 260m^2的舞厅；地下二层设置变配电室（干式变压器）、常压燃油锅炉房和柴油发电机房等设备用房和汽车库；地下三层设置消防水池、消防水泵房和汽车库。在地下一层，娱乐区与商店之间采用防火墙完全分隔；卡拉 OK 区域每隔 180 ~ 200m^2 设置了 2. 00h 耐火极限的实体墙，每间卡拉 OK 的房门均为防烟隔声门。舞厅与其他部位的分隔为 2. 00h 耐火极限的实体墙和乙级防火门；商店内的相邻防火分区之间均有一道宽度为 9m（分隔部位长度大于 30m）且符合规范要求的防火卷帘。

裙房的地上一、二层设置商店，三层设置商店和宝宝乐等儿童活动场所，四层设置餐饮场所和电影院。一层的商店采用轻质墙体在顶棚下将商店隔成每间建筑面积小于 100m^2 的多个小商铺，每间商铺的门口均通向主要疏散通道，至最近安全出口的直线距离均为 5 ~ 35m，商铺的进深为 8m。裙房与高层主体之间用防火墙和甲级防火门进行了分隔，裙房和建筑的地下室均按国家标准要求的建筑面积和分隔方式划分防火分区。

高层主体中的疏散楼梯间、客房、公共走道的地面均为阻燃地毯（B1 级），客房墙面贴有墙布（B2 级）；旅馆大堂和商店的墙面和地面均为大理石（A 级）装修，顶棚均为石膏板（A 级）。

建筑高层主体、裙房和地下室的疏散楼梯均按国家标准要求采用了防烟楼梯间或疏散楼梯，地下楼层的疏散楼梯在首层与地上楼层的疏散楼梯已采用符合要求的防火隔墙和防火门完全分隔。地下一层商店有 3 个防火分区分别借用了其他防火分区 2. 4m 疏散净宽度，且均不大于需借用疏散宽度的防火分区所需疏散净宽度的 30%，每个防火分区的疏散净宽度（包括借用的疏散宽度）均符合国家标准的规定，商店区域的总疏散净宽度为 39. 6m（各防火分区的人员密度均按 0. 6 人/m^2取值）。

建筑按国家标准设置了自动喷水灭火系统、室内外消火栓系统、火灾自动报警系统、防烟系统及灭火器等，每个消火栓箱内均配置了消防水带、消防水枪，消防水泵接合器直接设置在高层主体北侧的外墙上，地下室、商店、酒店区的公共走道和建筑面积大于 100m^2 的房间均按国家标准设置了机械排烟系统。

根据以上材料，回答下列问题（共 21 分）

1. 指出该建筑在总平面布局方面存在的问题，并简述理由。

【解析】1）高层主体东侧设置宽 6m 的门廊，同时该侧设消防车登高操作场地，且该消防车登高操作场地距离建筑外墙为 6m，即消防车登高操作场地紧贴门廊设置，不符合规范要求。

2）建筑主体北侧消防车登高操作场地距离建筑外墙 12m，不满足规范“不应大于 10m”的要求。

2. 指出该建筑在平面布置方面存在的问题，并简述理由。

【解析】1）地下一层舞厅建筑面积为 260m^2，不满足规范“不应大于 200m^2”的规定。

2）地下二层设置的变配电房、锅炉房和柴油发电机房均设置在地下一层（人员密集场所）的下面，即贴临人员密集场所，不符合规范要求。

3）消防水泵房设置在地下三层，不满足规范“不应设置在地下三层及以下”的要求。

3. 指出该建筑在防火分区和防火分隔方面存在的问题，并简述理由。

【解析】1）卡拉 OK 区域每隔 180 ~ 200m^2设置耐火极限 2. 0h 的实体墙分隔，即每个分隔区域为 4 个及以上厅、室，不满足规范要求，应每个厅、室之间采用耐火极限不低于 2. 0h 的防火隔墙分隔，且每个厅、室的门应采用乙级防火门，不能只采用防烟隔声门。

2）卡拉 OK 厅总建筑面积为 980m^2，舞厅建筑面积为 260m^2，这两部分不能合并设置为一个防火分区，应划分为两个防火分区，采用防火墙分隔。

3）一层商店的隔墙应砌至梁或楼板的基层，不能只分隔到顶棚下。

4）商店内的相邻防火分区之间均有一道宽度为 9m（分隔部位长度大于 30m）且符合规范要求的防火卷帘不妥，应大于分隔部位宽度的 1/3，且不大于 20m，分隔部位宽度大于 30m，防火卷帘宽度至少要大于 9m。

4. 指出该建筑在安全疏散方面存在的问题，并简述理由。

【解析】1）商店区域的总疏散净宽度为 39.6m 不符合规范要求，应不小于 $7000\times0.6\times1\div100=42$（m）。

2）儿童活动场所应设置独立的安全出口和疏散楼梯。

3）电影院应至少设置 1 个独立的安全出口和疏散楼梯。

5. 指出该建筑在内部装修防火方面存在的问题，并简述理由。

【解析】1）根据《装修规范》第 3.1.6 条，封闭楼梯间、防烟楼梯间及其前室的顶棚、墙面和地面均应采用 A 级装修材料。故疏散楼梯间的地面不能采用阻燃地毯。

2）该建筑为综合楼，根据《装修规范》第 3.3.1 条可知旅馆其顶棚、墙面、地面装修材料燃烧性能分别不应低于 A 级、B1 级、B1 级，设置火灾自动报警系统及自动喷水灭火系统均不能降低燃烧性能，故客房墙面贴 B2 级墙布不符合规范要求。

6. 指出该建筑在消防设备配置方面存在的问题，并简述理由。

【解析】1）根据《建规》第 8.2.4 条，人员密集的公共建筑、建筑高度大于 100m 的建筑应设置消防软管卷盘或轻便消防水龙。该题每个消火栓箱内均未配置消防软管卷盘或轻便消防水龙，不符合规范要求。

2）根据《消规》第 5.4.8 条，消防水泵接合器与墙面上的门、窗、孔、洞的净距离不应小于 2.0m，且不应安装在玻璃幕墙下方。该题消防水泵接合器直接设置在高层主体北侧的外墙上，而该外墙三层以上全部设置玻璃幕墙，故水泵接合器设置不符合规范要求。

3）根据《建规》第 10.3.1 条、第 10.3.2 条的规定，该建筑的下列部位应设置疏散照明：①防烟楼梯间及其前室、消防电梯间的前室或合用前室，其地面最低水平照度不应低于 5.0lx；②观众厅、展览厅、多功能厅和建筑面积大于 $200m^2$ 的营业厅、餐厅、演播室等人员密集的场所，其地面最低水平照度不应低于 3.0lx；③建筑面积大于 $100m^2$ 地下或半地下公共活动场所，其地面最低水平照度不应低于 3.0lx；④疏散走道，其地面最低水平照度不应低于 1.0lx。

4）根据《建规》第 10.3.3 条的规定，配电室、消防控制室、消防水泵房、防烟排烟机房以及发生火灾时仍需正常工作的消防设备房应设置备用照明，其作业面的最低照度不应低于正常照明的照度。

5）根据《建规》第 10.3.5 条、第 10.3.6 条的规定，该高层建筑应设置灯光疏散指示标志。灯光疏散指示标志应设置在安全出口和人员密集场所的疏散门的正上方，还应设置在疏散走道及其转角处距地面高度 1m 以下的墙面或地面上。灯光疏散指示标志间距不应大于 20m，对于袋形走道，不应大于 10m；在走道转角区，不应大于 1.0m。该高层建筑内的总建筑面积大于 $5000m^2$ 的地上商店和歌舞娱乐放映游艺场所，应在疏散走道和主要疏散路径的地面上，增设能保持视觉连续的灯光疏散指示标志或蓄光疏散指示标志。

【2016-5】

消防技术服务机构受托对某地区银行办公的综合楼进行消防设施的专项检查，该综合楼火灾自动报警系统采用双电源供电，双电源切换控制箱安装在一层低压配电室，考虑到系统供电的可靠性，在供电回路上设置剩余电流电气火灾探测器，实现电流故障动作保护和过负载保护。火灾报警控制器显示 12 只感烟探测器被屏蔽（洗衣房 2 只，其他楼层 10 只），1 只防火阀模块故障。

对火灾自动报警系统进行测试，过程如下，切断控制器与备用电源之间的连接，控制器无异常显示；恢复控制器与备用电源之间的连接，切断火灾报警控制器的主电源，控制器自动切换到备用电源工作，显示主电故障；测试 8 只感烟探测器，6 只正常报警，2 只不报警，试验过程中控制器出现重启现象，继续试验报警功能，控制器关机，无法重新启动；恢复控制器主电源，控制器启动并正常工作；使探测器底座上的总线接线端子短路，控制器上显示该探测器所在回路总线故障；触发满足防排烟系统启动条件的报警信号，消防联动控制器发出了同时启动 5 个排烟阀和 5 个送风阀的控制信号，控制器显示了 3 个排烟阀和 5 个送风阀的开启反馈信号，相对应的排烟机和送风机正常启动并在联动控制器上显示启动反馈信号。

银行数据中心机房设置了 IG541 气体灭火系统，以组合分配方式设置 A、B、C 三个气体灭火防护区。断开气体灭火控制器与各防护区气体灭火驱动装置的连接线，进行联动控制功能试验，过程如下：

按下 A 防护区内设置的气体灭火手动启动按钮。A 防护区内的光警报器启动。然后按下气体灭火器手动停止按钮，测量气体灭火控制器启动输出端电压，一直为 0V。

按下 B 防护区内 1 只火灾手动报警按钮。测量气体火灾控制器输出端电压，25s 后电压为 24V。

测试 C 防护区，按下气体灭火控制器上的启动按钮。再按下相对应的停止按钮，测量气体灭火控制器启动输出端电压，25s 后电压为 2V。

据了解，消防维保单位进行系统试验过程中不慎碰坏了两段驱动气体管道，维保人员直接更换了损坏的驱动气体管道并填写了维修更换记录。

根据以上材料，回答下列问题（共 21 分）

1. 根据检查测试情况指出消防供电及火灾报警系统中存在的问题。

【解析】双电源切换应设置到最末端控制箱；应设置剩余电流保护和过载保护，而背景中设置的是剩余电流电气火灾探测器，起不到保护作用；不应对探测器和故障模块进行屏蔽。有故障或误报警应及时维修保养。

切断控制器与备用电源之间的连接，控制器无异常显示。测试 8 只感烟探测器，6 只正常报警，2 只不报警，试验过程中控制器出现重启现象，继续试验报警功能，控制器关机。消防联动控制器发出了同时启动 5 个排烟阀和 5 个送风阀的控制信号，控制器显示了 3 个排烟阀和 5 个送风阀的开启反馈信号。

2. 导致排烟阀未反馈开启信号的原因是什么？

【解析】排烟阀出现故障；风阀与模块之间的连接线路短路或模块故障，还有风阀锈蚀或者电磁铁线圈出现了故障。

3. 三个气体灭火防护区的气体灭火联动控制功能是否正常？为什么？

【解析】A 防护区正常；B 防护区不正常，按下 B 防护区内一只火灾手动报警按钮，测量气体火灾控制器输出端电压，25s 后电压为 24V，说明一只手动报警按钮就启动，触发气体灭火联动控制功能的应为两个探测器信号或一个探测器加一只手动报警按钮信号，C 防护区不正常，因为按下相对应的停止按钮，测量气体灭火控制器启动输出端电压，25s 后电压为 24V。背景中 25s 后喷气，不符合要求，系统应当停止启动。

4. 维保人员对配电室气体灭火系统驱动气体管道维修的做法是否正常？为什么？

【解析】做法不正确，管道有损伤时，还应根据规范进行管道强度试验和气密性试验和吹扫。

【2016-6】

某砖混结构甲醇合成厂房，屋顶承重构件采用耐火极限 0.5h 的难燃性材料，厂房地下 1 层、地上 2 层（局部 3 层），建筑高度 22m，长度和宽度均为 40m，厂房居中位置设置一部连通各层的敞开楼梯，每层外墙下有便于开启的自然排烟窗，存在爆炸危险的部位按国家标准要求设置了泄压设施，厂房东侧外墙水平距离 25m 处有一间二级耐火等级的燃煤锅炉房（建筑高度 7m），南侧外墙水平距离 25m 处有座二级耐火等级的多层厂房办公楼（建筑高度 16m），西侧 12m 处有座丙类仓库（建筑高度 6m，二级耐火等级），北侧设置两座单罐容量为 $300m^3$ 的甲醇储罐，储罐与厂房之间的防火间距为 25m，储罐四周设置防火堤。防火堤外侧基脚线水平距离厂房北侧外墙 7m。厂房的防火堤四周设置宽度不小于 4m 的环形消防车道。厂房内一层布置了变、配电站，办公室和休息室，这些场所之间及与其他部位之间均设置了耐火极限不低于 4.00h 的防火墙。变、配电室与生产部位之间的防火墙上设置了镶嵌固定窗扇的防火玻璃观察窗。办公室和休息室与生产部位之间开设甲级防火门。顶层局部厂房临时改为员工宿舍，员工宿舍与生产部位之间为耐火极限不低于 4.00h 的防火墙，并设置了两部专用的防烟楼梯间。

厂房地面采用水泥地面，表面涂刷醇酸油漆，厂房与相邻厂房相连通的管、沟采取了通风措施；下水道设置了水封设施。电气设备符合《爆炸危险环境电力装置设计规范》（GB 50058—2014）规定的防爆要求。

根据以上材料，回答下列问题（共 21 分）

1. 指出该厂房在火灾危险性和耐火等级方面存在的消防安全问题，并提出解决方案。

【解析】（1）情景描述中该厂房生产时产生甲醇，其火灾危险性特征为闪点小于 28℃ 的液体，根据《建规》的规定，该厂房生产的火灾危险性类别应为甲类。甲类厂房的耐火等级不应低于二级，最多允许层数除生产必须采用多层者外，宜采用单层。

（2）屋顶承重构件采用耐火极限 0.5h 的难燃性材料不符合要求，甲类厂房耐火等级不应低于二级，该厂房的屋顶承重构件应采用耐火极限不低于 1.0h 的不燃性构件。

2. 指出该厂房在总平面布局方面存在的消防安全问题，并提出解决方案。

【解析】甲醇厂房东侧外墙水平距离 25m 处有一间二级耐火等级的燃煤锅炉房不符合要求，甲醇厂房与锅炉房的防火间距应当不小于 30m。

防火堤外侧基脚线水平距离厂房北侧外墙 7m 不符合要求，防火堤外侧基脚线水平距离厂房北侧外墙不应小于 10m。

3. 指出该厂房的层数、建筑面积和平面布置方面存在的消防安全问题，并提出解决方法。

【解析】1）厂房地下 1 层、地上 2 层（局部 3 层）不符合要求，甲类厂房宜设置单层。

2）甲类厂房不允许设置在地下或半地下。

3）厂房内一层布置了变、配电站不符合要求，甲类厂房内不应设置变配电站，供该厂房专用的10kV以下专用变、配电站采用无门窗洞口的防火墙可与厂房一面贴邻。

4）厂房内一层布置了办公室和休息室，与其他部位之间均设置了耐火极限不低于4.00h的防火墙不符合要求。甲类厂房不应设置办公室、休息室，确需贴邻时，耐火极限不应低于二级，且采用耐火极限不低于3.0h的防爆墙与厂房分隔，且应设置独立的安全出口。

5）顶层局部厂房临时改为员工宿舍不符合要求，甲类厂房内严禁设置员工宿舍。

4. 指出该厂房在安全疏散方面存在的消防安全问题，并提出解决方案。

【解析】1）根据《建规》的规定，该厂房的安全出口应分散布置，其相邻两个安全出口最近边缘之间的水平距离不应小于5m。该厂房内任一点到最近安全出口的距离均不应大于30m。该厂房首层外门的总净宽度应按该层人数不少于0.60m/100人计算，且所有外门的最小净宽度均不应小于1.20m。

2）厂房居中位置设置一部连通各层的敞开楼梯不符合要求，应采用封闭楼梯间。

3）每层外墙下有便于开启的自然排烟窗，不应设置。

5. 指出该厂房在防爆和其他方面存在的消防问题，并提出解决方案。

【解析】1）该厂房宜独立设置，并宜采用敞开或半敞开式，承重结构宜采用钢筋混凝土或钢框架、排架结构。

2）厂房与相邻厂房相连通的管、沟采取了通风措施不符合要求，其管、沟不应与相邻厂房的管、沟相通，厂房内不宜设置地沟，必须设置时，其盖板应严密，地沟应采取防止可燃蒸气在地沟积聚的有效措施。

3）下水道仅设置了水封设施不符合要求，下水道应设置隔油设施。

4）厂房地面采用水泥地面，表面涂刷醇酸油漆不符合要求，应采用不发火花的地面。

5）变、配电室与生产部位之间的防火墙上设置了镶嵌固定窗扇的防火玻璃观察窗不符合要求，应设甲级防火窗。

第3节　2017年消防安全案例分析真题解析

【2017-01】

某居住小区由4座建筑高度为69.0m的23层单元式住宅楼和4座建筑高度为54.0m的18层单元式住宅楼构成。设备机房设地下一层（标高-5.0m），小区南北侧市政道路上各有一条DN300的市政给水管。供水压力为0.25MPa。小区所在地区冰冻线深度为0.85m。

住宅楼的室外消火栓设计流量为15L/s，23层住宅楼和18层住宅楼的室内消火栓设计流量分别为20L/s、10L/s，火灾延续时间为2h。小区消防给水与生活用水共用。采用两路进水环状管网供水，在管网上设置了室外消火栓。室内采用湿式临时高压消防给水系统，其消防水池、消防水泵房设置在一座住宅楼的地下一层。高位消防水箱设置在其中一座23层高的住宅楼屋顶。消防水池两路进水。火灾时考虑补水。每条进水管的补水量为50m^3/h，消防水泵控制柜与消防水泵设置在同一房间。系统管网泄漏量测试结果为0.75L/s，高位消防水箱出水管上设置流量开关，动作流量设定值为1.75L/s。消防水泵性能和控制柜性能合格，室内外消火栓系统验收合格。竣工验收一年后，在对系统进行季度检查时，打开试水阀，高位消防水箱出水管上的流量开关动作，消防水泵无法自动启动。消防控制中心值班人员按下手动专用线路按钮后，消防水泵仍不启动。值班人员到消防水泵房操作机械应急开关后，消防水泵启动。经维修消防控制柜后，恢复正常。在竣工验收三年后的日常运行中，消防水泵经常发生误动作，勘查原因后发现，高位消防水箱的补水量与竣工验收时相比，增加了 1 倍。

根据以上材料，回答下列问题（共 16 分，每题 2 分，每题的备选项中，有 2 个或 2 个以上符合题意，至少有 1 个错项。错选，本题不得分；少选，所选的每个选项得 0.5 分）

1. 两路补水时，下列消防水池符合现行国家标准的有（　　）。

A. 有效容积为 $4m^3$ 的消防水池

B. 有效容积为 $24m^3$ 的消防水池

C. 有效容积为 $44m^3$ 的消防水池

D. 有效容积为 $55m^3$ 的消防水池

E. 有效容积为 $60m^3$ 的消防水池

【答案】DE

【解析】当建筑群共用消防水池时，消防水池的容积应按消防用水量最大的一栋建筑。当市政给水管网能保证室外消防给水设计流量时，消防水池的有效容积应满足在火灾延续时间内室内消防用水量的要求。当消防水池采用两路消防供水且在火灾情况下连续补水能满足消防要求时，消防水池的有效容积应根据计算确定，但不应小于 $100m^3$，当仅有消火栓系统时不应小于 $50m^3$。

市政消火栓宜在道路的一侧设置，并宜靠近十字路口，但当市政道路宽度超过 60.0m 时，应在道路的两侧交叉错落设置市政消火栓，市政桥桥头和城市交通隧道出入口等市政公用设施处，应设置市政消火栓，其保护半径不应超过 150m，间距不应大于 120m。

当市政给水管网设有市政消火栓时，其平时运行工作压力不应小于 0.14MPa，火灾时水力最不利市政消火栓的出流量不应小于 15L/s，且供水压力从地面算起不应小于 0.10MPa。

最小有效容积：$20 \times 2 \times 3.6 - 50 \times 2 = 44$（$m^3$）。

2. 下列室外埋地消防给水管道的设计管顶覆土深度中，符合现行国家标准的有（　　）。

A. 0.70m　　B. 1.00m　　C. 1.10m　　D. 1.15m　　E. 1.25m

【答案】BCDE

【解析】根据《建筑给水排水设计规范》第 3.5.3 条，室外给水管道的覆土深度，应根据土壤冰冻深度、车辆荷载、管道材质及管道交叉等因素确定。管顶最小覆土深度不得小于土壤冰冻线以下 0.15m，行车道下的管线覆土深度不宜小于 0.7m。故取：$0.85 + 0.15 = 1$（m）。

3. 下列室外消火栓的设置中，符合现行国家标准的有（　　）。

A. 保护半径 150m　　B. 间距 120m　　C. 扑救面一侧不宜少于 2 个

D. 距离路边 0.5m　　E. 距离建筑物外墙 2m

【答案】ABCD

【解析】市政消火栓应布置在消防车易于接近的人行道和绿地等地点，且不应妨碍交通。应避免设置在机械易撞击的地点，确有困难时，应采取防撞措施。距路边不宜小于 0.5m，并不应大于 2.0m，距建筑外墙或外墙边缘不宜小于 5.0m。

建筑室外消火栓的数量应根据室外消火栓设计流量和保护半径经计算确定，保护半径不应大于150.0m，每个室外消火栓的出流量宜按10~15L/s计算，室外消火栓宜沿建筑周围均匀布置，且不宜集中布置在建筑一侧；建筑消防扑救面一侧的室外消火栓数量不宜少于2个。

4. 根据现行国家标准，室内消火栓系统竣工验收时，应检查的内容有（　　）。

A. 消火栓设置位置　　B. 栓口压力　　C. 消防水带长度

D. 消火栓安装高度　　E. 消火栓实验强度

【答案】AD

【解析】根据《消规》第13.2.13条，消火栓验收应符合下列要求：①消火栓的设置场所、位置、规格、型号应符合设计要求和本规范有关规定；②室内消火栓的安装高度应符合设计要求；③消火栓的设置位置应符合设计要求和本规范第7章的有关规定，并应符合消防救援和火灾扑救工艺的要求；④消火栓的减压装置和活动部件应灵活可靠，栓后压力应符合设计要求。

5. 下列消防水泵控制柜的IP等级中，符合现行国家标准的有（　　）。

A. IP25　　B. IP35　　C. IP45　　D. IP55　　E. IP65

【答案】DE

【解析】消防水泵控制柜设置在专用消防水泵控制室时，其防护等级不应低于IP30，与消防水泵设置在同一空间时，其防护等级不应低于IP55。

6. 工程竣工验收时应测试的消防水泵性能有（　　）。

A. 电动机功率全覆盖性能曲线　　B. 设计流量和扬程　　C. 零流量的压力

D. 1.5倍设计流量的压力　　E. 水泵控制功能

【答案】BCD

【解析】根据《消规》第5.1.6条，消防水泵的选择和应用应符合下列规定：①消防水泵的性能应满足消防给水系统所需流量和压力的要求；②消防水泵所配驱动器的功率应满足所选水泵流量扬程性能曲线上任何一点运行所需功率的要求；③当采用电动机驱动的消防水泵时，应选择电动机干式安装的消防水泵；④流量扬程性能曲线应为无驼峰、无拐点的光滑曲线，零流量时的压力不应大于设计工作压力的140%，且宜大于设计工作压力的120%；⑤当出流量为设计流量的150%时，其出口压力不应低于设计工作压力的65%。

7. 对系统进行季度检查时发现，消防水泵的自动和远程手动启动功能均失效，机械应急启动功能有效，消防水泵控制柜故障的可能原因有（　　）。

A. 控制回路继电器故障　　B. 控制回路电气线路故障　　C. 主电源故障

D. 交流接触器电磁系统故障　　E. 信号输出模块故障

【答案】AB

【解析】水泵不工作原因：①未接通电源或控制柜输出缺相；②水泵已烧毁。

解决方法：①检查控制箱内电源、断路器、接触器、热继电器（故障更换）；②检查绝缘确认更换。继电器和接触器都是电磁式开关电器，但前者属于工作在控制回路中的开关电器，而后者属于工作在主回路中的开关电器。主回路就是电动机的电流回路，只供给电动机运转。控制回路就是控制电动机电路的电源回路。

8. 针对消防水泵经常误动作，下列整改措施中，可行的有（　　）

A. 检测管道漏水点并补漏　　B. 更换流量开关

C. 关闭高位消防水箱的出水管　　　　D. 调整流量开关启动流量至 2.5L/s

E. 更换控制柜

【答案】ABD

【解析】根据《消规》第 13.1.11 条，消防给水系统的试验管放水时，管网压力应持续降低，消防水泵出水干管上低压压力开关应能自动启动消防水泵；消防给水系统的试验管放水或高位消防水箱排水管放水时，高位消防水箱出水管上的流量开关应动作，且应能自动启动消防水泵。高位消防水箱出水管上设置的流量开关的动作流量应大于系统管网的泄漏量。$0.75 \times 2 = 1.5$（L/s）。

【2017-02】

某购物中心地上 6 层，地下 3 层，总建筑面积 126000m^2，建筑高度 35.0m。地上一至五层为商场，六层为餐饮，地下一层为超市、汽车库，地下二层为发电机房、消防水泵房、空调机房、排烟风机房等设备用房和汽车库，地下三层为汽车库。

2017 年 6 月 5 日，当地公安消防机构对购物中心进行消防监督检查，购物中心消防安全管理人首先汇报了自己履职情况，主要有实施和组织落实：①拟定年度消防工作计划，组织实施日常消防安全管理工作；②组织制订消防安全制度和保障消防安全的操作规程并检查监督其落实；③组织实施防火检查工作；④组织实施单位消防设施、灭火器材和消防安全标志的维护保养，确保其完好有效；⑤组织管理志愿消防队；⑥在员工中组织开展消防知识、技能的宣传教育和培训，组织灭火和应急疏散预案的实施和演练。然后，检查组对该购物中心的消防安全管理档案进行了检查，其中包括消防安全教育培训，防火检查、巡查，灭火和应急疏预案演练，消防控制室值班，用火用电管理，易燃易爆危险品和场所防火防爆，志愿消防队的组织管理，燃气和电气设备的检查和管理及消防安全考评和奖惩等消防安全管理制度。

检查组还对 2017 年的消防教育培训的计划和内容进行了检查，根据资料该单位消防培训的内容有消防法规、消防安全制度和保障消防安全的操作规程；本单位的火灾危险性和防火措施；灭火器材的使用方法；报火警和扑救初起火灾的知识和技能等。最后，检查组对该购物中心进行了实地检查。在检查中发现：个别防火卷帘无法手起降或防火卷帘下堆放商品；个别消火栓被遮挡；部分疏散指示标志损坏；少数灭火器压力不足；承租方正在对三层部分商场（约 6000m^2）进行重新装修并拟改为儿童游乐场所，未向当地公安消防机构申请消防设计审核。

在检查消防控制室时，消防监督员对消防控制室的值班人员现场提问："接到火灾报警后，你如何处置？"值班人员回答："接到火灾报警后，通过对讲机通知安全巡场人员携带灭火器到达现场核实火情，确认发生火灾后，立即将火灾报警联动控制开关转换成自动状态，启动消防应急广播，同时拨打保安经理电话，保安经理同意后拨打"119"报警。报警时说明火灾地点，起火部位，着火物种类和火势大小，留下姓名和联系电话，报警后到路口迎接消防车。"

根据以上材料，回答下列问题（共 20 分，每题 2 分，每题的备选项中，有 2 个或 2 个以上符合题意，至少有 1 个错项，错选，本题不得分；少选，所选的每个选项得 0.5 分）

1. 根据《61 号令》，消防安全管理人还应当实施和组织落实的消防安全管理工作有

（　　）。

A. 确定逐级消防安全责任

B. 确保疏散通道和安全出口畅通

C. 拟订消防安全工作的资金投入和组织保障方案

D. 组织实施火灾隐患整改工作

E. 招聘消防控制室值班人员

【答案】BCD

【解析】消防安全管理人对单位的消防安全责任人负责，实施和组织落实下列消防安全管理工作：①拟订年度消防工作计划，组织实施日常消防安全管理工作；②组织制订消防安全制度和保障消防安全的操作规程并检查督促其落实；③拟订消防安全工作的资金投入和组织保障方案；④组织实施防火检查和火灾隐患整改工作；⑤组织实施对本单位消防设施、灭火器材和消防安全标志的维护保养，确保其完好有效，确保疏散通道和安全出口畅通；⑥组织管理专职消防队和义务消防队；⑦在员工中组织开展消防知识、技能的宣传教育和培训，组织灭火和应急疏散预案的实施和演练；⑧单位消防安全责任人委托的其他消防安全管理工作。

2. 根据《61 号令》，该购物中心还应当制订（　　）。

A. 安保组织制度　　B. 安全疏散设施管理制度　　C. 火灾隐患整改制度

D. 安全生产例会制度　　E. 消防设施、器材维护管理制度

【答案】BCE

【解析】单位的消防安全制度主要包括消防安全责任制；消防安全教育、培训；防火巡查、检查；安全疏散设施管理；消防（控制室）值班；消防设施、器材维护管理；火灾隐患整改；用火、用电安全管理；易燃易爆危险物品和场所防火防爆；专职（志愿）消防队的组织管理；灭火和应急疏散预案演练；燃气和电气设备的检查和管理（包括防雷、防静电）；消防安全工作考评和奖惩；其他必要的消防安全内容。

3. 根据《61 号令》，该购物中心应确定为消防安全重点部位的有（　　）。

A. 空调机房　　B. 消防控制室　　C. 汽车库　　D. 发电机房　　E. 消防水泵房

【答案】BCDE

【解析】消防安全重点部位的确定：①容易发生火灾的部位。如化工生产车间、油漆、烘烤、熬炼、木工、电焊气割操作间；化验室、汽车库、化学危险品仓库；易燃、可燃液体储罐，可燃、助燃气体钢瓶仓库和储罐，液化石油气瓶或储罐；氧气站、乙炔站、氢气站；易燃的建筑群等。②发生火灾后对消防安全有重大影响的部位，如与火灾扑救密切相关的变配电站（室）、消防控制室、消防水泵房等。③性质重要、发生事故影响全局的部位，如发电站，变配电站（室），通信设备机房，生产总控制室，电子计算机房，锅炉房，档案室，资料、贵重物品和重要历史文献收藏室等。④财产集中的部位，如储存大量原料、成品的仓库、货场，使用或存放先进技术设备的实验室、车间、仓库等。⑤人员集中的部位，如单位内部的礼堂（俱乐部）、托儿所、集体宿舍、医院病房等。

4. 根据《61 号令》，该购物中心消防档案中必须存放有（　　）。

A. 灭火和应急疏散预案

B. 灭火和应急疏散预案的演练记录

C. 消防控制室值班人员的消防控制室操作执业资格证书

D. 消防设施的设计图

E. 消防安全培训记录

【答案】ABDE

【解析】消防安全基本情况应当包括以下内容：①单位基本概况和消防安全重点部位情况；②建筑物或者场所施工、使用或者开业前的消防设计审核、消防验收以及消防安全检查的文件、资料；③消防管理组织机构和各级消防安全责任人；④消防安全制度；⑤消防设施、灭火器材情况；⑥专职消防队、义务消防队人员及其消防装备配备情况；⑦与消防安全有关的重点工种人员情况；⑧新增消防产品、防火材料的合格证明材料；⑨灭火和应急疏散预案。

消防安全管理情况应当包括以下内容：①公安消防机构填发的各种法律文书；②消防设施定期检查记录、自动消防设施全面检查测试的报告以及维修保养的记录；③火灾隐患及其整改情况记录；④防火检查、巡查记录；⑤有关燃气、电气设备检测（包括防雷、防静电）等记录资料；⑥消防安全培训记录；⑦灭火和应急疏散预案的演练记录；⑧火灾情况记录；⑨消防奖惩情况记录。

5. 下列人员中，可以作为该购物中心志愿消防队成员的有（　　）。

A. 该单位的消防安全负责人

B. 该单位的消防安全管理人

C. 该单位的营业员

D. 维保公司维保该单位消防设施的技术人员

E. 该单位的保安员

【答案】CE

【解析】志愿消防队员来自单位员工，是发生火灾时单位的主要灭火力量。

6. 根据《61 号令》，该购物中心的演练记录除了记明演练时间和参加部门外，还应当记明演练的（　　）。

A. 经费　　B. 地点　　C. 内容　　D. 灭火器型号和数量　　E. 参加人员

【答案】BCE

【解析】根据《61 号令》第 43 条，消防安全管理情况应当包括以下内容：灭火和应急疏散预案的演练记录，该项记录应当记明演练的时间、地点、内容、参加部门以及人员等。

7. 根据《61 号令》，2017 年该购物中心的消防宣传教育和培训内容还应该有（　　）。

A. 消防控制室值班人员操作职业资格

B. 有关现行国家消防技术标准

C. 该消防设施的性能

D. 自救逃生的知识和技能

E. 组织、引导在场群众疏散的知识和技能

【答案】CDE

【解析】消防安全重点单位对每名员工应当至少每年进行一次消防安全培训。宣传教育和培训内容应当包括：①有关消防法规、消防安全制度和保障消防安全的操作规程；②本单位、本岗位的火灾危险性和防火措施；③有关消防设施的性能、灭火器材的使用方法；④报

火警、扑救初起火灾以及自救逃生的知识和技能。

公众聚集场所对员工的消防安全培训应当至少每半年进行一次，培训的内容还应当包括组织、引导在场群众疏散的知识和技能。单位应当组织新上岗和进入新岗位的员工进行上岗前的消防安全培训。

8. 检查中发现的下列火灾隐患，根据《61 号令》，应当责成当场改正的有（　　）。

A. 防火卷帘无法手动起降　B. 防火卷帘下堆放物品　C. 消火栓被遮挡

D. 疏散指示标志损坏　E. 灭火器压力不足

【答案】BC

【解析】《61 号令》第 31 条对下列违反消防安全规定的行为，单位应当责成有关人员当场改正并督促落实：①违章进入生产、储存易燃易爆危险物品场所的；②违章使用明火作业或者在具有火灾、爆炸危险的场所吸烟、使用明火等违反禁令的；③将安全出口上锁、遮挡，或者占用、堆放物品影响疏散通道畅通的；④消火栓、灭火器材被遮挡影响使用或者被挪作他用的；⑤常闭式防火门处于开启状态，防火卷帘下堆放物品影响使用的；⑥消防设施管理、值班人员和防火巡查人员脱岗的；⑦违章关闭消防设施、切断消防电源的；⑧其他可以当场改正的行为。

9. 对承租方将部分商场改为儿童游乐场所的行为，根据《消防法》，公安机关消防机构应责令停止施工并处罚款，罚款额度符合规定的有（　　）。

A. 一万元以上五万元以下　B. 二万元以上十万元以下

C. 三万元以上十五万元以下　D. 四万元以上二十万元以下

【答案】CD

【解析】根据《消防法》第 58 条，违反本法规定，有下列行为之一的，责令停止施工、停止使用或者停产停业，并处三万元以上三十万元以下罚款：①依法应当经公安机关消防机构进行消防设计审核的建设工程，未经依法审核或者审核不合格，擅自施工的；②消防设计经公安机关消防机构依法抽查不合格，不停止施工的；③依法应当进行消防验收的建设工程，未经消防验收或者消防验收不合格，擅自投入使用的；④建设工程投入使用后经公安机关消防机构依法抽查不合格，不停止使用的；⑤公众聚集场所未经消防安全检查或者经检查不符合消防安全要求，擅自投入使用、营业的。

10. 消防控制室值班人员的回答内容，不符合《消防控制室通用技术要求》（GB 25506—2010）规定的有（　　）。

A. 接到火灾报警后，通过对讲机通知安全巡视人员携带灭火器到达现场进行火情核实

B. 确认火灾后，立即将火灾报警联动控制开关转入自动状态，启动消防应急广播

C. 拨打保安经理电话，保安经理同意后拨打“119”报警

D. 报警时说明火灾地点，起火部位，着火物种类和火势大小，留下姓名和联系电话

E. 报警后到路口迎接消防车

【答案】BC

【解析】火灾发生时，消防控制室的值班人员按照下列应急程序处置火灾：①接到火灾警报后，值班人员立即以最快方式确认火灾。②火灾确认后，值班人员立即确认火灾报警联动控制开关处于自动控制状态，同时拨打“119”报警电话准确报警；报警时需要说明着火单位地点、起火部位、着火物种类、火势大小、报警人姓名和联系电话等。③值班人员立即

启动单位应急疏散和初期火灾扑救灭火预案，同时报告单位消防安全负责人。

【2017-03】

某高层建筑，设计建筑高度为 68.0m，总建筑面积为 91200m^2。标准层的建筑面积为 2176m^2，每层划分为 1 个防火分区；一、二层为上、下连通的大堂，三层设置会议室和多功能厅，四层以上用于办公；建筑的耐火等级设计为二级，其楼板、梁和柱的耐火极限分别为 1.00h、2.00h 和 3.00h。

高层主体建筑附建了 3 层裙房，并采用防火墙及甲级防火门与高层主体建筑进行分隔；高层主体建筑和裙房的下部设置了 3 层地下室。高层主体建筑设置了 1 部消防电梯，从首层大堂直通至顶层；消防电梯的前室在首层，和三层采用防火卷帘和乙级防火门与其他区域分隔，在其他各层均采用乙级防火门和防火墙进行分隔。

高层建筑内的办公室均为半开敞办公室，最大一间办公室的建筑面积为 98m^2，办公室的最多使用人数为 10 人，人数最多的一层为 196 人，办公室内的最大疏散距离为 23m，直通疏散走道的房间门至最近疏散楼梯间前室入口的最大间距为 18m，且房间门均向办公室内开启，不影响疏散走道的使用。核心筒内设置了 1 座防烟剪刀楼梯间用于高层主体建筑的人员疏散，楼梯梯段以及从楼层进入疏散楼梯间前室和楼梯间的门的净宽度均为 1.10m，核心筒周围采用环形走道与办公区分开，走道隔墙的耐火极限为 2.00h，高层主体建筑的三层增设了 2 座直通地面的防烟楼梯间。裙房的一、二层为商店，三层为展览厅，首层的建筑面积为 8100m^2，划分为 1 个防火分区；二、三层的建筑面积均为 7640m^2，分别划分为 2 个建筑面积不大于 4000m^{2}的防火分区；一至三层设置了一个上、下连通的中庭，除首层采用符合要求的防火卷帘分隔外，二、三层的中庭与周围连通空间的防火分隔为耐火极限 1.5h 的非隔热性防火玻璃墙。

高层建筑地下一层设置餐饮、超市和设备室；地下二层为人防工程和汽车库、消防水泵房、消防水池、燃油锅炉房、变配电室（干式）等；地下三层为汽车库。地下各层均按标准要求划分了防火分区；其中，人防工程区的建筑面积为 3310m^2，设置了歌厅、洗浴桑拿房、健身用房及影院，并划分为歌厅、洗浴桑拿与健身、影院 3 个防火分区，建筑面积分别为 820m^2、1110m^{2}和 1380m^2。

该高层建筑的室内消火栓箱内按要求配置了水带、水枪和灭火器。该高层主体建筑及裙房的消防应急照明的备用电源可连续保障供电 60min，消防水泵、消防电梯等建筑物内的全部消防用电设备的供电均能在这些设备所在防火分区的配电箱处自动切换。

该高层建筑防火设计的其他事项均符合国家标准。

根据以上材料，回答以下问题（共 24 分）：

1. 指出该高层建筑在结构耐火方面的问题，并给出正确做法。
2. 指出该高层建筑在平面布置方面的问题，并给出正确做法。
3. 指出该高层建筑在防火分区与防火分隔方面的问题，并给出正确的做法。
4. 指出该高层建筑在安全疏散方面的问题，并给出正确做法。
5. 指出该高层建筑在灭火救援设施方面的问题，并给出正确做法。
6. 指出该高层建筑在消防设施与消防电源方面的问题，并给出正确做法。

【答案】

1. 指出该高层建筑在结构耐火方面的问题，并给出正确做法。

答：1）耐火等级设计为二级，不正确。正确做法：该建筑高度 68m，属于一类高层公共建筑，建筑的耐火等级设计提高为一级。

2）楼板的耐火极限为 1.00h，不正确。正确做法：当建筑的耐火等级为一级时，楼板的耐火极限提高到 1.5h。

2. 指出该高层建筑在平面布置方面的问题，并给出正确做法。

答：1）燃油锅炉房设在地下二层其上一层是人员密集场所，不正确。正确做法：燃油锅炉房应设置在首层或地下一层的靠外墙部位，但常（负）压燃油锅炉可设置在地下二层，但不应布置在人员密集场所的上一层、下一层或贴邻。

2）地下二层的人防工程设置了歌厅、洗浴桑拿房、健身用房及影院，不正确。正确做法：人防工程中歌舞娱乐、桑拿洗浴场所不应设置在地下二层及以下楼层，放在地下一层且室内外地坪高差不大于 10m。

3. 指出该高层建筑在防火分区与防火分隔方面的问题，并给出正确的做法。

答：1）裙房首层的建筑面积为 $8100m^2$，划分为 1 个防火分区，不正确。正确做法：裙房首层划分 2 个建筑面积均不大于 $5000m^2$ 的防火分区。

2）二、三层的中庭与周围连通空间的防火分隔为耐火极限 1.5h 的非隔热性防火玻璃墙，不正确。正确做法：当采用耐火极限不低于 1.0h 的非隔热性防火玻璃墙分隔时，应设置自动喷水灭火系统保护。

3）人防工程划分为歌厅、洗浴桑拿与健身、影院 3 个防火分区，建筑面积分别为 $820m^2$、$1110m^2$ 和 $1380m^2$，不正确。正确做法：人防工程划分为 4 个建筑面积均不大于 $1000m^2$ 的防火分区。

4. 指出该高层建筑在安全疏散方面的问题，并给出正确做法。

答：1）直通疏散走道的房间门至防烟剪刀楼梯前室入口的最大间距为 18m，不正确。正确做法：高层主体建筑剪刀楼梯间改为 2 部最小净宽度为 1.2m 的防烟楼梯间。

2）楼梯梯段以及从楼层进入疏散楼梯间前室和楼梯间的门的净宽度均为 1.10m，不正确。正确做法：高层公共民用建筑疏散楼梯和楼梯间首层疏散门的最小净宽度为 1.2m。

5. 指出该高层建筑在灭火救援设施方面的问题，并给出正确做法。

答：1）消防电梯的前室在首层，和三层采用防火卷帘和乙级防火门与其他区域分隔，不正确。正确做法：消防电梯前室应采用耐火极限 2.0h 的防火隔墙和乙级防火门。

2）1 部消防电梯从首层大堂直通至顶层，不正确。正确做法：消防电梯应从地下三层直通顶层。

6. 指出该高层建筑在消防设施与消防电源方面的问题，并给出正确做法。

答：1）该高层建筑的室内消火栓箱内按要求配置了水带、水枪，不正确。正确做法：人员密集的公共建筑应设置消防软管卷盘并设在室内消火栓箱内。

2）消防水泵、消防电梯等建筑物内的全部消防用电设备的供电均能在这些设备所在防火分区的配电箱处自动切换，不正确。正确做法：消防控制室、消防水泵、消防电梯、防烟排烟风机等消防设备的供电，要在最末一级配电箱处自动切换。

【2017-04】

消防技术服务机构对某商业大厦中的湿式自动喷水灭火系统进行验收前检测。该大厦地上5层，地下1层，建筑高度22.8m，层高均为4.5m，每层建筑面积均为1080m^2。五层经营地方特色风味餐饮，一至四层为服装、百货、手机、计算机经营等，地下一层为停车库及设备用房。该大厦顶层的钢屋架采用自动喷水灭火系统保护，其给水管网串联接入大厦湿式自动喷水灭火系统的配水干管。大厦屋顶设置符合国家标准要求的高位消防水箱及稳压泵，消防水池和消防水泵房均设置在地下一层。消防水池为两路供水，有效容积为105m^3且无消防水泵吸水井。自动喷水灭火系统的供水泵为两台流量为40L/s，扬程为0.85MPa的卧式离心水泵（一用一备）。

检查时发现：钢屋架处的自动喷水管网未设置独立的湿式报警阀，且未安装水流指示器，消防技术服务机构人员认为这种做法是错误的，随后又发现如下情况：消防水泵出水口处的止回阀下游与明杆闸阀之间的管路上安装了压力表，但吸水管路上未安装压力表；湿式报警阀的报警口与延迟器之间的阀门处于关闭状态，业主解释说，此阀一开，报警阀就异常灵敏而频繁动作报警。检测人员对于湿式报警阀相关的管路及附件、控制线路、模块、压力开关等进行了全面检查，未发现异常。

消防技术服务机构人员将末端试水装置打开，湿式报警阀、压力开关相继动作，主泵启动，运行15min后，在业主建议下，将其余各层喷淋系统给水管网上的试水阀打开，观察给水管网是否畅通。全部试水阀打开10min后，主泵仍运行，但出口压力显示为零；切换至备用泵试验，结果同前。经核查，电气设备、主备用水泵均无故障。

根据以上材料，回答以下问题（共20分）：

1. 水泵出水管路处压力表的安装位置是否正确？说明理由。

2. 有人说，水泵吸水管上应安装与出水管上相同规格型号的压力表，这种说法是否正确？说明理由。

3. 消防技术服务机构人员认为该大厦钢屋架处独立的自动喷水管网上应安装湿式报警阀及水流指示器，这种说法正确吗？简述理由。

4. 分析有可能导致报警阀异常灵敏而频繁启动的原因，并给出解决方法。

5. 分析有可能导致自动喷水灭火系统主、备用水泵出水管路压力为零的原因。

【答案】

1. 水泵出水管路处压力表的安装位置是否正确？说明理由。

1）不正确。

2）出水管路处压力表应设在止回阀的上游，观察水锤消除后的压力是否超过消防水泵出口设计额定压力的1.4倍。

2. 有人说，水泵吸水管上应安装与出水管上相同规格型号的压力表，这种说法是否正确？说明理由。

1）不正确。

2）消防水泵出水管压力表的最大量程不应低于设计工作压力的2倍，且不应低于1.6MPa。

3）消防水泵吸水管宜设置真空表、压力表或真空压力表，压力表的最大量程应根据工程具体情况确定，但不应低于0.7MPa，真空表的最大量程宜为－0.1MPa。

3. 消防技术服务机构人员认为该大厦钢屋架处独立的自动喷水管网上应安装湿式报警阀及水流指示器，这种说法正确吗？简述理由。

答：1）应安装湿式报警阀，不正确。理由：保护室内钢屋架等建筑构件的闭式系统，应设置独立的报警阀组。

2）应安装水流指示器，不正确。理由：当一个湿式报警阀组仅控制 1 个防火分区或一个层面的喷头时，允许不设水流指示器。

4. 分析有可能导致报警阀异常灵敏而频繁启动的原因，并给出解决方法。

答：1）原因：未按照调试要求进行调试。方法：重新对报警阀组伺应状态进行调试。

2）原因：报警阀组渗漏通过报警管路流出，可能阀瓣密封垫老化或损害。方法：更换阀瓣密封垫。

3）原因：延迟器下部节流孔板出水孔堵塞，发生报警或者缩短延迟时间。方法：卸下筒体，拆下节流孔板进行清洗。

5. 分析有可能导致自动喷水灭火系统主、备用水泵出水管路压力为零的原因。

答：①压力表管路堵塞；②压力表管路控制阀未打开；③压力表损坏。

【2017-05】

某商业大厦按规范要求设置了火灾自动报警系统、自动喷水灭火系统以及气体灭火系统等建筑消防设施，消防技术服务机构受业主委托，对相关消防设施进行检测，有关情况如下：

1. 火灾自动报警设施功能性检测

消防技术服务机构人员切断火灾报警控制器主电源，控制器显示主电故障，选择 2 只感烟探测器加烟测试，控制器正确显示报警信息，5min 后，控制器自行关机。恢复控制器主电源供电，控制器重新开机工作正常。现场拆下一只探测器，将探测器底座上的总线信号端子短路，控制器上显示 48 条探测器故障信息。检测过程中控制器显示屏上显示 2 只感烟探测器报故障情况，据业主值班人员介绍，经常有此类故障出现，一般取下后高压气枪吹扫几次后就可以恢复。检测人员到现场找到故障探测器，取下后用高压气枪吹扫，然后重新安装到原来位置，其中一只探测器恢复正常，另一只探测器故障依然存在；更换新的探测器后，该故障依然存在。

该商业大厦中庭 15m 高，设置了 1 台管路吸气式火灾探测器，安装在距地面 1.5m 高的墙面上，探测器采样管路长 90m，垂直管路上每隔 4m 设置一个采样孔。消防技术服务机构人员随机选择一个采样孔加烟进行报警功能测试，125s 后探测器报警；封堵末端采样孔后，120s 时探测器报气流故障。

2. 自动喷水灭火系统联动控制功能检测

消防技术服务机构人员开启末端试水装置，湿式报警阀，压力开关随之动作，但喷淋泵一直未启动，在将火灾报警控制器的联动启泵功能设置为自动方式后，喷淋泵自动启动。

3. 气体灭火联动控制功能检测

配电室设置了 5 套预制七氟丙烷气体灭火装置，消防技术服务人员加烟触发配电室内一只感烟探测器报警，再加温触发一只感温探测器报警，配电室内声光报警器随之启动，但气体灭火控制器一直没有输出灭火启动及联动控制信号；按下气体灭火控制器上的启动按钮，气体灭火控制器仍然一直没有输出灭火启动及联动控制信号。经检查，确认气体灭火控制连接线路及接线均无问题。

根据以上材料，回答以下问题（共20分）

1. 指出火灾自动报警系统存在的问题，并简要说明原因。

2. 指出消防技术服务机构检测人员处理探测器故障的方式是否正确并说明理由。探测器故障的原因可能有哪些?

3. 指出吸气式探测器设置功能及测试方法有哪些不符合规范之处，并说明理由。

4. 指出自动喷水灭火系统的喷淋泵启动控制是否符合规范要求，并说明理由。

5. 指出配电室气体灭火控制功能不符合规范之处，并说明理由。

6. 气体灭火控制器没有输出灭火启动及联动控制信号的原因主要有哪些?

【答案】

1. 指出火灾自动报警系统存在的问题，并简要说明原因。

答：1）问题：切断火灾报警控制器主电源，5min后，控制器自行关机。原因：火灾报警控制器的备用电源电量不足。

2）问题：控制器上显示48条探测器故障信息。原因：系统总线上应设置总线短路隔离器，每只总线短路隔离器保护消防设备总数不应超过32点。

2. 指出消防技术服务机构检测人员处理探测器故障的方式是否正确并说明理由。探测器故障的原因可能有哪些?

答：1）不正确。

2）理由：检查人员应按照下列方法进行故障排除：重新拧紧探测器或增大底座与探测器卡簧的接触面积，查看是否恢复正常；重新压接总线，使之与底座有良好接触，查看是否恢复正常；更换探测器，查看是否恢复正常；维修或更换接口板，查看是否恢复正常。

3）原因：探测器与底座脱线、接触不良；报警总线与底座接触不良；报警总线开路或接地性能不良造成短路；探测器损坏；探测器接口板故障。

3. 指出吸气式探测器设置功能及测试方法有哪些不符合规范之处，并说明理由。

答：1）垂直管路上每隔4m设置一个采样孔，不正确。理由：当采样管道布置形式为垂直采样时，每2℃温差间隔或3m间隔（取最小者）应设置一个采样孔，采样孔不应背对气流方向。

2）消防技术服务机构人员随机选择一个采样孔加烟进行报警功能测试，不正确。理由：应在采样管最末端采样孔加入试验烟。

3）125s后探测器报警，不正确。理由：管路吸气式火灾探测器应在120s内发出火灾报警信号。

4）封堵末端采样孔后，120s时探测器报气流故障，不正确。理由：管路吸气式火灾探测器应在100s内发出故障信号。

4. 指出自动喷水灭火系统的喷淋泵启动控制是否符合规范要求，并说明理由。

答：1）压力开关不能直接启动消防水泵，不符合。理由：压力开关动作应能连锁启动消防水泵，不受联动控制器处于手动的影响。

2）火灾报警控制器的联动启泵功能设置为自动方式后，喷淋泵自动启动，不符合。理由：火灾报警控制器的联动启动消防水泵需要2路报警信号，应有与报警阀同一防护区的压力开关和任一火灾探测器或手动报警按钮的报警信号联动启动消防水泵。

5. 指出配电室气体灭火控制功能不符合规范之处，并说明理由。

答：1）加烟触发配电室内一只感烟探测器报警，再加温触发一只感温探测器报警，配电室内声光报警器随之启动，不合理。理由：气体灭火控制器在接收到一路报警信号时，配电室内声光报警器启动。

2）气体灭火控制器接收到2个报警信号一直没有输出灭火启动及联动控制信号，不合理。理由：气体灭火控制器在接收到满足联动逻辑关系的首个联动触发信号后，应启动设置在该防护区内的火灾声光警报器；在接收到第二个联动触发信号后，应发出联动控制信号。

3）按下气体灭火控制器上的启动按钮，气体灭火控制器仍然一直没有输出灭火启动及联动控制信号，不合理。理由：按下气体灭火控制器上的启动按钮，应发出联动控制信号。

6. 气体灭火控制器没有输出灭火启动及联动控制信号的原因主要有哪些？

答：①控制器故障；②未按照规范要求安装和进行功能调试；③控制模块损坏。

【2017-06】

某框架结构仓库，地上6层，地下1层，层高3.8m，占地面积6000m²，地上每层建筑面积均为5600m²。仓库各建筑构件均为不燃性构件，其耐火极限见表5.3-1。

表5.3-1　各建筑构件耐火极限

构件名称	防火墙	承重墙、柱	楼梯间、电梯井的墙	梁	疏散走道两侧的隔墙、楼板、上人屋面板、屋顶承重构件、疏散楼梯	非承重外墙
耐火极限/h	4.00	2.50	2.00	1.50	1.00	0.25

仓库一层储存桶装润滑油；二层储存水泥刨花板；三至六层储存皮毛制品；地下室储存玻璃制品，每件玻璃制品重100kg，其木质包装重20kg。

该仓库地下室建筑面积为1000m²。一层内靠西侧外墙设置建筑面积为300m²的办公室、休息室和员工宿舍，这些房间与库房之间设置一条走道，且直通室外。走道与库房之间采用防火隔墙和楼板分隔，其耐火极限分别为2.50h和1.00h。走道连接仓库的门采用双向弹簧门。

仓库内的每个防火分区分别设置两个安全出口，两个安全出口之间距离12m，疏散楼梯采用封闭楼梯间，通向疏散走道或楼梯间的门采用能阻挡烟气侵入的双向弹簧门。该建筑的消防设施和其他事项符合国家消防标准要求。

根据以上材料，回答下列问题（共20分）：

1. 判断该仓库的耐火等级。

2. 确定该仓库及其各层的火灾危险性分类。

3. 指出该仓库在层数、面积和平面布置中存在的不符合国家标准的问题，并提出解决方法。

4. 该仓库各层至少应划分几个防火分区？

5. 指出该建筑在安全疏散方面存在的问题，并提出整改措施。

6. 拟在地下室东侧设置一个25m²的甲醇桶装仓库，甲醇仓库与其他部位之间采用耐火极限不低于4.00h的防爆墙分隔，防爆墙上设置防爆门，并设置一部直通室外的疏散楼梯，这种做法是否可行？此时，该地下室的火灾危险性应划分为哪一类？

【答案】

1. 判断该仓库的耐火等级。

答：1）除甲、乙仓库和高层仓库外，一、二级耐火等级建筑的非承重外墙，当采用不燃性墙体时，其耐火极限不低于0.25h。

2）该仓库的耐火等级为二级。

2. 确定该仓库及其各层的火灾危险性分类。

答：1）一层储存桶装润滑油，火灾危险性为丙类1项仓库。

2）二层储存水泥刨花板，火灾危险性为丁类仓库。

3）三至六层储存毛皮制品，火灾危险性为丙类2项仓库。

4）地下储存玻璃制品采用可燃包装但包装物重量占物品重量小于1/4，火灾危险性为戊类仓库。

5）该仓库的整体火灾危险性为丙类1项仓库。

3. 指出该仓库在层数、面积和平面布置中存在的不符合国家标准的问题，并提出解决方法。

答：1）层数：该仓库为耐火等级二级的丙类1项仓库，其最多允许层数为5层，案例背景为6层不符合规定。

解决办法：降低首层储存物品的火灾危险性，改为储存丙类2项或丁戊类物品，层数不限或拆除顶层6楼毛皮制品仓库。

2）面积：仓库占地面积6000m^2超过丙类1项多层仓库最大允许占地面积2800m^2设自动喷水灭火系统可增加一倍5600m^2的规定。解决方法：减少仓库占地面积使其不超过5600m^2或降低首层储存物品的火灾危险性，改为储存丙类2项或丁戊类物品。

3）平面布置：

①一层设置员工宿舍不符合规范要求。解决办法：仓库内严禁设置员工宿舍，将员工宿舍搬离仓库。

②办公室、休息室走道与仓库之间的门为双向弹簧门，不符合。解决办法：将双向弹簧门更换为乙级防火门。

③办公室、休息室和员工宿舍与库房之间设置一条走道，且直通室外，不符合。整改措施：应设独立的安全出口。

4. 该仓库各层至少应划分几个防火分区？

答：1）该仓库为二级耐火等级的多层储存丙类1项仓库，应设自动灭火系统。

2）地上各层每层设4个均不大于1400m^2的防火分区。

3）地下一层设4个均不大于300m^2的防火分区。

5. 指出该建筑在安全疏散方面存在的问题，并提出整改措施。

答：

1）问题：疏散走道通向仓库的门为能阻挡烟气侵入的双向弹簧门。改正措施：将双向弹簧门更换为乙级防火门。

2）问题：办公室、休息室和员工宿舍与库房之间设置一条走道，且直通室外。整改措施：应设独立的安全出口。

3）问题：封闭楼梯间的门采用能阻挡烟气侵入的双向弹簧门。改正措施：将双向弹簧门更换为乙级防火门。

6. 拟在地下室东侧设置一个 25m^{2}的甲醇桶装仓库，甲醇仓库与其他部位之间采用耐火极限不低于4.00h 的防爆墙分隔，防爆墙上设置防爆门，并设置一部直通室外的疏散楼梯，这种做法是否可行？此时，该地下室的火灾危险性应划分为哪一类？

答：1）不可行。理由：甲醇的储存火灾危险性为甲类，不得在地下一层。

2）该地下室的火灾危险性为甲类仓库。

第 4 节　2018 年消防安全案例分析真题解析

【2018-01】

华北地区的某高层公共建筑，地上 7 层，地下 3 层，建筑高度 35m，总建筑面积 70345m^2，建筑外墙采用玻璃幕墙，其中地下总建筑面积为 25934m^2，地下一层层高 6m，为仓储式超市（货品高度3.5m）和消防控制室及设备用房，地下二、三层层高均为3.9m，为汽车库及设备用房，设计停车位324 个，地上总建筑面积41411m^2，每层层高为5m，一至五层为商场，六、七层为餐饮、健身、休闲场所，屋顶设消防水箱阀和稳压泵，水箱阀地面高出屋面 0.45m。该建筑消防给水由市政供水管引入 1 条 DN150 的管道供给，并在该地块内形成环状管网，建筑物四周外缘 5～150m 内设有 3 个市政消火栓，市政供水压力为 0.25MPa，每个市政消火栓的流量按 10L/s 设计，消防储水量不考虑火灾期间的市政补水，地下一层设消防水池和消防泵房，室内外消火栓系统分别设置消防水池，并用 DN300 管道连通，水池有效水深 3m，室内消火栓水泵扬程 84m，室内外消火栓系统均采用环状管网。

根据该建筑物业管理的记录，稳压泵启动次数 20 次/h。

根据以上材料，回答下列问题（共 18 分，每题 2 分，每题的备选项中，有 2 个或 2 个以上符合题意，至少有 1 个错项，错选，本题不得分，少选，所选的每个选项得 0.5 分）

1. 该建筑消防给水及消火栓系统的下列设计方案中，符合规范的有（　　）。

A. 室内外消火栓系统合用消防水池

B. 室内消火栓系统采用由高位水箱稳压的临时高压消防给水系统

C. 室内外消火栓系统分别设置独立的消防给水管网系统

D. 室内消火栓系统设置气压罐，不设水锤消除设施

E. 室内消火栓系统采用由稳压泵稳压的临时高压消防给水系统

【答案】ACE

【解析】室内外消防水池采用了 DN300 管道连通，故 A 选项正确。该背景交代室内消火栓设置了稳压泵和消防水泵，故 B 选项错误、E 选项正确。消防水泵出水管上的止回阀宜采用水锤消除止回阀，当消防水泵供水高度超过 24m 时，应采用水锤消除器。当消防水泵出水管上设有囊式气压水罐时，可不设水锤消除设施。这里消防水泵出水管上的气压水罐不是指的稳压泵的气压罐，故选项 D 错误。室外消防管网压力不宜太高，不大于 0.5MPa，该室内消火栓水泵扬程为 84m，扬程过大，不宜与室外消火栓系统共用，故 C 选项正确。

2. 该建筑室内消火栓的下列设计方案中，正确的有（　　）。

A. 室内消火栓栓口动压不小于0.35MPa，消防水枪充实水柱按13m计算

B. 消防电梯前室未设置室内消火栓

C. 室内消火栓的最小保护半径为29.23m，消火栓的间距不大于30m

D. 室内消火栓均采用减压稳压型消火栓

E. 屋顶试验消火栓设在水箱间

【答案】ACE

【解析】该建筑属于高层建筑，室内消火栓栓口动压不小于0.35MPa，消防水枪充实水柱按13m计算，故A选项正确；消防电梯前室应设置室内消火栓，故B选项错误。室内消火栓保护半径 R 可按 $R = L_d + L_s$，其中 R 为消火栓保护半径，L_d 为水带敷设长度，考虑水带的转弯曲折，应为水带长度乘以折减系数0.8；L_s 为水枪充实水柱长度 S_k 的平面投影长度；水枪倾角一般按45°计算，则 $L_s = 0.71S_k$。经过计算为29.23m，故C选项正确。消火栓栓口动压不应大于0.5MPa，当大于0.7MPa应设置减压设施，压力大于0.7MPa的室内消火栓才需要采用减压稳压型消火栓，故D选项错误。该地区位于华北，属于寒冷地区，屋顶试验消火栓设在水箱间，故E选项正确。

3. 该建筑室内消火栓系统的下列设计方案中，不符合相关规范的有（　　）。

A. 室内消火栓系统采用一个供水分区

B. 室内消火栓水泵出水管设置低压压力开关

C. 消防水泵采用离心式水泵

D. 每台消防水泵在消防泵房内设置一套流量和压力测试装置

E. 消防水泵接合器沿幕墙设置

【答案】DE

【解析】系统的工作压力及静压不需要分区供水，故室内消火栓系统采用一个供水分区，A选项正确。室内消火栓水泵出水管设置低压压力开关符合规范要求，故B选项正确。当消防水泵采用离心泵时，泵的形式宜根据流量、扬程、汽蚀余量等综合确定，故C选项正确。流量和压力测试装置同一组水泵可以共用，每台水泵设置不经济，故D选项错误。消防水泵接合器不应设置在玻璃幕墙下方，故E选项错误。

4. 该建筑供水设施的下列设计方案中，正确的有（　　）。

A. 高位消防水箱间采用采暖防冻措施，室内温度设计为10℃

B. 高位消防水箱材质采用钢筋混凝土材料

C. 高位消防水箱的设计有效容量为50m^3

D. 高位消防水箱的进、出水管道上的阀门用信号阀

E. 屋顶水箱间设置高位水箱和稳压泵流量为0.5L/s

【答案】ABCD

【解析】高位消防水箱间环境温度或水温不应低于5℃，故A选项正确。高位消防水箱可采用钢筋混凝土等建造，故B选项正确。地上总建筑面积41411m^2，一至五层为商场，计算出商场的面积约为29000m^2，至少设置36m^{3}高位消防水箱；建筑高度为35m二类高层公共建筑至少需要18m^3，综合需要36m^{3}的高位消防水箱，故C选项正确。高位消防水箱的进、出水管应设置带有指示启闭装置的阀门，信号阀高于规范要求，故D选项正确。稳压泵的设计流量宜按消防给水设计流量的1%～3%计，稳压泵设计流量不宜小于1L/s，故E

选项错误。

5. 该建筑消火栓水泵控制的下列设计方案中，不符合相关规范的有（　　）。

A. 消防水泵由高位消防水箱出水管上的流量开关直接自动启停控制

B. 火灾时消防水泵工频直接启动，并保持工频运行消防水泵

C. 消防水泵由报警阀压力开关信号直接自动启停控制

D. 消防水泵就地设置有保护装置的启停控制按钮

E. 消火栓按钮信号直接启动消防水泵

【答案】ACE

【解析】消防水泵不应设置自动停泵的控制功能，故 A、C 选项错误。消防水泵、稳压泵应设置就地强制启停泵按钮，并应有保护装置，故 D 选项正确。消防水泵不应采用变频启动方式，可以采用工频启动，故 B 选项正确。消火栓按钮信号不宜作为直接启动消防水泵的信号，故 E 选项错误。

6. 确定该建筑消防水泵主要技术参数时，应考虑的因素有（　　）。

A. 室内消火栓设计流量

B. 消火栓管道管径

C. 消防水泵的抗震技术措施

D. 消防水泵控制模式

E. 试验用消火栓标高和消防水池水位标高

【答案】AE

【解析】消防水泵宜根据可靠性、安装场所、消防水源、消防给水设计流量和扬程等综合因素确定水泵的形式，故 A、E 选项正确。

7. 该建筑室内消火栓系统稳压泵出现频繁启停的原因有（　　）。

A. 管网漏水量超过设计值

B. 稳压泵配套气压水罐有效储水 200L

C. 压力开关或控制柜失灵

D. 稳压泵设在屋顶

E. 稳压泵选型不当

【答案】ACE

【解析】管网漏水量超过设计值，稳压泵会出现频繁启动，故 A 选项正确。压力开关或控制失灵会导致稳压泵不受其控制，有可能出现频繁启动，故 C 选项正确。稳压泵选型不当，当流量选择值不对，有可能出现频繁启动，故 E 选项正确。B、D 选项的设置都是符合规范要求的，故不选。

8. 消火栓系统施工的做法正确的有（　　）。

A. 消火栓控制阀采用沟槽式阀门或法兰式阀门

B. 钢丝网骨架塑料复合管的过渡接头钢带端与钢管采用焊接连接

C. 室内消火栓管道的热浸镀锌钢管采用法兰连接时二次镀锌

D. 室内消火栓架空管道采用钢丝网骨架塑料复合管

E. 吸水管变径连接时，采用偏心异径管件并采用管顶平接

【答案】AE

【解析】埋地管道采用钢丝网骨架塑料复合管时应符合：管材及连接管件应采用同一品牌产品，连接方式应采用可靠的电熔连接或机械连接，故 B 选项错误。一般管道法兰连接采用螺纹连接，不宜采用焊接，焊接法兰才需要采用二次镀锌，故 C 选项错误。室内外架空管道应采用热浸镀锌钢管等金属管材，故 D 选项错误。

9. 该建筑消防供水的下列设计方案中，不符合规范的有（　　）。

A. 距该建筑 18m 处，设置消防水池取水口

B. 消防水池水泵房设在地下一层

C. 消防水池地面与室外地面高差 8m

D. 将距建筑物外缘 5～150m 范围内的 3 个市政消火栓计入建筑的室外消火栓数量

E. 室外消火栓采用湿式地上式消火栓

【答案】CDE

【解析】消防水池取水口距建筑物距离不宜小于 15m，且吸水高度不应大于 6m，故 A 选项符合规范，C 选项不符合规范。消防水泵房不应设置在地下三层及以下，或室内地面与室外出入口地坪高差大于 10m 的地下楼层，故 B 选项符合规范。该建筑消防给水由市政供水管引入 1 条 DN150 的管道供给，故 5～150m 范围内的市政消火栓最多只能计入 1 个，D 选项不符合。

【2018-02】

某企业的食品加工厂房，建筑高度 8.5m，建筑面积 2130m^2，主体单层局部二层，厂房屋顶承重构件为钢结构，屋面板为聚氨酯夹芯彩钢板，外墙 1.8m 以下为砖墙，砖墙至屋檐为聚氨酯夹芯彩钢板。厂房内设有室内消火栓系统。厂房一层为熟食车间，设有烘烤、蒸煮、预冷等工序，二层为倒班宿舍。熟食车间炭烤炉正上方设置不锈钢材质排烟罩，炭烤时热烟气经排烟道由排风机排出屋面。

2017 年 11 月 5 日 6:00 时，该厂房发生火灾，最先发现起火的值班人员赵某，准备报火警，被同时发现火灾的车间主任王某阻止，王某遂与赵某等人使用灭火器进行扑救，发现灭火器失效后，又使用室内消火栓进行灭火，但消火栓无水。火势越来越大，王某与现场人员撤离车间，撤离后先向副总经理汇报，再拨打 119 报警，因紧张未说清起火厂房的具体位置，也未留下报警人姓名，消防部门接群众报警后，迅速到达火场，2h 后大火被扑灭。此次火灾事故过火面积约 900m^2，造成倒班宿舍内 5 名员工死亡，4 名员工受伤，经济损失约 160 万元，经调查询问、现场勘查、综合分析，认定起火原因是生炭工刘某为加速炭烤炉升温，向已点燃的炭烤炉倒入汽油，瞬间火焰蹿起，导致排烟管道内油垢起火，引燃厂房屋面彩钢板聚氨酯保温层，火势迅速蔓延。调查还发现，该车间生产有季节性，高峰期有工人 156 人，企业总经理为法定代表人，副总经理负责消防安全管理工作；消防部门曾责令将倒班宿舍搬出厂房，拆除聚氨酯彩钢板，企业总经理拒不执行；该企业未依法建立消防组织机构，消防安全管理制度不健全，未对员工进行必要的消防安全培训；虽然制订了灭火和应急疏散预案，但从未组织过消防演练，排烟管道使用多年从未检查和清洗保养。

根据以上材料，回答下列问题（共 18 分，每题 2 分，每题的备选项中，有 2 个或 2 个以上符合题意，至少有 1 个错项，错选，本题不得分；少选，所选的每个选项得 0.5 分）

1. 根据《刑法》《消防法》，下列对当事人的处理方案中正确的有（　　）。

A. 生炭工刘某犯有失火罪，处三年有期徒刑

B. 对值班人员赵某处五百元罚款

C. 对车间主任王某处十日拘留，并处五百元罚款

D. 企业总经理犯有消防责任事故罪，处三年有期徒刑

E. 该企业副总经理犯有消防责任事故罪，处三年有期徒刑

【答案】BCD

【解析】A 选项，处三年有期徒刑年限正确，刘某犯的是重大责任事故罪还是失火罪，尚待确定。故 A 选项建议不选。B 选项，《刑法》第六十四条，有下列行为之一，尚不构成犯罪的，处十日以上十五日以下拘留，可以并处五百元以下罚款，情节较轻的，处警告或者五百元以下罚款：在火灾发生后阻拦报警，或者负有报告职责的人员不及时报警的，故 B、C 选项正确。D 选项，消防责任事故罪，违反消防管理规定，经消防监督机构通知采取改正措施而拒绝执行，造成严重后果的，处三年以下有期徒刑或者拘役；后果特别严重的，处三年以上七年以下有期徒刑。总经理犯了消防责任事故罪，副总经理没有犯。《刑法》第九十九条，本法所称以上、以下、以内，包括本数。所以三年满足要求。故 D 选项正确、E 选项错误。

2. 根据《消防法》和《61 号令》，关于该企业的说法，正确的有（　　）。

A. 该企业不属于消防安全重点单位

B. 该企业属于消防安全重点单位

C. 该企业总经理是消防安全责任人

D. 该企业副总经理是消防安全责任人

E. 该企业副总经理是消防安全管理人

【答案】BCE

【解析】A 选项，生产车间员工在 100 人以上的服装、鞋帽、玩具等劳动密集型企业属于消防重点单位，食品企业也属于消防劳动密集型企业，故 B 选项正确、A 选项错误。C、D 选项，题干中总经理为消防安全责任人，故 C 选项正确、D 选项错误。E 选项，副总经理为消防安全管理人，故 E 选项正确。

3. 在火灾处置上，车间主任王某违反《消防法》和《61 号令》的行为有（　　）。

A. 发现火灾时未及时组织在场人员疏散

B. 发现火灾时未及时报警

C. 撤离现场后先向副总经理报告再拨打 119 报警

D. 报警时未说明起火部位，未留下姓名

E. 组织人员灭火，但未能将火扑灭

【答案】BCD

【解析】A 选项，题干中说王某与现场人员一同撤离，故 A 选项错误。B 选项，题干中王某撤离后才向副总经理汇报再拨打 119 报警，故 B 选项正确。C 选项，火灾确认后就要拨打 119，不需要向副总经理汇报，故 C 选项正确。D 选项，报警时应说明火灾地点、起火部位、着火物种类和火势大小，并留下报警人姓名和联系电话，故 D 选项正确。E 选项，题干中没体现组织灭火的行为，不符合背景，故 E 选项错误。

4. 火灾发生前，该厂房存在直接或综合判定的重大火灾隐患要素的有（　　）。

A. 车间内设有倒班宿舍

B. 倒班宿舍使用聚氨酯泡沫金属夹芯板材

C. 消防设施日常维护管理不善，灭火器失效，消火栓无水

D. 排烟管道从未检查、清洗

E. 未设置企业专职消防队

【答案】AB

【解析】A 选项，符合重大火灾隐患的综合判定要素，在厂房、库房、商场中设置员工宿舍，或是在居住等民用建筑中从事生产、储存、经营等活动。B 选项，符合重大火灾隐患直接判定，人员密集场所的居住场所采用彩钢夹芯板搭建，且彩钢夹芯板芯材的燃烧性能等级低于 GB 8624 规定的 A 级，故 B 选项正确。

5. 依据《消防法》，对该企业消火栓无水，灭火器失效的情形，处罚正确的有（　　）。

A. 责令改正并处五千元罚款

B. 责令改正并处三千元罚款

C. 责令改正并处四千元罚款

D. 责令改正并处五万元罚款

E. 责令改正并处六万元罚款

【答案】AD

【解析】《消防法》第六十条，单位违反本法规定，有下列行为之一的，责令改正，处五千元以上五万元以下罚款：

（1）消防设施、器材或者消防安全标志的配置、设置不符合国家标准、行业标准，或者未保持完好有效的。

（2）损坏、挪用或者擅自拆除、停用消防设施、器材的。

（3）占用、堵塞、封闭疏散通道、安全出口或者有其他妨碍安全疏散行为的。

（4）埋压、圈占、遮挡消火栓或者占用防火间距的。

（5）占用、堵塞、封闭消防车通道，妨碍消防车通行的。

（6）人员密集场所在门窗上设置影响逃生和灭火救援的障碍物的。

（7）对火灾隐患经公安机关消防机构通知后不及时采取措施消除的。

企业消火栓无水、灭火器失效的情形满足（1）的情况。

6. 根据《61 号令》，该企业制订的灭火和应急疏散预案中，组织机构应包括（　　）。

A. 疏散引导组

B. 安全防护救护组

C. 灭火行动组

D. 物资抢救组

E. 通信联络组

【答案】ABCE

【解析】根据《61 号令》，应急组织机构包括灭火行动组、通信联络组、疏散引导组、安全防护救护组、火灾现场警戒组、后勤保障组、机动组。

7. 根据《61 号令》，该企业应当对每名员工进行消防培训，培训内容应包括（　　）。

A. 消防法规，消防安全制度和消防安全操作规程

B. 食品生产企业的火灾危险性和防火措施

C. 消火栓的使用方法

D. 初期火灾的报警、扑救及火场逃生技能

E. 灭火器的制造原理

【答案】ABCD

【解析】根据《61 号令》第三十六条，单位应当通过多种形式开展经常性的消防安全宣传教育。消防安全重点单位对每名员工应当至少每年进行一次消防安全培训。宣传教育和培训内容应当包括：

（1）有关消防法规、消防安全制度和保障消防安全的操作规程，故 A 选项正确。

（2）本单位、本岗位的火灾危险性和防火措施，故 B 选项正确。

（3）有关消防设施的性能、灭火器材的使用方法，故 C 选项正确、D 选项错误。

（4）报火警、扑救初起火灾以及自救逃生的知识和技能，故 E 选项正确。

8. 根据《61 号令》，该企业总经理应当履行的消防安全职责有（　　）。

A. 批准实施消防安全制度和保障消防安全的操作规程

B. 拟订消防安全工作资金投入上报公司董事会批准

C. 指导本企业的消防安全管理人开展防火检查工作

D. 组织制订灭火和应急疏散预案，并实施演练

E. 统筹安排本单位的生产、经营、管理、消防工作

【答案】ADE

【解析】该企业总经理为单位消防安全责任人，依据《61 号令》，消防安全责任人的职责如下：

（1）贯彻执行消防法规，保障单位消防安全符合规定，掌握本单位的消防安全情况。

（2）将消防工作与本单位的生产、科研、经营、管理等活动统筹安排，批准实施年度消防工作计划，故 E 选项正确。

（3）为本单位的消防安全提供必要的经费和组织保障。

（4）确定逐级消防安全责任，批准实施消防安全制度和保障消防安全的操作规程，故 A 选项正确。

（5）组织防火检查，督促落实火灾隐患整改，及时处理涉及消防安全的重大问题。

（6）根据消防法规的规定建立专职消防队、义务消防队。

（7）组织制订符合本单位实际的灭火和应急疏散预案，并实施演练，故 D 选项正确。

9. 根据《61 号令》，以下关于该企业消防安全管理的说法，正确的有（　　）。

A. 该企业应报当地消防部门备案

B. 该企业的总经理、副总经理应报当地消防部门备案

C. 该企业的总经理、负消防安全管理工作的副总经理应当报当地消防部门备案

D. 企业的灭火、应急疏散预案应报当地消防部门备案

E. 对于消防部门责令限期改正的火灾隐患，该企业应在规定期限内消除，并将改正情况函告消防部门

【答案】ACE

【解析】A 选项，消防重点单位界定程序中指出“符合消防安全重点单位界定标准的单

位，向所在地消防机构申报备案”，故 A 选项正确。B 选项，《61 号令》第十四条，消防安全重点单位及其消防安全责任人、消防安全管理人应当报当地公安消防机构备案，故 B 选项错误、C 选项正确。D 选项，应急预案属于企业内部管理方法，未明确要求需要备案，故 D 选项错误。E 选项，对公安消防机构责令限期改正的火灾隐患，单位应当在规定的期限内改正，并写出火灾隐患整改复函，报送公安消防机构，故 E 选项正确。

【2018-03】

某医院病房楼，地下 1 层，地上 6 层，局部 7 层，屋面为平屋面。首层地面设计标高为 ±0. 000m，地下室地面标高为 -4. 200m，建筑室外地面设计标高为 -0. 600m。六层屋面面层的标高为 23. 700m，女儿墙顶部标高为 24. 800m，七层屋面面层的标高为 27. 300m。该病房楼首层平面示意图如图 5. 4-1 所示。

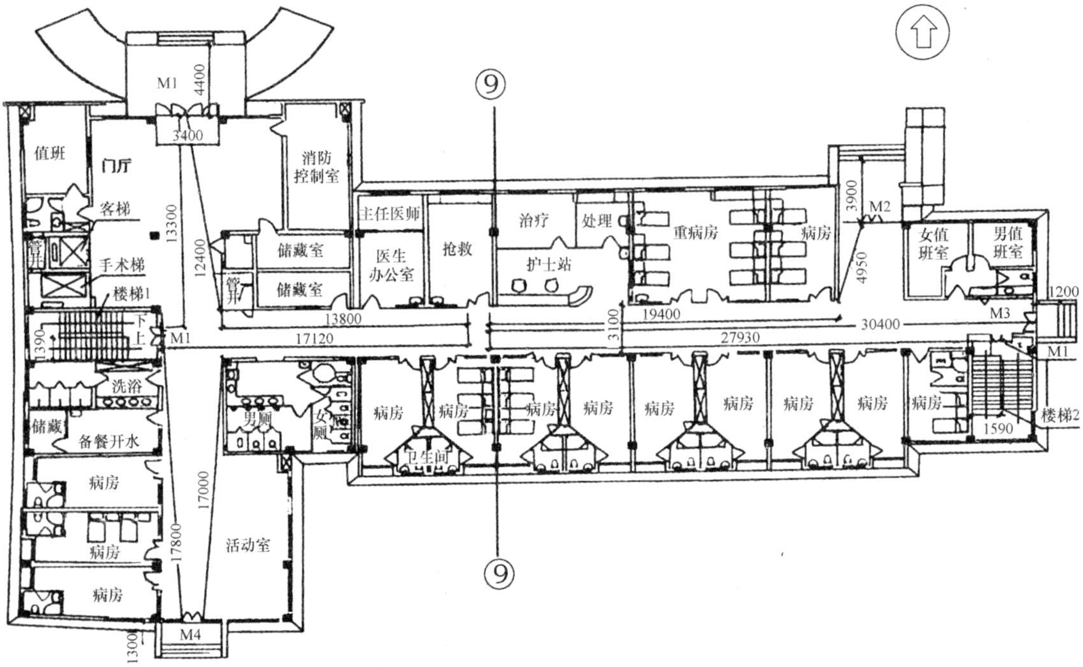

图 5. 4-1　病房楼首层平面示意图（建筑面积 1220m^2）

该病房楼六层以下各层建筑面积均为 1220m^2，图 5. 1-1 中⑨号轴线东侧地下室建筑面积为 560m^2，布置设备用房。中间走道北侧自西向东依次布置消防水泵房、通风空调机房、排烟机房，中间走道南侧自西向东依次布置柴油发电机房、变配电室（使用干式变压器）。⑨号轴线西侧的地下室布置自行车库。地上一层至六层均为病房层，七层（建筑面积为 275m^2）布置消防水箱间、电梯机房和楼梯出口小间。

地下室各设备用房的门均为乙级防火门，各层楼梯 1、楼梯 2 的门和地上各层配电室的门均为乙级防火门，首层 M1，M2，M3，M4 均为钢化玻璃门，其他各层各房间的门均为普通木门。楼内的 M1 门净宽为 3. 4m，所有单扇门净宽均为 0. 9m，双扇门净宽均为 1. 2m。该病房楼内按规范要求设置了室内外消火栓系统、湿式自动喷水灭火系统、火灾自动报警系统、防烟和排烟系统及灭火器。疏散走道和楼梯间照明的地面最低水平照度为 6.0lx，供电时间 1.5h。

根据以上材料，回答下列问题（共 24 分）：

1. 该病房楼的建筑高度是多少？按《建规》分类，属哪类？地下室至少应划分几个防火区？地上部分的防火分区如何划分？并说明理由。

【解析】建筑高度：七层建筑面积为 $275m^2$，$275/1220<1/4$，因此局部凸出的 7 层不计入建筑高度，同时女儿墙不计入建筑高度。$H=23.7+0.6=24.3$（m）。

建筑分类：该建筑为医院病房楼，高度大于 24m，那么该建筑为一类高层公共建筑。

地下防火分区：每层建筑面积 $1220m^2$，用途为自行车库和设备间，自行车库为民用建筑，防火分区 $500m^2$，设自喷灭火系统时为 $1000m^2$，$1000+560=1560>1220m^2$。因此，划分 2 个防火分区。

地上防火分区：高层公共建筑防火分区面积 $1500m^2$，设自喷灭火系统时为 $3000m^2$，因此每层划分 1 个防火分区。

2. 指出图 5.4-1 中抢救室可用的安全出口，判断抢救室的疏散距离是否满足《建规》的相关要求，并说明理由。

【解析】（1）M1 可作为安全出口。理由：M2 门宽度不满足，M3、M4 门开启方向错误，并且宽度不满足要求，无法作为安全出口。

（2）M1 均满足要求。理由：通过图示可知，抢救室距离 M1 门的距离为 $13.8+12.4=26.2$（m）。

高层医疗建筑疏散门至最近安全出口的距离不大于 24m，设置自动喷水灭火系统，可以增加 25%，$24\times1.25=30$（m），因此，M1 均满足要求。

3. 指出该病房楼的地下室及首层在平面布置和防火分隔方面的问题，并给出正确做法。

【解析】

1）问题：地下一层设置柴油发电机房。正确做法：柴油发电机房不得设置在人员密集场所上一层、下一层或者贴邻，那么可以把柴油发电机房单独设置在建筑外。

2）问题：地下室各设备用房的门均为乙级防火门。正确做法：应该采用甲级防火门。

3）问题：各层配电室的门均为乙级防火门。正确做法：应该采用甲级防火门。

4）问题：图示中消防控制室未采用乙级防火门。正确做法：消防控制室的门采用乙级防火门。

5）问题：图示中消防水泵房、消防控制室和变配电室（使用干式变压器）未能直通室外。正确做法：开设直通室外的安全出口或者将其移到建筑外单独设。

6）问题：图示中管道井的门未采用丙级防火门。正确做法：更换成丙级防火门。

7）问题：图示中地上地下共用疏散楼梯未做任何分隔。正确做法：应该采用 2.0h 的防火隔墙分隔，若要开门采用乙级防火门。

8）问题：其他各层各房间的门均为普通木门。正确做法：更换成乙级防火门。

4. 指出该病房楼在灭火救援设施和消防设施配置方面的问题，并给出正确做法。

【解析】

1）问题：题中未按要求设置消防电梯。正确做法：增设消防电梯。

2）问题：图示中未按要求设置灭火救援窗。正确做法：增设消防救援窗。

3）问题：图示中未体现设置了消防车道。正确做法：增设环形消防车道。

4）问题：图示中未体现设置了消防救援场地。正确做法：增设消防救援场地。

5）问题：楼梯间的地面最低水平照度为6.0lx。正确做法：高层病房楼楼梯间地面最低水平照度为10.0lx。

6）问题：消防设施设置不足。正确做法：增设疏散指示标识、应急广播和专用电话等。

7）问题：设置了室内消火栓。正确做法：增设消防软管卷盘或轻便水龙。

5. 指出图5.4-1中安全疏散方面的问题，并给出正确做法。

【解析】

1）问题：图示中显示该建筑设置的是封闭楼梯间。正确做法：改为防烟楼梯间。

2）问题：该大楼未设置避难间。正确做法：在该病房大楼二层及以上靠近楼梯处增设避难间。

3）问题：图示中M1、M3、M4三个门的开启方向错误。正确做法：重新设置开启方向，向疏散方向开启。

4）问题：图示中M3、M4门处1.4m范围内设置了踏步。正确做法：踏步重新改造，确保公共疏散出口处内、外1.40m范围内无踏步。

5）问题：所有双扇门净宽均为1.2m。正确做法：M2、M3、M4作为人员密集场所的首层疏散门宽度不小于1.4m，将双扇门的宽度进行改造。

6）问题：图示中显示地上地下共用楼梯但未采取任何保证疏散安全的措施。正确做法：地上地下共用疏散楼梯，应该采用2.0h的防火隔墙分隔，若要开门采用乙级防火门。

7）问题：图示中重病房的两个疏散门之间距离不满足要求，可以从重病房对面的隔墙对比看出。正确做法：重新设置疏散门，确保疏散门之间的距离不小于5m。

【2018-04】

消防技术服务机构对东北地区某公司的高架成品仓库开展消防设施检测工作。该仓库建筑高度24m，建筑面积4590m²，储存物品为单层机涂布白板纸成品。业主介绍，仓库内曾安装干式自动喷水灭火系统，后改为由火灾自动报警系统和充气管道上的压力开关联动开启的预作用自动喷水灭火系统，该仓库的高位消防水箱，消防水池以及消防水泵的设置符合现行国家消防技术标准规定，检测中发现：

（1）仓库顶板下设置了早期抑制快速响应喷头，自地面起每4m设置一层货架内置洒水喷头，最高层货架内置洒水喷头与储存货物顶部的距离为3.85m。

（2）确认火灾报警控制器（联动型）、消防水泵控制柜均处于自动状态后，检查人员触发防护区内的一个火灾探测器，并手动开启预作用阀组上的试验排气阀，仅火灾报警控制器（联动型）发出声光报警信号，系统的其他部件及消防水泵均未动作。

（3）检测人员关闭预作用阀组上的排气阀后再次触发另一火灾探测器，电磁阀、排气阀入口处电动阀、报警阀组压力开关等部件动作，消防水泵启动，火灾报警控制器（联动型）接收反馈信号正常。

（4）火灾报警及联动控制信号发出后2min，检查末端试水装置，先是仅有气体排出，50s后出现断续水流。

根据以上材料，回答下列问题（共 20 分）：

1. 该仓库顶板下的喷头选型是否正确？简要说明理由？

【解析】选型不正确，当采用早期抑制快速响应喷头时，系统应为湿式系统。

2. 该仓库货架内置洒水喷头的设置是否正确？为什么？

【解析】不正确。理由如下：①仓库属于仓库危险Ⅱ级，仓库危险级Ⅰ级、Ⅱ级场所应在自地面起每 3.0m 设置层货架内置洒水喷头；②最高层货架内置洒水喷头与储物顶部的距离不应超过 3.0m。

3. 预作用自动喷水灭火系统的实际开启方式与业主介绍的是否一致？这种开启方式合理吗？为什么？

【解析】不一致，背景里描述的开启方式不合理，理由如下：①手动开启预作用阀组上的试验排气阀，充气管道上的压力开关应该动作，背景里说系统的其他部件未动作是不合理的；②检测人员关闭预作用阀组上的排气阀后再次触发另一火灾探测器，电磁阀、排气阀入口处电动阀、报警阀组压力开关等部件动作，消防水泵启动，火灾报警控制器（联动型）接收反馈信号正常。这个是不合理的。这里仅有两路探测器信号，属于单连锁控制。

4. 除气泵外，对该仓库预作用自动喷水灭火系统至少应检测哪些内容？

【解析】根据《检规》，该仓库预作用自动喷水灭火系统至少应检测下列内容：预作用报警阀组、水流指示器、喷头、末端试水装置等。

5. 火灾报警及联动控制信号发出后 2min，检查末端试水装置，先是仅有气体排出，50s 后出现断续水流的现象，说明什么问题？分析其最有可能的原因。

【解析】（1）检查末端试水装置，先是仅有气体排出是不合理的，火灾报警及联动控制信号发出后 2min，预作用系统应该已经完成排气和充水，打开末端试水装置，应该直接有水流出。仅有气体排出的最可能的原因是系统侧管网充气压力过大，排气过慢。

（2）50s 后出现断续水流的现象，首先是系统侧管网依然有残余气体，其次可能的原因是消防水泵扬程不够，导致末端的出水压力和流量不足。

【2018-05】

某高层公共建筑地下 2 层，地上 30 层，地下各层均为车库及设备用房，地上一至四层为商场，五至三十层为办公楼，商场中庭通一至四层，二至四层中庭回廊按规范要求设置防火卷帘，其他部位按规范要求设置了火灾自动报警系统、防排烟系统以及消防应急照明和疏散指示系统等。某消防技术服务机构对该项目进行年度检查，情况如下：

（1）火灾报警控制器（联动型）功能检测：消防技术服务人员拆下安装在消防控制室顶棚上的 1 只感烟探测器，火灾报警控制器（联动型）在 50s 内显示故障信息并发出故障声音，选取另外 1 只感烟探测器加烟测试，火灾报警控制器（联动型）在 50s 内显示探测器火灾报警信息和故障报警信息并切换为火灾报警声音。

（2）防火卷帘联动控制功能检测：消防技术服务机构人员将联动控制功能设置为自动工作方式，在一层模拟触发两只火灾探测器报警，二至四层中庭回廊防火卷帘下降到楼板面，复位后在二层又触发两只火灾探测器报警，二至四层中庭回廊防火卷帘下降到距楼面 1.8m 处。

（3）排烟系统联动控制功能检测：消防技术服务机构人员将联动控制功能设置为自动

工作方式，在二十八层拟触发两只感烟探测器，排烟风机联动启动，现场查看该层排烟阀没有打开，通过消防联动控制器手动启动二十八层排烟阀，该排烟阀打开。

（4）消防应急照明和疏散指示系统功能检测：系统由一台应急照明集中控制器、消防应急灯具、消防应急照明配电箱组成，应急照明控制器显示工作正常。现场发现5个消防应急标志灯不同程度损坏。消防控制室发出十层以上应急转换联动控制信号，十层以上除十二层以外的消防应急灯具均转入应急工作状态。

（5）消防控制室记录：消防技术服务机构人员检查了消防控制室值班记录，发现地下车库有两只感烟探测器近半年来多次报警，但现场核实均没有发生火灾，确认为误报火警后值班人员做复位处理。

根据以上材料，回答下列问题（共20分）：

1. 该建筑火灾报警控制器（联动型）功能检测过程中的火灾报警功能是否正常？火灾报警控制器（联动型）功能检测还应包含哪些内容？

【解析】（1）正常。

（2）火灾报警控制器（联动型）功能检测还应包括：

1）检查自检功能和操作级别。

2）检查消声和复位功能。

3）使控制器与备用电源之间的连线断路和短路，控制器应在100s内发出故障信号。

4）屏蔽功能。

5）使总线隔离器保护范围内的任一点短路，检查总线隔离器的隔离保护功能。

6）使任一总线回路上不少于10只的火灾探测器同时处于火灾报警状态，检查控制器的负载功能。

7）检查主、备电源的自动转换功能，并在备电工作状态下重复负载功能。

8）检查控制器特有的其他功能。

2. 该建筑防火卷帘的联动控制功能是否正常？为什么？

【解析】不正常，理由如下：在二层模拟触发两只火灾探测器，应是二层中庭回廊防火卷帘下降到楼板面。

3. 该建筑排烟系统的联动控制功能是否正常？为什么？

【解析】不正常，理由如下：在二十八层模拟触发两只感烟探测器，应联动开启排烟阀，当控制器收到排烟阀动作的反馈信号后，再联动排烟风机启动。

4. 对5个损坏的消防应急标志灯具更换为什么类型的消防应急灯具？十一层和十二层以上的消防应急灯具未转入应急工作状态的原因是什么？

【解析】（1）自带电源集中控制型灯具。

（2）十一层和十二层以上的消防应急灯具未转入应急工作状态的原因：①控制器和十一层、十二层以上配电箱之间连接断开；②十一层、十二层以上配电箱与灯具之间的连接断路或短路；③配电箱损坏。

5. 该建筑地下车库感烟探测器误报火警的可能原因有哪些？值班人员对误报火警的处理是否正确？为什么？

【解析】（1）灰尘、尾气、潮湿、探测器本身损坏。

（2）不正确。火灾探测报警产品的使用或管理单位在发现产品存在问题和故障时，应及时进行维修。

（3）处理程序不正确。

1）填表报告，检测人员应填写《建筑消防设施故障维修记录表》，并向该单位消防安全管理人报告。

2）专业维修，消防安全管理人通知维修人员或有资质的消防设施维保单位进行维修，不得擅自维修。

3）在维修期间，应采取确保消防安全的有效措施。

4）试验确认功能正常并填表，故障排除后，消防安全管理人组织相关人员进行功能试验，检查确认，并将检查确认合格的消防设施恢复至正常工作状态，并在《建筑消防设施故障维修记录表》中全面、准确地记录。

【2018-06】

某钢筋混凝土框架结构的印刷厂房，长和宽均为75m。地上2层，地下建筑面积$2000m^2$，地下一层长边为75m，厂房屋面采用不燃材料，其他建筑构件的燃烧性能和耐火极限见表5.4-1。

表5.4-1　建筑构件的燃烧性能和耐火极限性

构件名称	防火墙、柱、承重墙	梁、楼梯间的墙	楼板、屋顶承重构件、疏散楼梯	疏散走道两侧隔墙	非承重外墙、房间隔墙	顶棚
燃烧性能，耐火极限/h	不燃性3.00	不燃性2.00	不燃性1.50	不燃性1.00	不燃性0.75	不燃性0.25

该厂房地下一层布置了燃煤锅炉房、消防泵房、消防水池和建筑面积$400m^2$的变配电室及建筑面积为$600m^2$的纸张仓库。地上层为印刷车间，在二层车间中心部位布置一个中间仓库储存不超过1昼夜需要量的水性油墨、溶剂型油墨和甲苯、二甲苯、醇、醚等有机溶剂。

中间仓库用防火墙和甲级防火门与其他部位分隔，建筑面积为$280m^2$。

地上楼层在四个墙角处分别设置一部分有外窗并能自然通风的封闭楼梯间，楼梯间门采用能阻挡烟气的双向弹簧门，并在首层直通室外。地下一层在长轴轴线的两端各设置1部封闭楼梯间，并用1.40m宽的走道连通；消防水泵房、锅炉房和变配电室内任一点至封闭楼梯间的距离分别不大于20m、30m和40m。地下层封闭楼梯间的门采用乙级防火门，楼梯间在首层用防火隔墙与车间分隔，通过长度不大于3m的走道直通室外。在一层厂房每面外墙居中位置设置宽度为3.00m的平开门。

该厂房设置了室内、室外消火栓系统和灭火器，地下一层设置自动喷水灭火系统。该厂房地上部分利用外窗自然排烟，地下设备用房、走道和设备仓库设置机械排烟设施。

根据以上材料，回答下列问题（共20分）：

1. 判断该厂房的耐火等级，确定厂房内二层中间仓库、地下纸张仓库、锅炉房、变配电室和该印刷厂的火灾危险性。

【解析】根据题干给出的构件燃烧性能和耐火极限，该建筑耐火等级为一级。

火灾危险性：①厂房二层的中间仓库火灾危险性为甲类；②地下纸张仓库的火灾危险性

为丙类；③锅炉房的火灾危险性为丁类；④变配电室的火灾危险性为丙类；⑤印刷厂的火灾危险性为丙类。

2. 指出该厂房平面布量和防火分隔构件中存在的不符合现行国家消防标准规范的问题，并给出解决方法。

【解析】1）问题：在二层车间中心部位布置一个中间仓库。解决方法：甲乙类中间仓库重新设置在靠近外墙处。

2）问题：甲类中间仓库建筑面积为 $280m^2$。解决方法：缩小该中间仓库的建筑面积，使其不大于 $250m^2$。

3）问题：房间隔墙为不燃性 0. 75h。解决方法：消防水泵房、锅炉房、变压器室等与其他部位之间应采用耐火极限不低于 2. 00h 的防火隔墙分隔。

3. 该厂房各层分别应至少划分几个防火分区？

【解析】（1）地下：丙类厂房地下室每个防火分区最大允许建筑面积为 $500m^2$，设置自动喷水灭火系统后可增加一倍，为 $1000m^2$。该厂房地下室总建筑面积 $2000m^2$，故应至少设置两个防火分区。

（2）地上：多层丙类厂房地上部分防火分区最大允许建筑面积为 $6000m^2$，而该厂房地上部分每层建筑面积均为 $5625m^2$，因此地上部分每层可设置为一个防火分区。

4. 指出该建筑在安全疏散方面存在的问题，并提出整改措施。

（1）问题：消防水泵房、锅炉房和变配电室室内任一点至封闭楼梯间的距离分别不大于 20m、30m、40m。整改措施：将消防水泵房、锅炉房重新改造，有直通室外的安全出口或者将其单独设到建筑外。

（2）问题：楼梯间在首层通过长度不大于 3m 的走道直通室外。整改措施：重新改造将疏散楼梯在首层直通室外或者设置扩大的封闭楼梯间。

（3）问题：地下一层在长轴轴线的两端各设置 1 部封闭楼梯间。整改措施：地下一层应至少划分为 2 个防火分区，每个防火分区不少于 2 个安全出口，因此增设 2 部楼梯直通室外或者采用防火墙加甲级防火门的方式向相邻的防火分区疏散（借道）。

（4）问题：地下一层长边 75m，室内任一点至疏散楼梯间的距离不小于 37. 5m。整改措施：地下丙类厂房，室内任一点至疏散楼梯间的距离应不大于 30m，增设楼梯。

5. 二层中间仓库应采取哪些防爆措施？

【解析】（1）应设置门斗等防护措施。门斗的隔墙应为耐火极限不低于 2. 00h 的防火隔墙，门应采用甲级防火门并应与楼梯间的门错位设置。

（2）设置泄压设施。泄压设施宜采用轻质屋面板、轻质墙体和易于泄压的门、窗等，应采用安全玻璃等在爆炸时不产生尖锐碎片的材料。

（3）应采用不发火花的地面。采用绝缘材料做整体面层时，应采取防静电措施。散发可燃粉尘、纤维的厂房，其内表面应平整、光滑，并易于清扫。

（4）宜布置在单层厂房靠外墙的泄压设施或多层厂房顶层靠外墙的泄压设施附近。

（5）下水道设置隔油设施。

（6）采用防爆型的灯具。

（7）采取防止液体流散的措施，设置高度 150 ~ 300mm 的漫坡或者门槛。

（8）中间仓库形成负压。

附　　录

2019年消防工程考试复习参考标准

1. 重点掌握标准

（1）《建筑设计防火规范》（2018年版）（GB 50016—2014），简称《建规》。

（2）《消防给水及消火栓系统技术规范》（GB 50974—2014），简称《消规》。

（3）《自动喷水灭火系统设计规范》（GB 50084—2017），简称《自喷》。

（4）《火灾自动报警系统设计规范》（GB 50116—2013），简称《自报》。

（5）《建筑内部装修设计防火规范》（GB 50222—2017），简称《装修规》。

（6）《建筑防烟排烟系统技术标准》（GB 51251—2017），简称《防排烟》。

（7）《气体灭火系统设计规范》（GB 50370—2005），简称《气规》。

（8）《泡沫灭火系统设计规范》（GB 50151—2010），简称《泡规》。

（9）《建筑灭火器配置设计规范》（GB 50140—2005），简称《灭规》。

（10）《自动喷水灭火系统施工及验收规范》（GB 50261—2017），简称《自喷验规》。

（11）《建筑内部装修防火施工及验收规范》（GB 50354—2005），简称《装修验规》。

（12）《火灾自动报警系统施工及验收规范》（GB 50166—2007），简称《自报验规》。

（13）《气体灭火系统施工及验收规范》（GB 50263—2007），简称《气验规》。

（14）《泡沫灭火系统施工及验收规范》（GB 50281—2006），简称《泡验规》。

（15）《建筑灭火器配置验收及检查规范》（GB 50444—2008），简称《灭验规》。

（16）《建筑消防设施的维护管理》（GB 25201—2010），简称《消维管》。

（17）《消防应急照明和疏散指示系统技术标准》（GB 51309—2018），简称《应急疏散》。

（18）《建设工程施工现场消防安全技术规范》（GB 50720—2011），简称《建施规》。

（19）《建筑消防设施检测技术规程》（GA 503—2004），简称《检规》。

（20）《重大火灾隐患判定方法》（GA 653—2006），简称《重判》。

（21）《人民防空工程设计防火规范》（GB 50098—2009），简称《人防规》。

（22）《汽车库、修车库、停车场设计防火规范》（GB 50067—2014），简称《汽修规》。

2. 重点掌握文件

（1）《中华人民共和国消防法》（2019年4月23日实施），简称《消防法》。

（2）《机关、团体、企业、事业单位消防安全管理规定》（2002年5月1日实施），简称《61号令》。

（3）《公共娱乐场所消防安全管理规定》（1999年5月11日实施）简称《39号令》。

（4）《社会消防技术服务管理规定》（2016 年 1 月 14 日实施），简称《社规》。
（5）《社会消防安全教育培训规定》（2009 年 6 月 1 日实施），简称《109 号令》。
（6）《建设工程消防监督管理规定》（2009 年 5 月 1 日实施），简称《119 号令》。
（7）《消防监督检查规定》（2012 年 11 月 1 日实施），简称《120 号令》。
（8）《火灾事故调查规定》（2012 年 11 月 1 日实施），简称《121 号令》。
（9）《消防产品监督管理规定》（2013 年 1 月 1 日实施），简称《122 号令》。
（10）《注册消防工程师管理规定》（2017 年 10 月 1 日实施），简称《注规》。

参 考 文 献

[1] 公安部消防局. 消防安全技术综合能力(2018 年版)[M]. 北京：机械工业出版社，2018.

[2] 公安部天津消防研究所. 建筑设计防火规范：GB 50016—2014(2018 版)[S]. 北京：中国计划出版社，2018.

[3] 中华人民共和国公安部. 建筑内部装修设计防火规范：GB 50222—2017[S]. 北京：中国建筑工业出版社，2017.

[4] 中华人民共和国公安部. 建筑内部装修防火施工及验收规范：GB 50354—2005[S]. 北京：中国建筑工业出版社，2005.

[5] 中华人民共和国公安部. 消防给水及消火栓系统技术规范：GB 50974—2014[S]. 北京：中国计划出版社，2014.

[6] 中华人民共和国公安部. 自动喷水灭火系统设计规范：GB 50084—2017[S]. 北京：中国计划出版社，2017.

[7] 中华人民共和国公安部. 自动喷水灭火系统施工及验收规范：GB 50261—2017[S]. 北京：中国计划出版社，2017.

[8] 中华人民共和国公安部. 火灾自动报警系统设计规范：GB 50116—2013[S]. 北京：中国计划出版社，2013.

[9] 中华人民共和国公安部. 火灾自动报警系统施工及验收规范：GB 50166—2007[S]. 北京：中国计划出版社，2007.

[10] 中华人民共和国公安部. 气体灭火系统设计规范：GB 50370—2005[S]. 北京：中国计划出版社，2005.

[11] 中华人民共和国公安部. 气体灭火系统施工及验收规范：GB 50263—2007[S]. 北京：中国计划出版社，2007.

[12] 中华人民共和国公安部. 泡沫灭火系统设计规范：GB 50151—2010[S]. 北京：中国计划出版社，2010.

[13] 中华人民共和国公安部. 泡沫灭火系统施工及验收规范：GB 50281—2006[S]. 北京：中国计划出版社，2006.

[14] 中华人民共和国公安部. 建筑防烟排烟系统技术标准：GB 51251—2017[S]. 北京：中国计划出版社，2017.

[15] 中华人民共和国公安部. 水喷雾灭火系统技术规范：GB 50219—2014[S]. 北京：中国计划出版社，2014.

[16] 中华人民共和国公安部. 细水雾灭火系统技术规范：GB 50898—2013[S]. 北京：中国计划出版社，2013.

[17] 中华人民共和国公安部. 干粉灭火系统设计规范：GB 50347—2004[S]. 北京：中国计划出版社，2004.

[18] 中华人民共和国公安部. 建筑灭火器配置设计规范：GB 50140—2005[S]. 北京：中国计划出版社，2005.

[19] 中华人民共和国公安部. 建筑灭火器配置验收及检查规范：GB 50444—2008[S]. 北京：中国计划出版社，2008.

[20] 中华人民共和国公安部. 消防应急照明和疏散指示系统技术标准：GB 51309—2018[S]. 北京：中国计划出版社，2018.
[21] 中华人民共和国公安部. 建设工程施工现场消防安全技术规范：GB 50720—2011[S]. 北京：中国计划出版社，2011.
[22] 中华人民共和国公安部. 消防控制室通用技术要求：GB 25506—2010[S]. 北京：中国计划出版社，2010.
[23] 中华人民共和国公安部. 建筑消防设施的维护管理：GB 25201—2010[S]. 北京：中国标准出版社，2010.
[24] 中华人民共和国公安部. 城市消防远程监控系统技术规范：GB 50440—2007[S]. 北京：中国计划出版社，2007.
[25] 中华人民共和国公安部. 挡烟垂壁：GA 533—2012[S]. 北京：中国标准出版社，2012.
[26] 中华人民共和国公安部. 室内消火栓：GB 3445—2018[S]. 北京：中国标准出版社，2018.
[27] 中华人民共和国公安部. 灭火器箱：GA 139—2009[S]. 北京：中国标准出版社，2009.
[28] 中华人民共和国公安部. 消防水枪：GB 8181—2005[S]. 北京：中国标准出版社，2005.
[29] 中华人民共和国公安部. 灭火器维修：GA 95—2015[S]. 北京：中国标准出版社，2016.
[30] 中华人民共和国公安部. 重大火灾隐患判定方法：GB 35181—2017[S]. 北京：中国标准出版社，2017.
[31] 李亚峰，蒋白懿，刘强. 建筑消防工程师实用手册[M]. 北京：化学工业出版社，2008.
[32] 郭树林，孙英男. 建筑消防工程设计手册[M]. 北京：中国建筑工业出版社，2012.
[33] 李念慈，李悦，余威. 自动喷水灭火系统——设备 设计 运行[M]. 北京：中国建筑工业出版社，2009.
[34] 陈育坤. 建筑消防设施操作与检查[M]. 昆明：云南出版集团有限责任公司，2011.

后　记

每年注册消防工程师考试结束后，经常碰到一些熟悉的面孔，听着重复的故事。特别是一些年长的考生，都是上一年差几分未通过，第二年又信心十足地来参加考试，结果又是差一两分。他们实际工作经验很丰富，但记忆力和考试能力都不如年轻人。还有一些考生自认为已把规范学透，书本也看了好几遍，但总是离成功差一步之遥，只能抱怨自己运气不好。实际上大部分的考生不是不会做题，而是没有掌握考试技巧，在较短时间内快速地答完题目，对一些似是而非的选项，特别是多项选择题，无法准确判定对错，白白浪费了宝贵时间。参加过考试的考生都知道，注册消防工程师考试知识点覆盖广，数字繁杂，记忆量大，专业性强，考题灵活，特别是案例分析题量大、难度深。根据数据显示2015年一级注册消防工程师考试报考人数为587961人，三科全部合格的考生约为0.92%（其中《消防安全技术实务》的通过率为2.08%、《消防安全技术综合能力》的通过率为2.13%、《消防安全案例分析》的通过率为1.92%）。2016年通过率有所提升，为2.59%，由此可见难度不小。

1. 知识点广、数字繁杂、记忆量大

消防考试大纲规定的考点内容覆盖面广，辅导教材厚（公安部编写的三本教材近1300页），加上需要重点掌握的四大规范《建规》《消规》《自喷》《自报》，共计2000多页的内容。需要掌握的知识点非常庞杂，因此能否记得住是注册消防考试通过的关键。许多考生年龄较大，靠机械记忆肯定已不能和学生时代相比，那么就需要掌握一些简单记忆方法和考试技巧。

2. 专业性强、注重实操、学用结合

消防考试内容包括建筑防火、消防设施、消防安全评估、消防安全管理、消防法及相关法律法规五大块，涵盖了消防设计、安装、调试、检测、维保整个生命周期，消防设施部分技术实务重点是设计规范，综合能力重点是施工验收及维护保养规范，案例是二者的综合应用。对于大多数非相关专业考生来说，对于各种消防设施的安装调试和检测维保，平时根本接触不到，更别说能熟练掌握、灵活应用了。只能靠日常多注意积累实践经验，进行自主的三维演练。

3. 出题灵活，题量较大，难度偏深

许多考生平时学得明白，考试就犯糊涂，一方面是考生应试能力需要加强，学会和答题之间还有一段距离；另一方面是消防考试出题灵活，难度大的原因。技术实务和综合能力考题很多是需要在记忆的基础上理解，将教材内容结合实际操作才能解出。案例分析在这两年增加了多选题，看似简单，但由于题量大，考题非常灵活，很多考生还是不能答完试卷。

如果把“技术实务”看作是一条线，“综合能力”就是一个面，而“案例分析”就是在线和面的基础上搭建的一个三维空间。因此“技术实务”是基础中的基础，“综合能力”是“案例分析”的基础，“案例分析”相当于给你一个真实环境考察你的应用能力。学好“技术实务”和

“综合能力”，“案例分析”就会水到渠成。

古人云：大道至简，知易行难，知行合一，得到功成。只要考生们能认真掌握书中的方法和记忆口诀，踏踏实实认真复习，从现在开始，坚持不懈，相信你一定会成功。

编　者